规模化鹅场兽医手册

魏刚才 李学斌 主编

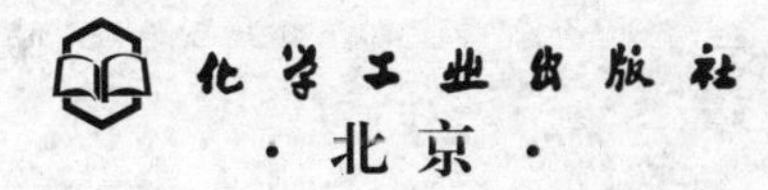

·北京·

本书详细介绍了规模化鹅场的疾病类型特征、疾病综合防控体系、疾病防治措施，疾病诊断方法和疾病诊治，书后还附录了鹅的常见生理指标以及药物使用规范等内容。本书密切结合规模化养鹅业实际，突出“防重于治”和“养防并重”的原则，体现系统性、准确性、安全性和实用性的要求，通俗易懂、便于应用。

本书不仅适于规模化鹅场兽医工作者阅读，也适于鹅场饲养管理人员阅读，还可作为大专院校、农村函授及培训班的辅助教材和参考书。

图书在版编目（CIP）数据

规模化鹅场兽医手册/魏刚才，李学斌主编．—北京：化学工业出版社，2013.1

（规模化养殖场兽医手册系列）

ISBN 978-7-122-15970-0

Ⅰ.①规…　Ⅱ.①魏…②李…　Ⅲ.①鹅病-防治-技术手册　Ⅳ.①S858.33-62

中国版本图书馆CIP数据核字（2012）第288902号

责任编辑：邵桂林　　文字编辑：王新辉

责任校对：徐贞珍　　装帧设计：杨　北

出版发行：化学工业出版社（北京市东城区青年湖南街13号　邮政编码100011）

印　　装：北京云浩印刷有限责任公司

850mm×1168mm　1/32　印张11¼　字数322千字

2013年4月北京第1版第1次印刷

购书咨询：010-64518888（传真：010-64519686）

售后服务：010-64518899

网　　址：http://www.cip.com.cn

凡购买本书，如有缺损质量问题，本社销售中心负责调换。

定　　价：29.80元

本书编写人员名单

主　　编　魏刚才　李学斌

副 主 编　余小领　张　伟　王福兴

编写人员　（按姓名笔画排序）

王福兴（辉县市畜牧局）

李学斌（河南科技学院）

余小领（河南科技学院）

张　伟（河南科技学院）

郭慧娟（新乡县农牧局）

魏刚才（河南科技学院）

前　言

随着畜牧业的规模化、集约化发展，畜禽的生产性能越来越高、饲养密度越来越大、环境应激因素越来越多，导致疾病的种类增加、发生频率提高、发病数量增加、危害更加严重，直接制约养鹅业的稳定发展和养殖效益的提高。规模化鹅场的疾病发生与传统的庭院分散饲养有很大不同，对兽医工作人员的观念、知识结构、能力结构和技术水平提出了更高的要求，不仅要求能够诊断治疗疾病，而且要求能够有效地防控疾病，真正落实“防重于治”、“养防并重”的疾病控制原则，减少群体疾病的发生。为此，我们结合长期从事鹅生产、科研和疾病防治的经验编写了《规模化鹅场兽医手册》一书。

本书包括七章，分别是规模化鹅场疾病的类型特点、疾病综合防控体系、消毒、免疫接种、药物使用、疾病诊断和常见病的诊治，书后还附录了鹅的常见生理指标以及药物使用规范等内容。

本书密切结合规模化养鹅业实际，突出“防重于治”和“养防并重”的原则，体现系统性、准确性、安全性和实用性的要求，通俗易懂、便于应用。不仅适于规模化鹅场兽医工作者阅读，也适合于鹅场饲养管理人员阅读，还可作为大专院校、农村函授及培训班的辅助教材和参考书。

由于编者水平有限，书中可能会有不当之处，敬请广大读者批评指正。

编者

目 录

第一章　规模化鹅场的疾病类型及特征

鹅与其他动物一样，易受到各种致病因素作用而发生疾病。

第一节　传　染　病

凡是由病原微生物引起，具有一定的潜伏期和临诊表现，且具有传染性的疾病称为传染病。传染病的表现虽然多种多样，但亦具有一些共同特性，即每一种传染病都有其特异的致病性微生物存在。如新城疫是由新城疫病毒引起的，没有新城疫病毒就不会发生新城疫；从传染病病鹅体内排出的病原微生物，侵入另一有易感性的健康鹅体内，能引起同样症状的疾病。像这样使疾病从病鹅传染给健康鹅的现象，就是传染病与非传染病相区别的一个重要特征。当条件适宜时，在一定时间内，某一地区易感动物群中可能有许多动物被感染，致使传染病蔓延散播，形成流行；在传染发展过程中由于病原微生物的抗原刺激作用，机体发生免疫生物学的改变，产生特异性抗体和变态反应等。这种改变可以用血清学方法等特异性反应检查出来；动物耐过传染病后，在大多数情况下均能产生特异性免疫，使机体在一定时期内或终生不再感染该种传染病；大多数传染病都具有该种病特征性的综合症状和一定的潜伏期及病程经过。根据上述这些特性可与其他非传染病相区别。这类疾病的特点是具有明显的传染性，往往引起大批鹅只发病，甚至死亡，生产性能受到严重影响，从而造成巨大损失。

病原微生物侵入动物机体，并在一定的部位定居、生长繁殖，从而引起机体一系列的病理反应，这个过程称为感染。病原微生物在其物种进化过程中形成了以某些动物机体作为生长繁殖的场所，过寄生生活，并不断侵入新的寄生机体，亦即不断传播的特性。这样其物种才能保持下来，否则就会被消灭。而鹅为了自卫形成了各种防御机能以对抗病原微生物的侵犯。在感染过程中，病原微生物和鹅体之间的这种矛盾运动，根据双方力量的对比和相互作用的条件不同而表现不同的形式：当病原微生物具有相当的毒力和数量，而机体的抵抗力相对比较弱时，动物体在临诊上出现一定的症状，这一过程就称为显性感染；如果侵入的病原微生物定居在某一部位，虽能进行一定程度的生长繁殖，但动物不呈现任何症状，亦即动物与病原体之间的斗争处于暂时的、相对的平衡状态，这种状态称为隐性感染，处于这种情况下的动物称为带菌者。健康带菌是隐性感染的结果，但隐性感染是否造成带菌现象需视具体情况而定；病原微生物进入动物体，若动物体的身体条件不适合于侵入病原微生物的生长繁殖，或动物体能迅速动员防御力量将该侵入者消灭，从而不出现可见的病理变化和临诊症状，这种状态就称为抗感染免疫。换句话说，抗感染免疫就是机体对病原微生物不同程度的抵抗力。动物对某一病原微生物没有免疫力（亦即没有抵抗力）称为有易感性。病原微生物只有侵入有易感性的机体才能引起感染过程。

感染和抗感染免疫是病原微生物与机体斗争过程的两种截然不同的表现，但它们并不是互相孤立的，感染过程必然伴随着相应的免疫反应，两者互相交叉、互相渗透、互相制约，并随着病原微生物和机体双方力量对比的变化而相互转化，这就是决定感染发生、发展和结局的内在因素。了解感染和免疫发生、发展的内在规律，掌握其转化的条件，对于控制和消灭传染病具有重大意义。

一、传染病流行过程的三个基本环节

传染病发生传播，必须具备三个相互连接的基本环节：传染源、传播途径和易感鹅群。这三个环节只有同时存在并相互联系时，才会造成传染病的发生和蔓延，其中缺少一个环节，传染病都不能流行和传播。如果了解掌握传染病流行过程的基本条件、影响因素，有利于采取有效措施，减少传染病的发生。

1. 传染源（传染来源）

传染源是指某种传染病的病原体在其中寄居、生长、繁殖，并能排出体外的动物机体。具体来说传染源就是受感染的动物，包括传染病病鹅和带菌（毒）动物。动物受感染后，可以表现为患病和携带病原两种状态，因此传染源一般可分为两种类型。

（1）患病动物　病鹅是重要的传染源。不同病期的病鹅，其作为传染源的意义也不相同。前驱期和症状明显期的病鹅因能排出病原体且具有症状，尤其是在急性过程或者病程加剧阶段可排出大量毒力强大的病原体，因此作为传染源的作用也最大。潜伏期和恢复期的病鹅是否具有传染源的作用，则随病种不同而异。病鹅能排出病原体的整个时期称为传染期。不同传染病传染期长短不同。各种传染病的隔离期就是根据传染期的长短来制订的。为了控制传染源，对病鹅原则上应隔离至传染期终了为止。

（2）病原携带者　病原携带者是指外表无症状但携带并排出病原体的动物。病原携带者是一个统称，如已明确所带病原体的性质，也可以相应地称为带菌者、带毒者、带虫者等。病原携带者排出病原体的数量一般不及病鹅，但因缺乏症状不易被发现，有时可成为十分重要的传染源，如果检疫不严，还可以随动物的运输散播到其他地区，造成新的暴发或流行。研究各种传染病存在着何种形式的病原携带状态不仅有助于对流行过程特征的了解，而且对控制传染源、防止传染病的蔓延或流行也具有重要意义。病原携带者一般分为潜伏期病原携带者、恢复期病原携带者和健康病原携带者三类。

① 潜伏期病原携带者。是指感染后至症状出现前即能排出病原体的动物。在这一时期，大多数传染病的病原体数量还很少，同时此时一般不具备排出条件，因此不能起传染源的作用。但有少数传染病在潜伏期后期能够排出病原体，此时就有传染性了。

② 恢复期病原携带者。是指在临诊症状消失后仍能排出病原体的动物。一般来说，这个时期的传染性已逐渐减少或已无传染性。但还有不少传染病等在临诊痊愈的恢复期仍能排出病原体。在很多传染病的恢复阶段，机体免疫力增强，虽然外表症状消失但病原尚未肃清，对于这种病原携带者除应考查其过去病史，还应作多次病原学检查，才能查明。

③ 健康病原携带者。是指过去没有患过某种传染病但却能排出该种病原体的动物。一般认为这是隐性感染的结果，通常只能靠

实验室方法检出。这种携带状态一般为时短暂，作为传染源的意义有限，但是巴杆菌病、沙门菌病等病的健康病原携带者为数众多，可成为重要的传染源。

病原携带者存在着间歇排出病原体的现象，因此仅凭一次病原学检查阴性结果不能得出正确的结论，只有反复多次检查均为阴性时才能排除病原携带状态。消灭和防止引入病原携带者是传染病防治中艰巨的任务之一。

另外，还应该注意疫源地。在发生传染病的地区，不仅是病鹅和带菌者散播病原体，所有可能已接触病鹅的可疑鹅群和该范围以内的环境、饲料、用具和鹅舍等也有病原体污染。这种有传染源及其排出的病原体存在的地区称为疫源地。疫源地具有向外传播病原的条件，因此可能威胁其他地区的安全。疫源地除包括传染源（传染源则仅仅是指带有病原体和排出病原体的温血动物）之外，还包括被污染的物体、房舍、牧地、活动场所，以及这个范围内怀疑有被传染的可疑动物群和储存宿主等。所以，在防疫方面，对传染源要进行隔离、治疗和处理；而对疫源地除以上措施外，还应包括污染环境的消毒、杜绝各种传播媒介、防止易感动物感染等一系列综合措施，目的在于阻止疫源地内传染病的蔓延和杜绝向外散播，防止新疫源地的出现，保护广大的受威胁区和安全区。

2. 传播途径

病原体由传染源排出后，经一定的方式再侵入其他易感动物所经的途径称为传播途径。研究传染病传播途径的目的在于切断病原体继续传播的途径，防止易感动物受传染，这是防治鹅传染病的重要环节之一。传播方式有以下几种。

（1）直接接触传播　是在没有任何外界因素的参与下，病原体通过被感染的动物（传染源）与易感动物直接接触（交配、啄斗等）而引起的传播方式。仅能以直接接触而传播的传染病，其流行特点是一个接一个地发生，形成明显的链锁状。这种方式使疾病的传播受到限制，一般不易造成广泛流行。

（2）间接接触传播　必须在外界环境因素的参与下，病原体通过传播媒介使易感动物发生传染的方式。从传染源将病原体传播给易感动物的各种外界环境因素称为传播媒介。传播媒介可能是生物

（媒介者），也可能是无生命的物体（媒介物）。大多数传染病如鹅流感、鹅新城疫等以间接接触为主要传播方式，同时也可以通过直接接触传播。两种方式都能传播的传染病也可称为接触性传染病。间接接触一般通过如下几种途径而传播。

① 经空气（飞沫、飞沫核、尘埃）传播。空气不适于任何病原体的生存，但空气可作为传染的媒介物，它可作为病原体在一定时间内暂时存留的环境。主要是以飞沫、飞沫小核或尘埃为媒介而传播的。

经飞散于空气中带有病原体的微细泡沫而散播的传染称为飞沫传染。所有的呼吸道传染病主要是通过飞沫传播的，如鹅传染性喉气管炎等。这类病鹅的呼吸道往往积聚不少渗出液，刺激机体发生咳嗽或喷嚏，很强的气流把带着病原体的渗出液从狭窄的呼吸道喷射出来形成飞沫飘浮于空气中，可被易感动物吸入而感染。

动物体正常呼吸时，一般不会排出飞沫，只有在呼出的气流强度较大时（如鸣叫、咳嗽）才喷出飞沫。一般飞沫中的水分蒸发变干后，成为蛋白质和细菌或病毒组成的飞沫小核，核愈大落地愈快，愈小则愈慢。这种小的飞沫小核能在空气中长时间飘浮。但总的来说，飞沫传染是受时间和空间限制的，从病鹅一次喷出的飞沫来说，其传播的空间不过几米，维持的时间最多只有几小时。但为什么不少经飞沫传播的呼吸道疾病会引起大规模流行呢？这是由于传染源和易感动物不断转移和集散，到处喷出飞沫所致。一般来说，干燥、强光、温暖和通风良好的环境，飞沫飘浮的时间较短，其中的病原体（特别是病毒）死亡较快，相反，潮湿、阴暗、低温和通风不良的环境，则飞沫传播的作用时间较长。

从传染源排出的分泌物、排泄物和处理不当的尸体散布在外界环境的病原体附着物，经干燥后，由于空气流动冲击，带有病原体的尘埃在空气中飘扬，被易感动物吸入而感染，称为尘埃传染。尘埃传染的时间和空间范围比飞沫传染要大，可以随空气流动转移到别的地区。但实际上尘埃传染的传播作用比飞沫要小，因为只有少数在外界环境生存能力较强的病原体能耐过这种干燥环境或阳光的暴晒。能借尘埃传播的传染病有结核病、痘等。

经空气飞沫传播的传染病的流行特征是：因传播途径易于实

现，病例常连续发生，患病动物多为传染源周围的易感动物。在潜伏期短的传染病如流行性感冒等，易感动物集中时可形成暴发。未加有效控制时，此类传染病的发病率多有周期性和季节性升高现象，一般以冬春季多见。病的发生常与禽舍条件及拥挤有关。

② 经污染的饲料和水传播。以消化道为主要侵入门户的传染病如鹅新城疫、沙门菌病、结核病等，其传播媒介主要是污染的饲料和饮水。传染源的分泌物、排出物和病鹅尸体及其流出物污染饲料、牧草、饲槽、水池、水井、水桶，或由某些污染的管理用具、车船、鹅舍等辗转污染了饲料、饮水而传给易感动物。因此，在防疫上应特别注意防止饲料和饮水的污染，防止饲料仓库、饲料加工场、鹅舍、牧地、水源、有关人员和用具的污染，并做好相应的防疫消毒卫生管理。

③ 经污染的土壤传播。随病鹅排泄物、分泌物或其尸体一起落入土壤而能在其中生存很久的病原微生物可称为土壤性病原微生物。经污染的土壤传播的传染病，其病原体对外界环境的抵抗力较强，疫区的存在相当牢固。因此应特别注意病鹅排泄物、污染的环境、物体和尸体的无害化处理，防止病原体落入土壤，以免造成难以收拾的结果。

④ 经活的媒介物传播。非本种动物和人类也可能作为传播媒介传播鹅传染病。

a. 节肢动物。节肢动物中作为鹅传染病的媒介者主要是蚊、蠓、蝇、蜱等。传播主要是机械性的，它们通过在病鹅和健康鹅的刺蜇吸血而散播病原体，亦有少数是生物性传播，某些病原体（如住白细胞虫）在感染鹅前，必须先在一定种类的节肢动物（如库蠓、蜱）体内通过一定的发育阶段，才能致病。蚊能在短时间内将病原体转移到很远的地方，可以传播各种脑炎和丹毒等。库蠓可以传播鹅住白细胞虫子孢子，家蝇虽不吸血，但活动于鹅体与排泄物、分泌物、尸体、饲料之间，它在传播一些消化道传染病方面的作用也不容忽视。

b. 野生动物。野生动物本身对病原体具有易感性，在受感染后再传染给鹅类，在此野生动物实际上是起了传染源的作用。鼠类传播沙门菌病、钩端螺旋体病，野鸭传播鸭瘟等。

c. 人类。饲养人员和兽医在工作中如不注意遵守防疫卫生制度，消毒不严时，容易传播病原体。如在进出病鹅和健鹅的鹅舍时可将手上、衣服、鞋底沾染的病原体传播给健康鹅。

另外，兽医的体温计、注射针头以及其他器械如消毒不严就可能成为鹅瘟等病的传播媒介。

3. 易感鹅群

该地区鹅群中易感个体所占的百分率和易感性的高低，直接影响传染病是否能造成流行以及疫病的严重程度。鹅的易感性高低与病原体的种类和毒力强弱有关，但起决定作用的还是由鹅体的遗传特征、疾病流行之后的特异免疫等因素。同时，外界环境条件如气候、饲料、饲养管理卫生条件等因素也都可能直接影响鹅群的易感性和病原体的传播。

(1) 内在因素　不同的品种或品系鹅，对传染病抵抗力存在差别，这往往是由遗传因素决定的，这也是抗病育种的结果。不同年龄阶段的鹅对某些传染病的易感性也有不同，如小鹅瘟，日龄越小越易发病，1月龄以上的鹅很少发病；雏鹅新型病毒性肠炎10～18日龄是死亡高峰，30日龄以后基本不发生死亡。年轻的鹅群对一般传染病的易感性较年老者为高，这往往和鹅的特异免疫状态有关。

(2) 外界因素　各种饲养管理因素包括饲料质量、鹅舍卫生、粪便处理、拥挤、饥饿断水以及隔离检疫等都是与疫病发生有关的重要因素。

(3) 特异免疫状态　在某些疾病流行时，鹅群中易感性最高的个体易于死亡，余下的鹅或已耐过，或经过无症状传染都获得了特异免疫力。所以在发生流行之后该地区鹅群的易感性降低，疾病停止流行。此种免疫的鹅其后代常有先天性被动免疫，在幼龄时期也具有一定的免疫力。鹅免疫性并不要求鹅群中的每一个成员都是有抵抗力的，如果有抵抗力的动物百分比高，一旦引进病原体后出现疾病的危险性就较低，通过接触可能只出现少数散发病例。因此，发生流行的可能性不仅取决于鹅群中有抵抗力的个体数，而且也与鹅群中个体间接触的频率有关。一般如果鹅群中有70%～80%是有抵抗力的，就不能发生大规模的暴发流行。这个事实可以解释为什么通过免疫接种鹅群常能获得良好的保护，尽管不是100%的易感动物都进行了免疫接种，或是应用集体免疫后不是所有动物都获得了免疫力。当新的易感动物引入一个鹅群时，鹅群免疫性的水平可能会出现变化。这些变化可使鹅群免疫性逐渐降低以至引起流行。

二、流行过程的表现形式

在鹅传染病的流行过程中，根据在一定时间内发病率的高低和传播范围的大小（即流行强度），可分为下列四种表现形式。

（1）散发性　发病数目不多，并且在较长的时间里只有个别零星地散在发生，称为散发。传染病会出现这种散发的原因有：一是鹅群对某病的免疫水平较高，如新城疫本是一种流行性很强的传染病，但在每年进行两次全面防疫注射后，易感动物这一环节基本上得到控制，如平时补防工作不够细致，防疫密度不够高时，还有可能出现散发病例；二是某病的隐性感染比较大，如鹅钩端螺旋体病等通常在鹅群中主要表现为隐性感染，仅有一部分个体偶尔表现症状；三是某病的传播需要一定的条件。

（2）地方流行性　小规模流行的鹅传染病，可称为地方流行性。地方流行性这个名词一般认为有两方面的含义：一方面表示在一定地区一段较长的时间里发病的数量稍为超过散发性；另一方面，除了表示一个相对的数量以外，有时还包含着地区性的意义。某些散发性病在鹅群易感性增高或传播条件有利时也可出现地方流行性，如巴氏杆菌病、沙门菌病。

（3）流行性　所谓发生流行，是指在一定时间内一定鹅群出现比寻常为多的病例，它没有一个病例的绝对数界限，而仅仅是指疾病发生频率较高的一个相对名词。因此任何一种病当其称为流行时，各地各鹅群所见的病例数是很不一致的。流行性疾病的传播范围广、发病率高，如不加控制常可传播到几个乡、县甚至省。这些疾病往往是病原毒力较强，能以多种方式传播，鹅群易感性较高，如禽流感、鹅新城疫等重要疫病可能表现为流行性。

（4）大流行　是一种规模非常大的流行，流行范围可扩大至全国，甚至可涉及几个国家或整个大陆。上述几种流行形式之间的界限是相对的，并且不是固定不变的。

三、流行过程的季节性和周期性

某些鹅传染病经常发生于一定的季节，或在一定的季节出现发病率显著上升现象，称为流行过程的季节性。出现季节性的原因，主要有下述几个方面。

（1）季节对病原体存活繁殖和散播的影响　夏季气温高，日照时间长，这对那些抵抗力较弱的病原体在外界环境中的存活是不利的。例如，炎热的气候和强烈的日光暴晒，可使散播在外界环境中的病毒很快失去活力，因此，病毒病的流行一般在夏季减缓和平息。

（2）季节对活的传播媒介（如节肢动物）的影响　夏秋炎热季节，蝇、蚊、库蠓类等吸血昆虫大量滋生，活动频繁，凡是能由它们传播的疾病，都较易发生。

（3）季节对鹅活动和抵抗力的影响　冬季舍内温度降低，湿度增高，通风不良，常易促使经由空气传播的呼吸道传染病暴发流行。季节变化，主要是气温和饲料的变化，对鹅抵抗力有一定影响，这种影响对于由条件性病原微生物引起的传染病尤其明显。如在寒冬或初春，容易发生某些呼吸道传染病等。

某些传染病经过一定的间隔时期（常以数年计），还可能表现再度流行，这种现象称为传染病的周期性。在传染病流行期间，易感鹅除发病死亡或淘汰以外，其余由于患病康复或隐性感染而获得免疫力，因而使流行逐渐停息。但是经过一定时间后，由于免疫力逐渐消失，或新的一代出生，或引进外来的易感鹅，使鹅群易感性再度增高，结果可能重新暴发流行。由于鹅每年更新或流动的数目很大，疾病可以每年流行，周期性一般并不明显。

四、影响流行过程的因素

在传染病流行过程中，各种自然因素和社会因素是对传染病、传播媒介和易感动物三个环节的某一环节而起影响作用。

（1）自然因素　包括气候、气温、湿度、阳光、雨量、地形、地理环境等，它们对上述三个环节的影响量相当复杂的。选择有利的地理条件设置养鹅场，常可构成天然隔离和天然屏障，保护鹅群不被传染源感染；气温、雨量等影响病原体在外界生存时间的长短，对吸血昆虫的繁殖、活动影响最为明显，这也是呼吸道传染病常在冬季发生，以及血液原虫病多发生于夏季并呈一定程度分布的原因；自然因素可以增强或减弱鹅机体的抵抗力，也是某些疾病发生有较明显季节性的原因之一。

（2）社会因素　包括社会制度、生产力、经济、文化、科学技术水平、法规是否健全及民俗等。

五、传染病的发展阶段

（1）潜伏期　由病原体侵入机体并进行繁殖时起，直到疾病的临诊症状开始出现为止，这段时间称为潜伏期。不同的传染病其潜伏期的长短常常是不相同的，就是同一种传染病的潜伏期长短也有很大的变动范围。这是由于不同的动物种属、品种或个体的易感性是不一致的，病原体的种类、数量、毒力和侵入途径、部位等情况也有所不同而出现的差异，但相对来说还是有一定的规律性。例如，小鹅瘟潜伏期3～5天。一般来说，急性传染病的潜伏期差异范围较小；慢性传染病以及症状不很显著的传染病其潜伏期差异较大，常不规则。同一种传染病潜伏期短促的，疾病经过常较严重；反之，潜伏期延长时，病程亦较轻缓。从流行病学观点来看，处于潜伏期中的动物之所以值得注意，主要是因为它们可能是传染的来源。

（2）前驱期　是疾病的征兆阶段，其特点是临诊症状开始表现出来，但该病的特征性症状仍不明显。从多数传染病来说，这个时期仅可察觉出一般的症状，如体温升高、食欲减退、精神异常等。各种传染病和各个病例的前驱期长短不一，通常只有数小时至1～2天。

（3）明显（发病）期　前驱期之后，病的特征性症状逐步明显地表现出来，是疾病发展到高峰的阶段。这个阶段因为很多有代表性的特征性症状相继出现，在诊断上比较容易识别。

（4）转归期（恢复期）　病原体和动物体这一对矛盾，在传染过程中依据一定条件，各向着其相反的方面转化。如果病原体的致病性能增强，或动物体的抵抗力减退，则传染过程以动物死亡为转归。如果动物体的抵抗力得到改进和增强，则机体便逐步恢复健康，表现为临诊症状逐渐消退，体内的病理变化逐渐减弱，正常的生理机能逐步恢复。机体在一定时期保留免疫学特性。在病后一定时间内还有带菌（毒）排菌（毒）现象存在，但最后病原体可被消灭清除。

传染病的病程长短决定于机体的抵抗力和病原体的致病力等因素，同一种传染病的病程并不是经常不变的，一个类型常易转变为另一个类型。例如，急性或亚急性传染性喉气管炎可转变为慢性经过。反之，慢性可以转化为急性。

第二节　寄生虫病

由寄生虫所引起的疾病，称为寄生虫病。在两种生物之间，一种生物以另一种生物体为居住条件，夺取其营养，并造成其不同程度危害的现象，称为“寄生生活”，过着这种寄生生活的动物，称为“寄生虫”。被寄生虫寄生的人和动物，称为寄生虫的宿主。寄生虫病的种类很多，分布很广，常以隐蔽的方式危害动物的健康，不仅影响幼龄动物的生长发育，降低生产性能和产品质量，而且还可造成大批动物死亡，给其发展带来严重危害。

一、寄生虫病的流行规律

鹅寄生虫的传播和流行，必须具备传染源、传播途径和易感动物三个方面的条件，但还要受到自然因素和社会因素的影响和制约。

1. 寄生虫的生活史

寄生虫的生长、发育和繁殖的全部过程称为生活史。在鹅体内寄生的各种寄生虫，常常是通过鹅的血液、粪、尿及其他分泌物、排泄物，将寄生虫生活史的某一个阶段（如虫体、虫卵或幼虫）带到外界环境中，再经过一定的途径侵入到另一个宿主体内寄生，不断地循环下去。

2. 寄生虫发生和流行的条件

(1) 易感动物的存在　各种寄生虫均有其各自的易感动物，如鹅球虫病只感染鹅。

(2) 传染源的存在　包括病畜病禽、带虫者、保虫宿主、延续宿主等，在其体内有成虫、幼虫或虫卵，并要有一定的毒力和数量。

(3) 适宜的外界环境条件　包括温度、湿度、光线、土壤、植被、饲料、饮水、卫生条件、饲养管理，宿主的体质、年龄，中间宿主、保虫宿主存在等。

以上三个条件构成寄生虫病流行的链条，三者缺一不可。

3. 寄生虫病的感染途径

(1) 经口感染　这是一条主要途径，许多寄生虫病都是经口感染的，如鹅的球虫病、蛔虫病、线虫病、绦虫病等。

(2) 经皮肤感染　感染性幼虫主动钻入宿主健康皮肤而感染；感染性幼虫借助吸血昆虫的吸血将病原体传播出去，如鹅住白细胞原虫病就是通过蚋类吸血昆虫叮咬鹅体吸血时使鹅体感染。

(3) 接触感染　如外寄生虫总是通过病禽和健禽的直接接触或通过病禽的用具、禽舍、栏具、垫草等接触而感染。如羽虱就是通过直接接触或间接接触传播的。

二、寄生虫对鹅的危害

寄生虫侵入宿主体内后，多数要经过一段或长或短的移行，最终到达其特定的寄生部位，发育成熟。寄生虫对宿主的危害一般是贯穿于移行和寄生的全过程的。由于各种寄生虫的生物学特性及其寄生部位的不同，致病的作用和程度亦不同。危害表现在下面几个方面。

(1) 机械性损害　寄生虫侵入宿主机体之后，在移行过程中和到达特定寄生部位后的机械性刺激，可使宿主组织、脏器受到不同程度的损害，如创伤、发炎、出血、堵塞、挤压、萎缩、穿孔和破裂等。

(2) 掠夺营养物质　寄生虫在宿主体内寄生时，常常以经口吞食或由体表吸收的方式，将宿主体内的各种营养物质变为虫体自身的营养，有的则直接吸取宿主的血液、淋巴液作为营养，从而造成宿主营养不良、生长缓慢、消瘦、贫血、抵抗力和生产性能降低等。

(3) 毒素的作用　寄生虫在生长发育过程中产生有毒的分泌物和代谢产物，易被宿主吸收，特别是对神经系统和血液循环系统的毒害作用较为严重。

(4) 引入病原性寄生物　寄生虫侵害宿主的同时，可能将某些病原性细菌、病毒和原生动物等带入宿主体内，使宿主遭受感染而发病。

寄生虫的致病作用，不同程度地影响着宿主的生长发育和其他生命活动，但另一方面，宿主的抵抗性反应也影响着寄生虫的生长发育和存亡。宿主的防御适应能力、营养状况和年龄等因素能影响机体对寄生虫的抵抗力，如某些寄生虫可以在雏鹅体内发育较快，产生较大的危害，但在成鹅体内发育较慢，产生的危害较小。

三、外界环境因素与寄生虫的关系

寄生虫都在一定的外界环境中生存，各种环境因素必然对其产生不同的影响。有些环境条件可能适宜于某种寄生虫的生存，而另一些环境条件则可能抑制其生命活动，甚至能将其杀灭。外界环境条件及饲养管理情况，对鹅的生理机能和抗病能力也有很大影响，如不合理的饲养，缺乏运动，鹅舍通风换气不良，过于潮湿和拥挤，粪尿不经常清除，缺乏阳光照射等，都会降低鹅的抵抗力，而有利于寄生虫的生存和传播。因此，加强饲养管理，改善环境卫生条件，对控制和消灭鹅寄生虫病是十分必要的。

第三节　营养代谢病

营养代谢是生物体内部和外部之间营养物质通过一系列同化和异化、合成与分解代谢，实现生命活动的物质交换和能量转化的过程。营养物质则是新陈代谢的物质基础。营养物质的绝对和相对缺乏或过多，以及机体受内外环境因素的影响，都可引起营养物质平衡失调，出现新陈代谢和营养障碍，导致鹅体生长发育迟滞，生产力、繁殖能力和抗病能力降低，出现病理症状和病理变化，甚至危及生命。此类性质的疾病统称营养代谢病。

一、营养代谢病的原因

（1）营养物质供给和摄入不足　日粮不足，或日粮中缺乏某种必需的营养物质，其中以蛋白质（特别是必需氨基酸）、维生素、常量元素和微量元素的缺乏更为常见。此外，食欲降低或废绝，也可引起营养物质摄入不足。

（2）动物对营养物质消化、吸收不良　胃肠道、肝脏及胰腺等机能障碍时，不仅能影响营养物质的消化吸收，而且能影响营养物质在动物体内的合成代谢。

（3）动物机体对营养物质的需要量增多　一是生理性增多。鹅的快速生长、高产等，其所需的营养物质大量增加。二是疾病时消耗增多。如发生疾病时，对维生素需要量增多及体内营养消耗增多。三是环境条件变化，如舍内饲养方式维生素 D 的补充量增多（鹅体由于不能受到太阳辐射，皮肤中的一些物质不能转化成维生素 D_3），如果补充不足，导致缺乏症，继而致使钙、磷代谢障碍而出现佝偻病或疲劳症。四是饲料中的抗营养物质影响。饲料中的抗营养物质过多，如蛋白质抑制剂等，能降低蛋白质的消化和代谢利用；植酸、草酸、硫葡糖苷等，能降低矿物质元素的溶解利用；脂氧合酶抗维生素 E、维生素 K 等；硫胺素酶抗硫胺素、烟酸、吡哆醇等，均能使某些维生素灭活或增加其需要量。

（4）营养物质平衡失调　因某些营养物质过量干扰了另外一些营养物质的消化、吸收与利用，甚至造成中毒。

（5）动物体机能衰退　机体年老和久病，使其器官功能衰退，从而降低其对营养物质的吸收与利用能力，导致营养缺乏。

（6）遗传因素　如某些鹅对 B 族维生素缺乏比较敏感（隐性基因影响维生素的利用率）等。

二、营养代谢疾病的特点

营养代谢性疾病种类繁多，发病机制复杂，但它们的发生、发展和临诊经过方面有一些共同特点。

(1) 病的发生缓慢，病程一般较长　从病因作用到临床症状一般都需数周、数月，有的可能长期不出现临床症状而成为隐性型。

(2) 发病率高，多为群发　过去养鹅主要是散养、粗放饲养，营养代谢疾病不太严重。随着规模化、集约化和舍内饲养，鹅的生产性能大幅度提高，营养代谢病的发生愈来愈频繁，营养代谢性疾病已成为重要的群发病，因而遭受的损失愈发严重。

(3) 生产性能高的易发　鹅的缺铁、缺硒均以幼龄阶段多发，主要是由于此阶段抗病力相对较弱，同时正处于生长发育、代谢旺盛阶段，某些特殊营养物质的需求量相对增加，以致对某些特殊营养物质的缺乏尤为敏感。生产性能高的鹅对营养物质敏感，如果饲料条件不良，极易发病。

(4) 多呈地方性流行　鹅的营养来源主要是从植物性饲料及部分从动物性饲料中所获得的，植物性饲料中微量元素的含量，与其所生长的土壤和水源中的含量有一定关系，因此微量元素缺乏症或过多症的发生，往往与某些特定地区的土壤和水源中含量特别少或特别多有密切关系。常称这类疾病为生物化学性疾病，或称为地方病。

(5) 临床症状表现多样化　病鹅大多有衰竭、贫血、生长发育停止、消化障碍、生殖机能紊乱等临床表现。多种矿物质如钠、钙、钴、铜、锰、铁、硫等的缺乏，某些维生素特别是维生素 A 和 B 族维生素的缺乏，某些蛋白质和氨基酸的缺乏，均可能引起鹅的异食癖；铁、铜、锰、钴等缺乏和铅、汞、砷、铜等过多，都会引起贫血；锌、碘、锰、硒、钙和磷等，维生素 A、维生素 D、维生素 E、维生素 C 等的代谢状态都可影响生殖机能。

(6) 无接触传染病史　一般体温变化不大，除个别情况及有继发或并发病的病例外，这类疾病的病鹅体温多在正常范围或偏低，病鹅之间不发生接触性传染，这是营养代谢性疾病与传染病的明显区别。

(7) 具有特征性器官和系统病理变化，有的还有血液生化指标的改变　痛风发生尿酸血症，血中尿酸浓度比正常值高出许多，关节软骨周围组织和内脏器官中尿酸盐沉积。鹅锰缺乏发生骨粗短症。维生素 A 缺乏发生眼部疾病，维生素 B_2 缺乏呈现足趾向内卷曲以跗关节着地等。

（8）营养物质的补充可以预防或治疗此类疾病　发生缺乏症时补充某一营养物质或元素，过多症时减少某一物质的供给，能预防或治疗该病。另外，通过对饲料或土壤或水源的检验和分析，一般可查明病因。

第四节　中毒性疾病

某种物质进入鹅体后，侵害机体组织和器官，并能在组织和器官内发生化学或物理学作用，破坏了机体的正常生理功能，引起机体发生机能性或器官性的病理过程，这种物质被称为毒物。由毒物引起的疾病称为中毒。由于毒物进入机体的量和速度不同，中毒的发生有急性与慢性之分。毒物短时间内大量进入机体后突然发病者，为急性中毒。毒物长期小量地进入机体，则有可能引起慢性中毒。一般可以把中毒分为饲料中毒、真菌毒素中毒、有毒植物中毒、农药及化肥中毒、药物中毒、金属毒物及微量元素中毒以及动物毒中毒等几类。

一、发生中毒的原因

1. 饲料的保存与调制不当

（1）饲料保管不好，引起腐败或发霉，产生霉菌或霉菌毒素污染饲料而引起中毒。某些霉菌毒素还是人、畜禽的致癌物质，更具危险性。我国主要的鹅霉菌毒素中毒是黄曲霉毒素。

（2）本来是无毒饲料，由于调制方法不当，在酶或细菌的参与下产生有毒物质而引起中毒。如饲喂青饲料时调制不当出现的亚硝酸盐与氢氰酸中毒。

（3）利用含有一定毒性成分的农副产品饲喂鹅，由于未经脱毒处理或饲喂量过大而引起中毒，如菜子饼、棉子饼中毒。

2. 农药、化肥与杀鼠药的使用

使用的农药、化肥与杀鼠药引起环境污染，鹅摄入被其污染的饲草、饲料或饮水，或吸入雾化的药粉、药液及挥发的气体，或误食毒饵而发生中毒。有些农药虽然毒性不很强烈，但因残效期长，易在动植物体内蓄积，而对人、畜禽健康产生危害。

3. 工业污染

工厂排放的废水、废气及废渣中的有毒物质，因未经有效处理，污染周围环境、牧场、土壤及饮水而引起人、畜禽中毒。常见的化学物质污染有氟化物、钼、铅、汞、砷、铬、铜等金属。“三废”中如含放射性物质，则危险性更大。或由于某些地区土壤中含有害元素，或某种正常元素含量过高，使饮水、牧草或饲料中含量亦增高而引起鹅中毒，这类中毒往往具有地域性，且许多元素可使人、畜禽共同受害，如地方性氟中毒等。

4. 药物使用不科学

用于治疗的药物，如果使用剂量过大，或用药过于频繁，都可引起中毒。特别是本身即具有一定毒性的药物，如某些生物碱制品、驱虫药物等更易引起中毒。

二、中毒病的特点

（1）通常在采食后成群暴发　如在采食了腐败、发霉、有毒等不良饲料或药物后发生。

（2）无接触传染病史　病鹅之间不发生接触性传染，这是中毒病与传染病的明显区别。

（3）多是群体发生，且出现相似症状，这类疾病体温多在正常范围内。

第二章 规模化鹅场疾病综合防控体系

规模化鹅场要有效控制疾病，必须树立“预防为主”和“养防并重”的观念，建立综合防控体系，否则，疾病发生，必然会影响鹅群的生产性能，甚至导致死亡，造成较大的损失。

第一节 提高人员素质，制定规章制度

一、工作人员必须具有较高的素质、较强的责任心和自觉性

在诸多预防禽病的因素中，人是最重要的。要加强饲养管理人员的培训和教育，使他们树立正确的疾病防治观念，掌握鹅的饲养管理和疾病防治的基本知识，了解疾病预防的基本环节，熟悉疾病预防的各项规章制度并能认真、主动地落实和执行，才能预防和减少疾病的发生。

二、制定必需的操作规章和管理制度

对鹅病的预防，除工作人员的自觉性外，还必须有相应的操作规章和管理制度的约束。没有严格的规章制度就不能有科学的管理，就不可能养好鹅，就可能会出现这样或那样的疾病。只有严格执行科学合理的饲养管理和卫生防疫制度，才能使预防疫病的措施得到切实落实，减少和杜绝疫病的发生。因此，在养鹅场内对进场人员和车辆物品消毒，对种蛋、孵化机和出雏机清洁消毒，鹅舍清洁消毒等程序和卫生标准；疫苗和药物的采购、保管与使用，免疫程序和免疫接种操作规程；对各种鹅的饲养管理规程等均应有详尽的要求，制度一经制定公布，就要严格执行和落到实处，并经常检查，有奖有罚，对养鹅场尤其是规模化养鹅场至关重要。

第二节　科学规划和设计鹅场

一、科学选择场址和规划布局

（一）场址选择

（1）地势和地形　鹅场的鹅舍及陆上运动场应地势高燥，地面应有坡度。场地高燥，这样排水良好，地面干燥，阳光充足，不利于微生物和寄生虫的滋生繁殖；否则，地势低洼，场地容易积水，潮湿泥泞，夏季通风不良，空气闷热，有利于蚊蝇等昆虫的滋生，冬季则阴冷。地形要开阔整齐，向阳、避风，特别是要避开西北方向的山口和长形谷地，保持场区小气候状况相对稳定，减少冬季寒风的侵袭。场地不要过于狭长，也不要边角太多，以减少防护设施的投资。

（2）土壤　鹅场的土壤，应该洁净卫生（见表2-1）、透气性强、毛细管作用弱、吸湿性和导热性小；质地均匀、抗压性强，以沙质土壤最适合，便于雨水迅速下渗。愈是贫瘠的沙性土地，愈适于建造鹅舍。这种土地渗水性强。如果找不到贫瘠的沙土地，至少要找排水良好、暴雨后不会积水的土地，保证在多雨季节不会变得潮湿和泥泞，有利于保持鹅场和鹅舍干燥。

表2-1　土壤的生物学指标

污染情况	每千克土寄生虫卵数/个	每千克土细菌总数/万个	每克土大肠杆菌数/个
清洁	0	1	1000
轻度污染	1～10	—	—
中等污染	10～100	10	50
严重污染	>100	100	1～2

注：清洁和轻度污染的土壤适宜作场址。

（3）水源　鹅是水禽，当然宜在有水源的地方建场。在鹅场生产过程中，鹅的饮食、饲料的调制、鹅舍和用具的清洗，以及饲养管理人员的生活，都需要使用大量的水。同时，鹅的放牧、洗浴和交配等都离不开水源。因此，鹅场必须有充足的水源。

水源应符合下列要求：一是水量要充足，既能满足鹅场内的人、鹅用水和其他生产、生活用水，还要能满足鹅放牧、洗浴等所需用水。二是水质要求良好，不经处理即能符合饮用标准的水最为理想。此外，在选择时要调查当地是否因水质而出现过某些地方性疾病等。三是水源要便于保护，以保证水源经常处于清洁状态，不被周围环境污染。四是要求取用方便，设备投资少，处理技术简便易行。

(4) 场地面积　场地面积要根据饲养规模和发展规划来确定。占地面积不宜过大，也不能过小，应满足饲养密度要求。

(5) 青饲料的供应　鹅是草食家禽，不仅需要较多的精饲料，也需要大量的青饲料供应（每只种鹅每天需要青饲料 1.5～2.5 千克）。种草养鹅场地的选择还要考虑草场的位置和草的供应。场地尽量靠近草场。

(6) 其他方面　鹅场是污染源，也容易受到污染。鹅场生产大量产品的同时，也需要大量的饲料，所以，鹅场场地要兼顾交通和隔离防疫，既要交通方便，又要便于隔离防疫。鹅场距居民点或村庄、主要道路要有 300～500 米距离，大型鹅场要有 1000 米距离。鹅场要远离屠宰场、畜产品加工场、兽医院、医院、造纸场、化工厂等污染源，远离噪声大的工矿企业，远离其他养殖企业；鹅场要有充足稳定的电源，周边环境要安全。

鹅场应充分利用自然地形、地物，如树林、河流等作为场界的天然屏障。既要使鹅场避免周围环境的污染，远离污染源（如化工厂、屠宰场等），又要注意鹅场是否污染周围环境（如对周围居民生活区的污染等）。

（二）鹅场的规划布局

鹅场的规划布局就是根据拟建场地的环境条件，科学确定各区的位置，合理确定各类房舍、道路、供排水和供电等管线、绿化带等的相对位置及场内防疫卫生的安排。鹅场的规划布局是否合理，直接影响到鹅场的环境控制和卫生防疫。集约化、规模化程度越高，规划布局对其生产的影响越明显。场址选定以后，要进行合理的规划布局。因鹅场的性质、规模不同，建筑物的种类和数量亦不同，规划布局也不同。科学合理的规划布局可以有效地利用土地面积，减少建场投资，保持良好的环境条件和管理的高效方便。

鹅场规划布局应遵循原则：一是便于管理，有利于提高工作效率；二是便于搞好防疫卫生工作；三是充分考虑饲养作业流程的合理性；四是节约基建投资。

1. 分区规划

鹅场通常根据生产功能，分为生产区、管理区或生活区和隔离区等（见图 2-1）。

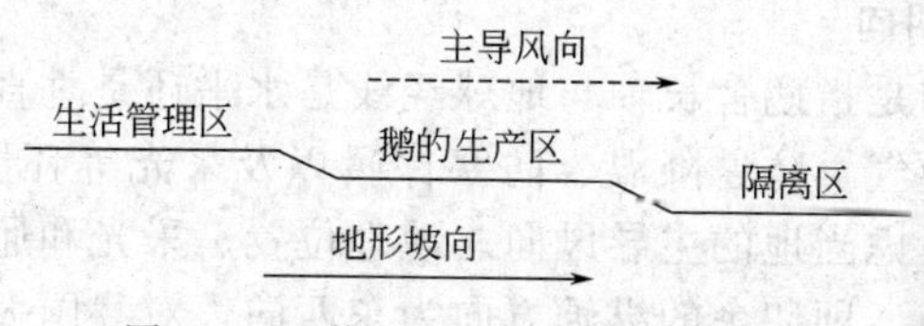

图 2-1　地势、风向分区规划示意图

(1) 生活管理区　管理区是鹅场经营管理活动地区，与社会联系密切，易造成疫病传播和流行。该区位置应靠近大门，并与生产区分开，外来人员只能在管理区活动，不得进入生产区。场外运输车辆不能进入生产区。车棚、车库均应设在管理区，除饲料库外，其他仓库亦应设在管理区。职工生活区设在管理区的上风向和地势较高处，以免相互污染。

(2) 生产区　生产区是鹅生活和生产的场所（饲养区）。该区的主要建筑为各种鹅舍、生产辅助建筑物。生产区应位于全场中心地带，地势应低于管理区，并在其下风向，但要高于病鹅隔离区，并在其上风向；生产区内饲养着不同日龄的鹅，因为日龄不同，其生理特点、环境要求和抗病力也不同，所以在生产区内，要分小区规划，育雏区、育成区和成年区严格分开，并加以隔离，日龄小的鹅群放在安全地带（上风向、地势高的地方）；种鹅场、孵化场和商品场应各自分开，相距 300～500 米以上；饲料库可以建在与生产区围墙同一平行线上，用饲料车直接将饲料送入料库；放牧的鹅场或放牧的鹅群还要靠近牧地以方便放牧。

(3) 病鹅隔离区　病鹅隔离区是主要用来治疗、隔离和处理病鹅的场所。为防止疫病传播和蔓延，该区应在生产区的下风向，并在地势最低处，而且应远离生产区、牧地和放水的池塘。焚尸炉和粪污处理地设在生产区下风处。隔离鹅舍应尽可能与外界隔绝。该区四周应有自然或人工的隔离屏障，设单独的道路与出入口。

2. 鹅舍间距

鹅舍间距影响鹅舍的通风、采光、卫生、防火。鹅舍间距过小，场区的空气环境差，舍内微粒、有害气体和微生物含量过高，增加病原含量和传播机会，容易引起鹅群发病。为了保持场区和鹅舍环境卫生和适宜，鹅舍之间应保持 15～20 米的距离。

3. 鹅舍朝向

鹅舍朝向是指鹅舍长轴与地球经线是水平还是垂直。鹅舍朝向与鹅舍通风换气、防暑降温、防寒保暖以及采光等环境效果有关。朝向选择应考虑当地的主导风向、地理位置、采光和通风排污等情况。鹅舍朝南，即鹅舍的纵轴方向为东西向，对我国大部分地区的开放舍来说是较为适宜的。这样的朝向，在冬季可以充分利用太阳辐射的温热效应和射入舍内的阳光防寒保温；夏季辐射面积较少，阳光不易直射舍内，有利于防暑降温。

4. 道路

鹅场设置清洁道和污染道，清洁道供饲养管理人员、清洁的设备用具、饲料和新母鹅等使用，污染道供清粪、污浊的设备用具、病死和淘汰鹅使用。清洁道和污染道不交叉。

5. 贮粪场

鹅场设置粪尿处理区。粪场靠近道路，有利于粪便的清理和运输。贮粪场（池）设置应注意：贮粪场应设在生产区和鹅舍的下风向处，与住宅、鹅舍之间保持 30～50 米的卫生间距。并应便于运往农田或进行其他处理；贮粪池的深度以不受地下水浸渍为宜，底部应较结实。贮粪场和污水池要进行防渗处理，以防粪液渗漏流失污染水源和土壤；贮粪场底部应有坡度，使粪水可流向一侧或集液井，以便取用；贮粪池的大小应根据每天的排粪量多少及贮藏时间长短而定。

二、鹅舍的设计

鹅舍是鹅群生活和生产的场所，鹅舍设计关系到舍内环境控制。加强鹅舍保温和隔热设计，减少夏季太阳辐射热和冬季舍内热量的散失。鹅舍要空气流通，光线充足，便于饲养管理，容易消毒和经济耐用。

第三节　维持鹅群洁净卫生

鹅群污染不仅会导致疫病，而且会严重影响鹅群的生产性能。

一、加强引种管理

鹅场引种要选择洁净的种鹅场。种鹅场污染严重，引种时也会带来病原微生物，特别是我国现阶段种鹅场过多无序，管理不善，净化不严，更应高度重视。到有种鹅种蛋经营许可证，管理严格，净化彻底，信誉度高的种鹅场订购雏鹅，避免引种带来污染。

二、建立无特定病原体的种鹅群

如果鹅场或鹅舍无病原微生物污染，种苗又来自洁净的种鹅群，那么就大大减少了传染病发生的危险，这是预防传染病最有效的途径。被指定的特定病原体主要包括禽流感病毒、禽传染性支气管炎病毒、传染性喉气管炎病毒、禽传染性脑脊髓炎病毒、禽呼肠孤病毒、禽痘病毒、淋巴性白血病病毒、沙门菌、多杀性巴氏杆菌以及支原体等。

三、孵化厅（场）的卫生防疫

孵化场的隔离卫生在疾病预防过程中具有重要的作用，必须予以足够的重视。

（一）种蛋的卫生管理

种蛋必须来自非疫区，或来自健康的种鹅群，发生烈性传染病期间的种蛋，不能作种蛋孵化。种蛋在贮蛋库上机待孵时，落盘时都要进行烟熏法消毒。

（二）孵化设备及用具的卫生

孵化机或出雏机在一批种蛋孵化完毕，应彻底清除所有残留物，经常进行局部擦洗工作，定期执行彻底清洗消毒制度。蛋盘应先认真清洗，然后在药液池内浸泡消毒，再用清水洗，待干燥后，方可接纳下一批入孵的种蛋。对孵化厅内的其他用具，如塑料雏鹅盘、检蛋车等，应定期进行清洗消毒。

（三）孵化厅的清洁卫生

在种蛋孵化中产生的代谢废气、消毒液残留气体等，含有二氧化碳、绒毛、微生物、灰尘等，应及时将这些废气合理排放室外，这对保持正常孵化率和工作人员、雏鹅健康都极为重要。孵化厅的蛋壳、变质死蛋、死雏、绒毛及其他废弃物，必须认真处置，不要污染环境。孵化厅内要经常用吸尘器吸除各室地面、墙壁、天花板、孵化机和出雏机等表面的绒毛、灰尘和垃圾，并定期进行冲洗和消毒药液喷洒消毒。随时清理洗涤室内的杂物垃圾，经常保持水槽卫生，并更换消毒药液，随时清除下水道内积聚的蛋壳、绒毛等垃圾，用清水冲洗，定期进行消毒。

（四）避免雏鹅早期感染

所谓雏鹅早期感染，主要指雏鹅在孵化过程中或孵出后尚未运到饲养地前所感染的疾病。早期感染途径有两条：一是垂直感染，即由于种鹅的长期带菌（毒），使其产生的种蛋也带菌，如鹅沙门菌、霉形体等；二是水平感染，即带菌种蛋与非带菌种蛋同时孵化、同时出雏，使原来不带菌的种蛋或雏鹅也被感染，此外，孵化环境和孵化用具的带菌，也会造成这一感染。要避免早期感染，应建立健康鹅群或健康鹅场，及早严格消毒种蛋，严格做好孵化厅的各项卫生消毒工作，注意对雏鹅消毒。

第四节　科学的饲养制度

一、进行专一的生产

有些禽病是多种家禽共患的，如禽霍乱、禽痘；有些禽病是禽畜共患的，如副伤寒；有些病原体可以存在于其他动物不发病，但这些动物可将体内的病原体传给家禽，引起家禽发病，如犬和猫可以携带禽多杀性巴氏杆菌，通过粪便或唾液等将细菌传给鹅群，可引起禽霍乱的暴发。

不同种类的家禽对某些疾病的抵抗力是不同的，如果在一个场内同时饲养这几种家禽，就容易引起不同家禽之间的交叉感染，而引发某种家禽发病。所以，养禽场最好是专业化生产，一个禽场只养一种家禽，这样更有利于疾病的预防。

二、实行全进全出制度

不同龄期的家禽有不同的易发疾病，禽场内如有几种不同龄期的家禽共存，则龄期较大的禽群可能带有某些病原体，本身虽不发病却不断地将病原体传给同场内日龄小的敏感雏禽，引起疾病的暴发。因此，日龄档次越多，禽群患病的机会就越大。相反，如果确实做到全进全出，一个场内只养某一品种的同一日龄的家禽，则即使家禽到了对某些疾病的敏感期，但由于没有病原体的传入而能平安度过，直到顺利上市。由此可知，全进全出的饲养方法，发病概率比多日龄共存的禽场要低得多。另外，场内或舍内存在家禽而不能彻底净场，就不可能彻底杀灭场内或舍内的病原微生物。实践证明，全进全出的饲养方法是预防疾病、降低成本、提高成活率和经济效益最有效的措施之一。

第五节　科学的饲养管理

科学的饲养管理是增强机体抵抗力，提高机体抵抗力的重要手段。

一、科学饲养

营养物质不但是维持动物免疫器官生长发育所必需的，而且是维持免疫系统功能、使免疫活性得到充分发挥的决定因素。多种营养素如能量、脂类、蛋白质、氨基酸、矿物质、微量元素、维生素及有益微生物等几乎都直接或间接地参与了免疫过程。营养素缺乏、不足或过量均会影响免疫力，增加机体对疾病的易感性。生产中，寻找家禽免疫失败和发病率上升的原因时，只考虑疫苗接种、病原感染等直观因素，往往忽视生产过程中饲料营养所可能引起的动物机体免疫力下降、免疫失败的因素。饲料为鹅提供营养，鹅依赖饲料中的营养物质而生长发育、生产和提高抵抗力，从而维持健康和正常生产。规模化鹅场饲料营养与疾病的关系越来越密切，对疾病发生的影响越来越明显，成为控制疾病发生最基础的重要环节。

（一）合理设计日粮配方

不同品种、不同发育阶段、不同生产水平以及不同的环境温度，鹅对营养需要不同，日粮配方也要不同。所以要依据饲养标准，并结合生产中的各种因素科学合理地设计或调整日粮配方，使鹅群获得全面、平衡和适量的营养物质，维持生产性能稳定，降低饲养成本。设计配方必须遵循如下原则。

（1）营养原则　配合日粮时，应该以鹅的饲养标准为依据。但鹅的营养需要是个极其复杂的问题，饲料的品种、产地、保存好坏会影响饲料的营养含量，鹅的品种、类型、饲养管理条件等也能影响营养的实际需要量，温度、湿度、有害气体、应激因素、饲料加工调制方法等也会影响鹅的营养需要和消化吸收。因此，原则上按饲养标准配合日粮，但也要根据实际情况作适当调整。

（2）生理原则　配合日粮时，必须根据各类鹅的不同生理特点，选择适宜的饲料进行搭配。如雏鹅，需要选用优质的粗饲料，比例不能过高；成年鹅对粗纤维的消化能力增强，可以提高粗饲料用量，扩大粗饲料选择范围。还要注意日粮的适口性、容重和稳定性。

（3）经济原则　养鹅生产中，饲料费用占养鹅成本的70%～80%。因此，配合日粮时，充分利用饲料的替代性，就地取材，选用营养丰富、价格低廉的饲料原料来配合日粮，以降低生产成本，提高经济效益。

（4）安全性原则　饲料安全关系到鹅群健康，更关系到食品安全和人民健康。所以，配制的饲料要符合国家饲料卫生质量标准，饲料中含有的物质、品种和数量必须控制在安全允许的范围内，有毒物质、药物添加剂、细菌总数、霉菌总数、重金属等不能超标。

（二）选用优质饲料原料

选择品质优良、符合卫生标准、适口性好的原料，对于那些有不良特性和适口性差的原料如菜饼（粕）、棉饼（粕）、芝麻饼、蓖麻饼等杂粕和血粉、皮革粉、羽毛粉等非常规原料进行处理使用或根据不同生长阶段鹅的消化特点控制其在饲料中的用量。配合日粮的饲料种类要保持相对稳定，避免频繁更换，如更换频繁可导致应激反应，引起鹅的消化不良，影响生长、生产，降低饲料转化率。饲料搅拌要均匀，搅拌不均匀，鹅摄取的营养物质不平衡，造成饲料浪费和影响生产性能；做好饲料的贮藏工作，饲料保管不善，易发生霉变、生虫和氧化变质，降低饲料的营养价值，同时霉菌的代谢产物如黄曲霉毒素等对人和动物有很强的致病性，潮湿季节和地区极易发生。饲料中脂肪含量较高，尤其是不饱和脂肪酸含量较高时，容易出现脂肪酸的氧化酸败，降低饲料的营养价值，适口性变差，维生素 A、维生素 D、维生素 E 等效力低，胆汁生成减少，酶活性降低，甚至引起中毒。饲料原料的水分含量过高会严重影响日粮的营养含量、饲喂效果及饲料的贮藏。所以饲料的采购、生产、使用要有计划，采购水分含量达标的原料，饲料要贮存在清洁干燥、通风透气的地方，缩短饲料的存放和使用时间，保证饲料质量优良。

（三）合理使用饲料添加剂

饲料添加剂大致可分为两大类：一是营养性饲料添加剂，如氨基酸（蛋氨酸、赖氨酸、色氨酸等）、微量元素（铁、铜、锰、碘、锌、硒及其他矿物质）和维生素等；二是非营养性饲料添加剂，如酶制剂、微生态制剂、抗生素添加剂、中药添加剂、抗氧化剂、防霉剂和改进食欲的饲料添加剂等。饲料添加剂既有提高饲料全价性，防治疾病，防止饲料变质，刺激生长等功能，又能提高生产性能，改善饲料转化率。使用添加剂时应注意以下方面。

（1）正确选择　饲料添加剂品种多样，作用各异，使用时要根据其作用与饲养对象正确选择，不能盲目选用，要选购品质优良、新鲜的产品，切忌购买假冒伪劣、过期失效的添加剂。

（2）合理使用　饲料添加剂使用是否合理直接影响饲养效果。添加量要准确，添加量不足，饲料全价性差，饲养效果不好。添加过量，破坏鹅体内正常代谢和菌群，降低鹅的抵抗力，特别要保证维生素的充足供应。由于通过育种和遗传改良以及鹅舍和饲养技术的调整，饲养生产效率持续不断提高。集约化饲养制度不断增加禽代谢和疾病方面的应激水平，从而造成维生素缺乏症和次理想生产性能表现的易发性。因此，要保证鹅的健康和生产性能的稳定及充分发挥，必须增加饲粮中维生素的添加量来满足鹅对维生素需要的增加；饲粮中含有较多的抗营养物质，在饲粮中添加酶制剂有利于提高饲料的消化利用率，增强营养的供给。

(3) 搅拌均匀　饲料中添加维生素、微量元素、氨基酸、抗生素等微量成分时，不应直接加到饲料中，应先与某种饲料（如玉米、麸皮、石粉等）充分预混后再拌入全部饲料中，充分搅拌，使其混合均匀。加入添加剂的饲料要及时饲喂，不宜存放时间过长，以免失效。

（四）科学制作配合饲料

1. 原料选择

(1) 精饲料　鹅常用的精饲料有玉米、大麦、高粱、麸皮、豆饼、葵花饼、花生饼、小麻饼、鱼粉等。要求精料的含水量不超过安全贮藏水分，无霉变，杂质不超过2%。发霉变质及掺假的原料坚决不用。

(2) 粗饲料　鹅常用的粗饲料有玉米秸秆、豆秸、谷草、花生秧、栽培干牧草、树叶等。晒制良好的粗饲料水分含量14%～17%。玉米秸秆容重小，加工时不易颗粒化或加工出的成品硬度小，故宜与谷草、豆秸等饲料搭配使用。

2. 原料粉碎

在其他因素不变的情况下，原料粉碎得越细，产量越高。一般粉碎机的筛板孔径以1～1.5毫米为宜。对于储备的粗饲料，一般应选择晴天的中午加工。

3. 称量混合

加工颗粒饲料，先将粉碎的精料按照配方比例称量混匀，再按精、粗料比例与粗料混合。为了混合均匀，注意下面几点。

(1) 将微量元素添加或预防用药物制成预混料。

(2) 控制搅拌时间　一般卧式带状螺旋混合机每批宜混合2～6分钟，立式混合机则需混合15～20分钟。

(3) 适宜的装料量　每次混合料以装至混合机容量的60%～80%为宜。

(4) 合理的加料顺序　配比量大的组分先加，量少的后加；密度小的先加，密度大的后加。

（五）科学饲喂

根据不同饲养阶段和生产水平提供不同营养浓度的饲粮，并制定科学的饲养程序，保证各种营养素的充足供应，增强机体抵抗力，防止营养缺乏症和其他疾病的发生。

1. 雏鹅的饲喂

雏鹅一般应在出壳后24～36小时内开食。雏鹅开食过晚，不利于雏鹅的生长发育。开食的精料可用细小的谷实类或全价饲料。碎米和小米；经清水浸泡2小时后，喂前沥干水。开食的青料要求新鲜、易消化，以幼嫩、多汁的为好。青料喂前要剔除黄叶、烂叶和泥土，去除粗硬的叶脉茎秆，并切成1～2毫米宽的细丝状。饲喂时把加工好的青料放在手上晃动，并均匀地撒在草席或塑料布上，引诱鹅采食。个别反应迟钝、不会采食的鹅，可将青料送到其嘴边，或将其头轻轻拉入饲料盆中。开食可以先青后精，也可以先精后青，还可以青精混合，如把育雏料拌入少量青菜，均匀地撒在塑料布上。第一次喂食不求雏鹅吃饱，吃7～8分饱后，即收起塑料布。过2～3小时再用同样方法调教，几次以后鹅就会自动吃食了，2～3天后逐步改用饲槽。青料在切细时不可挤压。切碎的青饲料不可存放过久。雏鹅对脂肪的利用能力很差，饲料中忌油，不要用带油腻的刀切青料，更不要加喂含脂肪较多的动物性饲料。

雏鹅学会采食后，可使用营养全面的配合饲料与青饲料拌喂。饲喂方法是“先饮后喂、定时定量、少给勤添、防止暴食”。10日龄以内，一般白天可喂6～7次，每次间隔3小时左右；夜间应加喂2～3次。每次饲喂时间25～30分钟。随日龄增加，饲喂次数可递减，育雏期饲喂全价饲料时，全天供料，自由采食。育雏前期精料和青料比例约为1∶2，以后逐渐增加青饲料的比例，10天后比例为1∶4。

因鹅没有牙齿，主要完成机械消化的器官是肌胃，除胃壁可磨碎食物外，还必须有沙砾协助，以提高消化率，防止消化不良症。雏鹅3天后料中可掺些沙砾。10日龄以内沙砾直径为1～1.5毫米，10日龄以后为2.5～3毫米。每周喂量4～5克。也可设沙砾槽，雏鹅可根据自己的需要觅食。放牧鹅可不喂沙砾。

2. 育成鹅的饲喂

育成鹅处于体格生长发育的关键时期，所以必须保证营养充足，供给全价饲料和优质牧草等，特别要注意维生素和矿物质的供给。每天饲喂 5～6 次，每次间隔时间要均等。

3. 育肥鹅的饲喂

采用自由采食育肥，饲喂方法有以下几种。

（1）草浆饲料养鹅　将收割的青饲料或采集到的水葫芦、水浮莲、槐叶、杂草等青饲料打浆，再用配合粉料搅拌成牛粪状，每天饲喂 6 餐，最后一餐在晚上 10 时。选用的青饲料要避免有毒植物如高粱苗、夹竹桃叶、苦楝树叶等。

（2）青饲料拌粉料养鹅　将收割的青饲料剁碎，拌上配合粉料，白天饲喂 6 餐，晚上还要喂 1 餐。

（3）青饲料颗粒饲料养鹅　颗粒饲料置于料桶上，任由肉鹅采食。将青饲料（种植的青饲料如黑麦草、象草等，蔬菜产区的大量老叶以及大量农副产品如萝卜缨、甘薯藤）置于木架、板台、盆子或水面上，让鹅自由采食。一般每只每天饲喂 2～4 千克。

（4）草粉全价颗粒饲料养鹅　将草粉（豆科牧草和禾本科牧草、松针、刺槐叶、花生藤等晒干或烘干，制成青绿色粉末）与豆饼、玉米等配制成全价颗粒饲料。可用料盘 1 日分 4 餐饲喂，也可用自动料槽或料桶终日饲喂，另外保证有充足的清洁饮水，这种方式有利于规模化、集约化养鹅。

4. 后备种鹅的饲养

后备种鹅可分为前期（70～90 或 100 日龄）、中期（100～120 日龄至开产前 50～60 天）和后期（开产前 50～60 天至开产）三个饲养阶段。

前期鹅处于生长发育时期，而且还要经过第二次换羽，需要较多的营养物质，不宜过早进行粗放饲养，应根据放牧场地草质的好坏，逐渐减少补饲次数，并逐步降低补饲日粮的营养水平，使青年鹅机体得到充分发育，以便顺利地进入限制饲养阶段。要求饲料足，定时、定量，每天喂 3 次。生长阶段要求日粮中的粗蛋白质为 12%～14%，每千克含代谢能 2400～2600 千卡。日粮中各类饲料所占比例分别为谷物饲料 40%～50%，糠麸类饲料 10%～20%，蛋白质饲料 10%～15%，填充料（统糠等粗料）5%～10%，青饲料 15%～20%。

中期进行限制饲养。限制饲养一般从 100～120 日龄开始，至开产前 50～60 天结束。控料阶段分前后两期。①前期约 30 天，在此期内应逐渐降低饲料营养，每日由给食 3 次改为 2 次。尽量增加青饲料喂量和鹅的运动，或增加放牧时间，逐步减少每次给食的饲料量。控料阶段母鹅的日平均饲料用量一般比生长阶段减少50%～60%。饲料中可加入较多的填充粗料（如统糠），目的是锻炼消化能力，扩大食道容量。粗蛋白水平可下降至 8%左右，饲料配比可用谷物类 50%～60%、糠麸类 20%～30%、填充料 10%～20%。经前期 30 天的控料饲养，后备种鹅的体重比控料前下降约 15%，羽毛光泽逐渐减退，但外表体态应无明显变化，青饲料消耗明显增加。此时，如后备母鹅健康状况正常，可转入控料阶段后期。后备母鹅经控料阶段前期饲养的锻炼，采食青草的能力增强，可完全采食青饲料（每天每只鹅可采食 1～2 千克青草），不喂或少喂精料。在南方，控制饲养阶段如遇盛夏，为使鹅在中午能安静休息避暑，可在中午喂 1 次精料（饲料配比为谷物类 40%～50%，糠麸类 20%～30%，填充料 20%～30%）。②控料阶段后期为30～40 天。经控制饲养（包括前后期）的后备母鹅体重允许下降 20%～25%，羽毛失去光泽，体质略为虚弱，但无病态，食欲和消化能力正常。限制饲养阶段，放牧饲养，无论给食次数多少，补料应在放牧前 2 小时左右，以防止鹅因放牧前饱食而不采食青草或在放牧后 2 小时补饲，以免养成收牧后有精料采食，便急于回巢而不大量采食青草的坏习惯。

经中期限制饲养的种鹅，应在开产前 50～60 天进入恢复饲养阶段。此时种鹅体质较弱，应逐步提高补饲日粮的营养水平，并增加喂料量和饲喂次数。如在 9 月开产的母鹅应从 7 月起逐步改变饲料和管理方法，逐步提高饲料质量，营养水平由原来的粗蛋白 8%左右提高到 10%～12%，每天早晚各给食 1 次，让鹅在傍晚时仍能采食大量的牧草。饲料配比可按：谷物类 50%～60%，糠麸类 20%～30%，蛋白质饲料 5%～10%，填充料 10%～15%。用这种饲料经 20 天左右饲养，后备母鹅的体质便可恢复到控料阶段前期水平。此时再用同一饲料每天早、中、晚给食 3 次，逐渐增加喂量。做到饲料多样化，不定量，青饲料充足，增喂矿物质饲料促进母鹅进入“小变”，即体态逐步丰满。然后增加精料用量，让其自由采食，争取及早进入“大变”，即母鹅进入临产状态。初产母鹅全身羽毛紧贴，光洁鲜明，尤其颈羽显得光滑紧凑，尾羽与背羽平伸，后腹下垂，耻骨开张达3指以上，肛门平整呈菊花状，行动迟缓，食欲大增，喜食矿物质饲料，有求偶表现，想窝念巢。后备公鹅的精料补充应提前进行，促进其提早换羽，以便在母鹅开产前已有充沛的体力、旺盛的食欲。后备种鹅后期的用料要精。在舍饲条件下，最好给后备种鹅喂配合饲料。后备公鹅应比母鹅提前2周进入恢复期，由于公鹅在控料阶段的饲料营养水平较高，进入恢复期可用增加料量来调控，每天给食由2次增至3次，使公鹅较早恢复。进入恢复期的种鹅，有的开始陆续换羽，为了换羽整齐，节省饲料，应进行人工拔羽。拔羽时间应在种鹅体质恢复后，而羽毛未开始掉落前。人工拔羽应在晴天进行，拔羽时把主副翼羽及尾羽全部拔光。拔羽后应加强饲养管理，提高饲料质量，饲料中含粗蛋白12%～14%。公鹅的拔羽期可比母鹅早2周左右进行，使后备种鹅能整齐一致地进入产蛋期。

5. 种鹅的饲养

营养是决定母鹅产蛋率高低的重要因素。种鹅在产蛋配种前20天左右开始喂给产蛋饲料。对于产蛋鹅的日粮，要充分考虑母鹅产蛋所需的营养，尽可能按饲养标准配制。以舍饲为主的条件下，建议产蛋母鹅日粮营养水平为代谢能10.88～12.3兆焦/千克，粗蛋白14%～16%，粗纤维5%～8%（不高于10%），赖氨酸0.8%，蛋氨酸0.35%，胱氨酸0.27%，钙2.25%，有效磷0.3%，食盐0.5%。维生素对鹅的繁殖有着非常重要的影响，维生素E、维生素A、维生素D_3、维生素B_1、维生素B_2、维生素B_6必须满足其需要。使用分装维生素时，考虑到效价等问题，需按说明书供给量的3～4倍进行添加。另外，在产蛋高峰期，饲料中添加0.1%的蛋氨酸，可提高种鹅产蛋率。种鹅精料以配合饲料效果较好。据试验，采用按玉米49%、豆饼12%、米糠25%。菜子饼5%、骨粉1%、贝壳粉7%、预混剂1%的比例制成的配合饲料饲喂种鹅，平均产蛋量、受精蛋、种蛋蛋受精率分别比饲喂单一稻谷提高3.1%、3.5%和2%。由于配合饲料营养较全面，含有较高的蛋白质、钙、磷及微量元素，能够满足种鹅产蛋对营养的需要，所以产蛋多，种蛋受精率高。

精饲料的喂量要逐渐增加，开始饲喂量小型鹅 90 克/天，大型鹅 125 克/天，以后每周增加 25 克，用 4 周时间逐渐过渡到自由采食，但喂料量不能超过 200 克。喂料时先粗后精，定时定量，每天 2～3 次。如果白天放牧，晚上还应补饲 1 次，任其自由采食。种鹅喂青绿多汁饲料可大大提高产蛋率、种蛋受精率和孵化率。有条件的地方应于繁殖期多喂些青绿饲料。每只种鹅每天能采食 2.5 千克的青饲料。精料喂量是否适合，可以观察鹅的粪便确定，如鹅粪粗大、松散、轻拨能分成几段，则表明精粗适宜；如鹅粪细小硬实，则是精料多、青料少，补饲量过多，消化吸收不正常，应增加青饲料；如果粪便色浅而不成形，排出即散开，说明补料量过少，营养物质跟不上，应增加精饲料补给。

开产前 10 天，应提高日粮中的钙含量，还应在运动场或牧地放置补饲粗颗粒贝壳粉或石粉以及沙子的饲槽或料盘，任鹅自由采食。开产后的鹅要适当控制精料喂量，每只 125 克。如果喂料过多而引起母鹅过肥会影响产蛋。但也不能过瘦，过瘦要加料促蛋；进入产蛋旺期，增加精饲料（饲料中可以添加 1%的蛋氨酸），吃到七成饱，结合放牧或饲喂青饲料；产蛋后期，精饲料要喂到八成饱，以料促蛋，不使产蛋下降。当产蛋下降幅度大时，应让鹅自由采食精饲料，吃饱吃好，夜间还要加喂 1 次，以控制产蛋率的下降。

（六）供给充足、卫生的饮水

水是最廉价、最重要的营养素，也最容易受到污染和传播疾病。规模化鹅场要保证水的充足供应和水质良好，保持饮水用具的清洁卫生。雏鹅要在出壳后 24 小时饮到水，自由饮水，水中可以添加维生素、速溶多维等抗应激药和糖、牛奶等营养剂。先饮水后开食，保证雏鹅尽快学会饮水和采食。

二、严格管理

（一）加强鹅群的选择

1. 雏鹅的选择

雏鹅要来自于健康无病、进行过小鹅瘟免疫的种鹅群。选择健康雏鹅的具体标准：一是按时出壳，选择 31.5～32.5 天出壳的雏鹅，提前或推迟出壳的雏鹅，体质较弱；二是脐部愈合良好，肛门清洁；三是符合本品种体重要求，出生体重，小型品种 80～100 克，大型品种 105～125 克；四是精神活泼，活动有力、叫声洪亮、站立稳健、眼睛有神；五是绒毛粗密干燥、有光泽；六是无畸形。

2. 肥育鹅选择

中鹅饲养期过后，首先从鹅群中选留种鹅，送至种鹅场或定为种鹅群。剩下的鹅为肥育鹅群。要选精神活泼，羽毛光亮，两眼有神，叫声洪亮，机警敏捷，善于觅食，挣扎有力，肛门清洁，健壮无病的 70 日龄以上的中鹅作为肥育鹅。新从市场买回的肉鹅还需在清洁水源放养 2～3 天，用 500 毫克/千克的高锰酸钾溶液进行脚部消毒，确认其健康无病后再予育肥。

3. 种鹅的选择

外貌特征在一定程度上可反映种鹅的生长发育、健康和生产性能状况。根据体型外貌进行选择，是鹅群发育工作中通常采用的简单、快速的选种方法，特别适用于不进行个体记录的生产商品鹅的种鹅场（见表 2-2）。

表 2-2　根据体型外貌进行选择的时间和要求

类型	时间	标准
雏鹅	出壳后 12 小时以内	雏鹅血统要记录清楚；来自高产个体或群体的种蛋；应具备该品种特征，如绒毛、喙、脚的颜色和出壳重符合要求，雏体健康（杂色、弱雏鹅等不符合品种要求以及出壳太重或太轻的干瘦、大肚脐、眼睛无神、行动不稳和畸形的雏鹅应淘汰或作为商品肉鹅饲养）
青年鹅	雏鹅 30 日龄脱温后转群之前	生长发育快，体重大。公雏的体重应在同龄、同群平均体重以上，高出 1～2 个标准差，并符合品种发育要求；体型结构良好，羽毛着生情况正常，符合品种或选育标准要求；体质健康、无疾病史的个体。淘汰那些体重小、生长发育落后、羽毛着生慢，以及体型结构不良的个体
后备种鹅	中鹅阶段（70～80 日龄）饲养结束后转群前	公鹅要求体型大，体质结实，各部结构发育均匀，肥度适中，头大适中，两眼有神，喙正常无畸形，颈粗而稍长（作为生产肥肝的中鹅应粗而短），胸深而宽，背宽长，腹部平整，脚粗壮有力、长短适中、距离宽，行动灵活，叫声响亮。选留公鹅数要比按配种的公母比例要求多留 20%～30%作为后备
		后备母鹅要求体重大，头大小适中，眼睛灵活，颈细长，体型长而圆，前躯浅窄，后躯宽深，臀部宽广

续表

类型	时间	标准
成年种鹅	进入性成熟期，转入种鹅群生产阶段前	要在后备种鹅选留的基础上进行严格选留和淘汰，淘汰那些体型不正常、体质弱、健康状况差、羽毛混杂(白鹅决不能有异色杂毛)，肉瘤、喙、眼、胫等颜色不符合品种要求(或选育指标)的个体。特别是对公鹅的选留，要进一步检查性器官的发育情况，严格淘汰阴茎发育不良、阳痿和有病的公鹅，选留阴茎发育良好、性欲旺盛、精液品质优良的公鹅做种用。公母鹅的留种比例以1∶6为宜，公母合群饲养，自由交配
经产种鹅	具有1～2年以上生产记录的种鹅	第一个产蛋周期产蛋结束后，根据母鹅的开产期、产蛋性能、蛋重、受精率和就巢情况选留。有个体记录的还可以根据后代生产性能和成活率、生长速度、毛色分离等情况进行鉴定选留。在选留种鹅时，种母鹅应生产力好，颈短身圆，眼亮有神，性情温驯，善于采食，生长健壮，羽毛紧密，前躯较浅，后躯较宽，臀部圆阔，脚短匀称，尾短上翘，卵泡显著，产蛋率高，具有品种特征。种母鹅必须经过一个冬春的产蛋观察才能定型，白鹅品种的母鹅需年产蛋90枚以上才留做种鹅
		种公鹅应遗传性好，发育正常，叫声洪亮，体大脚粗，肉瘤凸出，体型高大，性欲旺盛，采食力强，羽毛紧凑，健康无病，配种力强，具有显著的品种雄性特征

4. 注意淘汰劣质鹅

规模化养鹅生产中，出现的瘦弱鹅、残疾鹅和病弱鹅等劣质鹅，没有必要在鹅场内设置专门的房舍进行饲养和治疗，应及时淘汰或做无害化处理。生产过程中出现的停产鹅和低产鹅也应及时鉴定淘汰。

(二) 保持适宜的环境条件

1. 保持适宜的饲养密度

适宜的饲养密度是保证鹅群正常发育、预防疾病不可忽视的措施之一。培育期饲养密度过大，鹅群拥挤，不但会造成鹅采食困难，而且空气中尘埃和病原微生物数量较多，最终引起鹅群发育不整齐，免疫效果差，易感染疾病和啄癖；密度过小，不利于鹅舍保温，也不经济。产蛋鹅饲养密度过大，影响产蛋潜力的发挥，容易发生啄癖。饲养密度的大小应随品种、日龄、鹅舍的通风条件、饲养的方式和季节等做调整。育雏期不同饲养方式的饲养密度见表

2-3；育肥期饲养密度为5～6只/米^2；种鹅的饲养密度为2.5～3只/米^2。

表2-3 育雏期不同饲养方式的饲养密度

周龄	地面平养/(只/米^2)	网上平养/(只/米^2)	立体笼养/(只/米^{2}笼底面积)
1	20～25	25～30	40～50
2	15～20	18～25	30～40
3	12～15	14～18	20～30
4	8～12	10～14	15～20

2. 保持适宜的光照

光照是一切生物生长发育和繁殖所必需的。合理的光照制度和光照强度不但可以促进鹅的生长发育，提高机体的免疫力和抗病能力，而且对鹅的生殖功能起着极为重要的作用，可使青年鹅适时达到性成熟，并适时开产，维持产蛋鹅稳定的高产性能。光照强度过大，易引起鹅群骚动不安、神经质和啄癖等现象；光照强度和光照时间的突然变化，会引起产蛋率大幅度下降；光照不足则造成青年鹅生殖系统发育延迟。

育雏1～3天，每天23～24小时光照，光照强度30～40勒克斯，使雏鹅尽快适应和熟悉环境，尽早学会饮水采食。以后每两天减少1小时，至4周龄时采用自然光照。

种鹅的饲养大多采用开放式鹅舍、自然光照制度，未采用人工补充光照，对产蛋有一定的影响。如10月份开始产蛋的种鹅，按自然光照每日只有10个多小时，必须在晚上开电灯补充光照，使每天实际光照达到13小时左右，此后每隔1周增加半小时，逐渐延长，直至达到每昼夜光照15小时为止，并将这一光照时数保持到产蛋期结束。由于采用人工补充光照，弥补了自然光照的不足，促使母鹅在冬季增加产蛋量。

3. 保持适宜的鹅舍环境

鹅舍环境直接影响鹅的健康和生产性能的发挥，生产中许多疾病的发生都与鹅舍环境不良有密切关系。只有控制好鹅舍环境，才能保证鹅健康，提高生产性能。对鹅群健康影响较大的环境因素主要温热环境（温热环境是指炎热、寒冷或温暖、凉爽的空气环境，是影响鹅群健康和生产力的重要因素，它是由空气温度、湿度、气流速度和太阳辐射等温热因素综合而成)、有害气体、微粒、微生物及噪声等。各类鹅舍主要环境参数见表2-4。

表 2-4 各类鹅舍主要环境参数

项 目	温度/℃	相对湿度/%	噪声允许强度/分贝	尘埃允许量/(毫克/米³)	有害气体(毫克/米³)		
					NH_3	H_2S	CO_2
成年鹅舍	10～15	60～70	90	2～5	12	15	2950
1～30日龄笼养	20	65～75	90	2～5	8	15	2950
1～30日龄平养	22～20	65～75	90	2～5	8	15	2950
31～65日龄	20～18	65～75	90	2～5	8	15	2950
66～240日龄	16～14	70～80	90	2～5	12	15	2950

(1) 适宜的温度　温度是主要环境因素之一，舍内温度过高或过低都会影响鹅体的健康和生产性能的发挥。雏鹅适宜温度见表2-5。母鹅产蛋的适宜温度为8～25℃，公鹅产壮精的适宜温度是10～25℃。

表 2-5 雏鹅适宜温度

日龄	1～2	3～5	6～10	11～15	16～20	20日龄以上
育雏温度/℃	30～29	28～27	26～25	24～22	18～22	脱温
舍内温度/℃	18～17	16～15	16～15	15	15	—

(2) 适宜的湿度　湿度是指空气的潮湿程度，生产中常用相对湿度表示。相对湿度是指空气中实际水汽压与饱和水汽压的百分比。高温高湿影响鹅体的热调节，加剧高温的不良反应，破坏热平衡；低温高湿时机体散热容易，潮湿的空气使鹅的羽毛潮湿，保温性能下降，鹅体感到更加寒冷，加剧了冷应激；高温低湿的环境中，能使鹅体皮肤或外露的黏膜发生干裂，降低了对微生物的防卫能力；低湿有利于尘埃飞扬，鹅吸入呼吸道后，尘埃可以刺激鼻黏膜和呼吸道黏膜，同时尘埃中的病原一同进入体内，容易感染或诱发发生呼吸道病，特别是慢性呼吸道病。低湿造成雏鹅脱水，不利

于羽毛生长，易发生啄癖；有利于某些病原菌的成活，如白色葡萄球菌、金黄色葡萄球菌、鹅的沙门杆菌以及具有包囊的病毒。鹅虽是水禽，但也怕圈舍潮湿。特别是30日龄以内的雏鹅更怕潮湿。鹅舍最适宜的相对湿度为0～10日龄60%～65%，11～21日龄为65%～70%，22～240日龄60%～80%，成年鹅舍为60%～70%。

（3）洁净的空气　舍内饲养密度高，加之密封严密，空气容易污浊，如有害气体、微粒和微生物含量超标，而破坏鹅的黏膜系统，危害鹅体健康，所以，保持洁净的空气至关重要。

① 加强环境绿化。绿化不仅美化环境，而且可以净化环境。绿色植物进行光合作用可以吸收二氧化碳，生产氧气。如每公顷阔叶林在生长季节每天可吸收1000千克二氧化碳，产出730千克氧气；绿色植物可大量吸附氨，如玉米、大豆、棉花、向日葵以及一些花草都可从大气中吸收氨而生长；绿色林带可以过滤阻隔有害气体，有害气体通过绿色地带至少有25%被阻留，煤烟中的二氧化硫被阻留60%。

② 做好隔离卫生和消毒工作。鹅场和鹅舍要隔离，保持环境卫生，及时清理污物和杂物，排出舍内的污水，保持垫料干燥和卫生，定期进行消毒。

③ 提高饲料消化吸收率。科学选择饲料原料；按可利用氨基酸需要合理配制日粮；科学饲喂；利用酶制剂、酸制剂、微生态制剂、寡聚糖、中草药添加剂等可以提高饲料利用率，减少有害气体的排出量。必要时鹅的饲料中添加丝兰属植物提取物、沸石，或在鹅舍内撒布过磷酸钙、活性炭、煤渣、生石灰等具有吸附作用的物质消除空气中的臭味。

④ 保持通风换气，必要时安装过滤器。冬季通风可以驱除舍内多余的水汽和污浊的空气，保持舍内空气干燥和洁净；夏季通风可以驱除舍内多余的热量，保证一定的气流速度，使鹅感到舒适（见表2-6）。

（三）加强管理

1. 育成新母鹅的培育

保持适宜的育雏条件，建立稳定的管理程序，做好分群（鹅群不要过大，一般每群以100～150只为宜。入舍的第一次分群后，

表 2-6 鹅舍的通风参数

鹅舍	换气量/[米³/(小时·千克)]		气流速度/(米/秒)	
	冬季	夏季	冬季	过渡季
成年鹅舍	0.6	5.0	—	0.5～0.8
1～9周龄鹅舍	0.8	5.0	0.2～0.5	0.2～0.5
9周龄以上鹅舍	0.6	5.0	0.2～0.5	0.2～0.5

随着日龄的增加，鹅群会出现大小、强弱差异，所以分群工作要经常进行，可以在8日龄和15日龄时，结合密度调整和防疫、饲喂等机会进行分群。大小分群和强弱分群，有利于鹅群生长发育整齐和减少死亡）、稀群（随着日龄的增加，鹅的体型增大，需要不断扩大饲养面积，疏散鹅群，保证适宜的饲养密度）和转群工作，加强对弱雏的管理，进行必要的放牧和放水，增强雏鹅的体质；仔鹅阶段要选择优质牧地进行放牧，如果关养要扩大活动面积，增加运动量；后备种鹅前期多是从中鹅群中挑选出来的优良个体，往往不是来自同一鹅群，把它们合并成后备种鹅的新群后，由于彼此不熟悉，常常不合群，甚至有“欺生”现象，必须先通过调教让它们合群。中期和后期要注意防中毒、防日晒、防雨淋、防兽害和减少应激，保持环境和用具清洁卫生，进行必要的免疫接种。

2. 鹅群结构

合理的鹅群结构不但是组织生产的需要，也是提高繁殖力的需要。在生产中要及时淘汰过老的公、母鹅，补充新的鹅群。母鹅前3年的产蛋量最高，以后开始下降。所以，一般母鹅利用年限不超过3年。公鹅利用年限也不宜超过3年。种鹅群的组成一般为：1岁母鹅为30%，2岁母鹅为25%，3岁母鹅为20%，4岁母鹅为15%，5岁母鹅为10%

3. 种母鹅的饲养管理

母鹅经过产蛋准备期的饲养，换羽完毕，体重逐渐恢复，陆续转入产蛋期。临产前母鹅表现为羽毛紧凑有光泽，尾羽平直，肛门平整，周围有一个星菊花状的羽毛圈，腹部饱满，松软而有弹性，耻骨间距离增宽，采食量增加，喜食无机盐饲料，有经常点头寻求配种的姿态，母鹅之间互相爬踏。开产母鹅有衔草做窝现象，说明即将开始产蛋。除加强环境、卫生、饲养等管理外，还要注意如下方面。

（1）训练种鹅到产蛋箱内产蛋　在母鹅临产前15天左右应在鹅舍内墙周围安放产蛋箱。产蛋箱的规格是：宽40厘米，长60厘米，高50厘米，门坎高8厘米，箱底铺垫柔软的垫草。每2～3只母鹅设一个产蛋箱。母鹅一般是定窝产蛋，第一次在哪个窝里产蛋，以后就一直在哪个窝产蛋。母鹅在产蛋前，一般不爱活动，东张西望，不断鸣叫，这是将要产蛋的行为。发现这样的母鹅，要捉入产蛋箱内产蛋，以后鹅便会主动找窝产蛋。母鹅产蛋以前要做好产蛋箱。产蛋箱内垫草要经常更换，保持清洁卫生，种蛋要随下随拣，一定要避免污染种蛋。

（2）配种管理　在自然支配条件下，合理的性比例和繁殖小群能提高鹅的受精率。一般大型鹅种公母配比为1∶(3～4)，中型1∶(4～6)，小型1∶(6～7)。繁殖配种群不宜过大，一般以50～150只为宜。鹅属水禽，喜欢在水中嬉戏配种，有条件的应该每天给予一定的放水时间，以多创造配种机会，提高种蛋受精率。

4. 停产期的饲养管理

母鹅每年的产蛋期，除品种之外，因各地区气候不同而异。我国南方多集中于冬、春两季，北方多在2～6月初。种鹅的利用年限一般为3～5年。一般情况下，当种鹅经过1个冬春繁殖期后，必将进入夏季高温休产期。

（1）休产前期的饲养管理　这一时期的工作要点是逐渐减少精料用量、人工拔羽、种群选择淘汰与新鹅补充。停产鹅的口粮由精粮改为粗粮，即转入以放牧为主的粗饲期，目的是使母鹅消耗体内脂肪，促使羽毛干枯，容易脱落。此期喂料次数逐渐减少到每天1次或隔天1次，然后改为3～4天喂1次。在停喂精料期，要保证鹅群有充足的饮水。经过12～13天，鹅体消瘦，体重减轻，主翼羽和主尾羽出现干枯现象时，则可恢复喂料。待体重逐渐回升，约放牧饲养1个月之后，就可进行人工拔羽。人工拔羽就是人工拔掉主翼羽、副主翼羽和主尾羽。处于休产期的母鹅羽毛比较容易拔下，如拔羽困难或拔出的羽根带血时，可停喂几天饲料（青饲料也不喂），只喂水，直至鹅体消瘦，容易拔下主翼羽为止。拔羽后必须加强饲养管理，拔羽需选择在温暖的晴天，切忌在寒冷的雨天进行，拔后2天内应将鹅圈养在运动场内喂料、喂水、休息，不能让鹅下水，以防毛孔感染引起炎症。3天后就可放牧与放水，但要避免烈日暴晒和雨淋。目前由于活鹅拔毛技术推广，可在种鹅休产期进行2～3次人工拔羽，第一次在6月上旬进行，约40天后进行第二次拔羽，如果计划安排得好，可拔羽3次。每只种鹅在休产期可增加经济收入8～10元。种群选择与淘汰，主要是根据前次繁殖周期的生产记录和观察，对繁殖性能低，如产蛋量少、种蛋受精率低、公鹅配种能力差、后代生活力弱的种鹅个体进行淘汰。为保持种群数量的稳定和生产计划的连续性，还要及时培育、补充后备优良种鹅，一般种鹅每年更新淘汰率在25%～30%。

(2) 休产中期的饲养管理　这一时期主要需做好防暑降温、放牧管理和保障鹅群健康安全。要充分利用野生牧草、水草等，以减少饲料成本投入。夏季野生牧草丰富，但天气变化剧烈。因此，在饲养上要充分利用种鹅耐粗饲的特点，全天放牧，让其采食野生牧草。农作物收获后的青绿茎叶也可以用作鹅的青绿饲料。只要青粗料充足，全天可以不补充精料。管理上，放牧时应避开中午高温和暴风雨恶劣天气。放牧过程中要适时放水洗浴、饮水，尤其要时刻关注放牧场地及周围农药施用情况，尽量减少不必要的鹅群损害。这一时期结束前，还要对一些残次鹅进行1次选择淘汰。

(3) 休产后期的饲养管理　这一时期的主要任务是种鹅的驱虫防疫、提膘复壮，为下一个产蛋繁殖期做好准备。为保障鹅群及下一代的健康安全，前10天要选用安全、高效广谱驱虫药进行1次鹅体驱虫，驱虫1周内的鹅舍粪便、垫料要每天清扫，堆积发酵后再作农田肥料，以防寄生虫的重复感染。驱虫7～10天后，根据当地周边地区的疫情动态，及时做好小鹅瘟、禽流感等一些重大疫病的免疫预防接种工作。夏季过后，进入秋冬枯草期，种鹅的饲养管理上要抓好青绿饲料的供应和逐步增加精料补充量。可人工种植牧草，如适宜秋季播种的多花黑麦草等，或将夏季过剩青绿饲料经过青贮保存后留作冬季供应。精料尽量使用配合料，并逐渐增加喂料量，以便尽快恢复种鹅体膘，适时进入下一个繁殖生产期。管理上，还要做好种鹅舍的修缮、产蛋窝棚的准备等。必要时晚间增加

2～3 小时的普通灯泡光照，促进产蛋繁殖期的早日到来。

5. 种公鹅的饲养管理

种公鹅饲养管理好坏直接关系到种蛋的受精率和孵化率。在种鹅群的饲养过程中，应始终注意种公鹅的日粮营养水平和种公鹅的体重、健康等状况。在鹅群的繁殖期，公鹅由于多次与母鹅交配，排出大量精液，体力消耗很大，体重有时明显下降，从而影响种蛋的受精率和孵化率。为了使种公鹅保持良好的配种体况，种公鹅的饲养，除了和母鹅群一起采食外，从组群开始后，对种公鹅应补饲配合饲料。配合饲料中应含有动物性蛋白质饲料，以利于提高公鹅的精液品质。补喂方法，一般是在一个固定时间，将母鹅赶到运动场，把公鹅留在舍内，补喂饲料，任其自由采食。这样，经过一定时间（12 天左右），公鹅就习惯于自行留在舍内，等候补喂饲料。开始补喂饲料时，为便于分别公、母鹅，对公鹅可作标记，以便管理和分群。公鹅的补饲可持续到母鹅配种结束。

（四）减少应激发生

应激是指动物在外界和内在环境中，一些具有损伤性的生物、物理、化学，以及某种心理上的强烈刺激作用于机体后，随即产生的一系列非特异性全身性反应。规模化生产，饲养密度高，生产程序复杂，应激因素多，应激反应严重，不仅导致生产性能下降，抗病力低，诱发各种疾病，而且影响蛋品产量、质量和效益。

1. 应激因素

主要有温热（高温、寒冷、阴雨、日温差过大、过度潮湿）、噪声（异常声响、鼠类等小动物骚扰）、各种有害气体、过度照明或光照不足等环境应激因素；监禁（笼养、网上平养）、强制换羽、疫苗接种、驱虫及投药、密度增加、限制饲料与更换饲料、外伤、啄伤以及捕捉、转群、运输等饲养管理因素；生物潜在感染、中毒、缺乏症、患病等鹅群自身因素。

2. 减少应激的措施

（1）加强管理　保持适宜的饲养密度、适宜的光照和适宜的温热环境；饲粮品质优良、营养充足和原料稳定，饲喂科学，合理饮水；保持洁净的空气环境。鹅体温高，代谢旺盛，呼吸频率高，呼吸时排出大量的二氧化碳，加上鹅舍内垫料、粪便发酵所产生的有害气体（如氨气、硫化氢、甲烷、臭味素等）以及空气中的尘埃和微生物，容易诱发鹅群发病，如造成鹅的结膜炎、支气管炎、慢性呼吸道病等疾病的发生。所以在勤清粪的基础上，必须保持适量的通风换气和环境消毒；生产程序稳定，饲养人员稳定，饲喂、饮水、清粪、光照、消毒灯程序固定。

（2）使用抗应激药物　见表 2-7。

表 2-7　鹅常见的应激因素和药物应用剂量

应激因素	药物、剂量及用药时间
转群、运输、接种	氯丙嗪，雏鹅 30 毫克/千克体重，成鹅 50 毫克/千克体重；应激前后 2 天内
	或延胡索酸，100 毫克/千克体重；应激前后 10 天内
	维生素 C，1 克/千克饮水；应激前后 3 天内
捕捉、采血	氯丙嗪，50 毫克/千克体重拌料；应激前后 2 天内
	或复合维生素制剂 2～2.5 倍正常需要量拌料；应激前后 3～5 天内
热应激、密度应激	杆菌肽锌 40 毫克/千克饲料，维生素 C 1 克/千克饮水；应激前后
环境应激	维生素 C 1 克/千克饮水，或复合维生素制剂 2～2.5 倍正常需要量拌料；发生应激反应时
噪声、惊慌	氯丙嗪，600 毫克/千克饲料；应激后 1.5 小时
	利血平，2 毫克/千克饲料；应激后 1.5 小时

（五）注意观察鹅群

鹅是无言的动物，通过细致的观察，可以及时发现生产中的新情况、新问题，采取有效措施加以解决，把隐患消灭在萌芽状态，减少疾病的发生和危害。

（1）观察精神状态　在清晨鹅舍开灯后，观察鹅的精神状态，若发现精神不振、闭目困倦、两翅下垂、羽毛蓬乱、行为怪异、冠色苍白的鹅，多为病鹅，应及时挑出严格隔离，如有死鹅，应送给有关技术人员剖检，以及时发现和控制病情。

（2）观察鹅群采食和粪便　鹅体健康、产蛋正常的成年鹅群，每天的采食量和粪便颜色比较恒定，如果发现剩料过多、鹅群采食量不够、粪便异常等情况，应及时报告技术人员，查出问题发生的原因，并采取相应措施解决。

（3）观察鹅的产蛋和生长情况　加强对鹅群产蛋数量、蛋壳质量、蛋的形状及内部质量等方面的观察，可以掌握鹅群的健康状态和生产情况。鹅群的健康和饲养管理出现问题，都会在产蛋方面有所表现。如营养和饮水供给不足、环境条件骤然变化、发生疾病等都能引起产蛋下降和蛋的质量降低。

（4）观察呼吸道状态　夜间熄灯后，要细心倾听鹅群的呼吸，观察有无异常。如有打呼噜、咳嗽、喷嚏及尖叫声，多为呼吸道疾病或其他传染病，应及时挑出隔离观察，防止扩大传染。

（5）观察有无啄癖鹅　产蛋鹅啄癖比较多，而且常见，主要有啄肛、啄羽、啄蛋、啄趾等，要经常观察鹅群，发现啄癖鹅，尤其啄肛鹅，应及时挑出，分析发生啄癖的原因，及时采取防治措施。

（六）做好鹅场的记录工作

做好采食、饮水、产蛋、增重、免疫接种、消毒、用药、疾病、环境变化等记录工作，有利于发现问题和解决问题，有利于总结经验和吸取教训，有利于提高管理水平和疾病防治能力。

第六节　保持环境清洁卫生

一、保持鹅舍和周围环境卫生

及时清理鹅舍的污物、污水和垃圾，定期打扫鹅舍顶棚和设备用具上的灰尘，每天进行适量通风，保持鹅舍清洁卫生；不在鹅舍周围和道路上堆放废弃物和垃圾。清空的鹅舍和鹅场要进行全面清洁和消毒。鹅场和鹅舍的清洁按如下程序进行。

（一）排空鹅舍

在尽可能短的时间内将舍内鹅上市或淘汰，如是全进全出的鹅场，则尽快使全场排空，一只鹅也不留，如是多日龄共存的鹅场，也应尽可能将某一鹅舍及附近的鹅排空。

（二）清理清扫

（1）将用具或棚架等移出室外浸泡清洗、消毒　在空栏之后，应清除饲料槽和饮水器的残留饲料和饮水，清除产蛋箱内的垫料，然后将饮水器、饲料槽、产蛋箱、育雏器和一切可以移动的器具搬到舍外的指定地点，用消毒药水浸泡、冲洗、消毒。有可能时，可在空栏后将棚架拆开，移到舍外浸泡冲洗和消毒。所有电器，如电灯、风扇等也可移出室外清洗、消毒。总之，应将一切可移动的物品搬至舍外进行消毒处理，尽量排空鹅舍以进行下一步的处理。

（2）清扫灰尘、垫料和粪便　在移走室内用具后，可用适量清水喷湿天花板、墙壁，然后将天花板和墙壁上的灰尘、蜘蛛网除去，将灰尘、垃圾、垫料、粪便等一起运走并做无害化处理。

（三）清水冲洗

在清除灰尘、垫料和粪便后，可用高压水枪（果树消毒虫用的喷雾器或灭火用水枪）冲洗天花板、墙壁和地面，尤其要重视对角落、缝隙的冲洗，在有粪堆的地方，可用铁片将其刮除后再冲洗。冲洗的标准是要使鹅舍内每个地方都被清洗干净，这是鹅舍清洁消毒中最重要的一环。不能用水冲洗的设备可以使用在消毒液中浸过的抹布涂擦。

（四）清除鹅舍周围杂物和杂草

清除鹅舍周围和运动场的杂物和杂草，必要时更换表层泥土或铺上一层生石灰，然后喷湿压实。

（五）检修鹅舍和消毒液消毒

冲洗后已干燥的鹅舍，进行全面检修，然后用氢氧化钠、农福、过氧乙酸等消毒药液消毒，必要时还可用杀虫药消灭蚊、蝇等，在第一次消毒后，要再用清水冲洗，干燥后再用药物消毒一次。

（六）安装和检修设备用具

检修采光、通风、降温、加温等系统，安装棚架、饮水器、饲料槽、产蛋箱和电器等，如需要垫料可放入新鲜垫料。

（七）熏蒸消毒

空置15～20天，然后封闭禽舍，用福尔马林熏蒸消毒。熏蒸消毒应在完全密闭的空间内进行，才能达到较好的消毒效果。如果鹅舍的门窗、屋顶等均有很多缺口或缝隙，则熏蒸只能作为一种辅助消毒手段。

（八）通风

开启门窗，排除残留的刺激性气体，准备开始下一轮的饲养。

二、杀虫灭鼠

（一）杀虫

昆虫可以传播疫病，需要做好防虫灭虫工作，防止昆虫滋生繁殖。

（1）环境卫生　搞好养殖场环境卫生，保持环境清洁、干燥，是减少或杀灭蚊、蝇、蠓等昆虫的基本措施。如蚊虫需在水中产卵、孵化和发育，蝇蛆也需在潮湿的环境及粪便等废弃物中生长。因此，要填平无用的污水池、土坑、水沟和洼地。保持排水系统畅通，对阴沟、沟渠等定期疏通，勿使污水储积。对贮水池等容器加盖，以防昆虫如蚊蝇等飞入产卵。对不能清除或加盖的防火贮水器，在蚊蝇滋生季节，应定期换水。永久性水体（如鱼塘、池塘等），蚊虫多滋生在水浅而有植被的边缘区域，修整边岸，加大坡度和填充浅湾，能有效地防止蚊虫滋生。鹅舍内的粪便应定时清除，并及时处理，贮粪池应加盖并保持四周环境的清洁。

（2）物理杀灭　利用机械方法以及光、声、电等物理方法，捕杀、诱杀或驱逐蚊蝇。

（3）生物杀灭　利用天敌杀灭害虫，如池塘养鱼即可达到鱼类治蚊的目的。此外，应用细菌制剂——内菌素杀灭吸血蚊的幼虫，效果良好。

（4）化学杀灭　化学杀灭是使用天然或合成的毒物，以不同的剂型（粉剂、乳剂、油剂、水悬剂、颗粒剂、缓释剂等），通过不同途径（胃毒、触杀、熏杀、内吸等），毒杀或驱逐昆虫。化学杀虫法具有使用方便、见效快等优点，是当前杀灭蚊蝇等害虫的较好方法（常用的杀虫剂及性能见表2-8）。但要注意减少污染和要有目的地选择杀虫剂，要选择高效长效、速杀、广谱、低毒无害、低残留和廉价的杀虫剂。

表 2-8 常用的杀虫剂及性能

名称	性 状	作 用	制剂、用法和用量	注意事项
二氧苯醚菊酯(氯菊酯、扑灭司林、苄氯菊酯)	商品名为除虫精。浅黄色油状液体,不溶于水。在空气和阳光下稳定,残效期长	本品为广谱杀虫剂,对多种家禽体表与环境中的害虫,如对蚊、螨、蝇、蜱、虻和蟑螂等均有杀灭作用。用0.125%~0.5%溶液喷雾,可杀灭禽螨。在舍内喷雾用量达25~125毫克/米^{2}时,灭蝇效力可持续4~12周	乳剂(10%或40%),可控制禽体外寄生虫,以本品计配成0.05%浓度溶液喷洒;灭蝇(以二氯苯醚菊酯计),可按125毫克/米^{2}喷雾	本品对禽类的毒性很低,但对鱼类及其他冷血动物如蜜蜂、家蚕有剧毒
氯氰菊酯(灭百可)	黄色至棕色黏稠固体,60℃时为黏稠液体	为广谱杀虫剂,对虫体有胃毒和触毒作用。对鹅虱有效率可达99%,常用浓度为60毫克/升,一般用药后15天再用1次	10%氯氰菊酯乳油,灭虱时(以本品计),60毫克/升喷洒;灭蝇时(以本品计),10毫克/升喷洒	中毒后无特效解毒药,应对症治疗。对鱼及其他水生生物高毒,应避免污染河流、湖泊、水源和鱼塘等水体。对家蚕高毒
溴氰菊酯(敌杀死)	白色结晶性粉末,难溶于水,对光稳定,遇碱易分解。其溶液在0℃以下易析出结晶	本品杀虫谱广,杀虫力强,对虫体有胃毒和触毒作用,无内吸作用,对有机磷和有机氯农药耐药的虫体仍有高效。2.5%溴氰菊酯1000倍、2000倍稀释液喷雾,对鹅虱幼虫、稚虫或成虫均有很强的杀灭作用	5%溴氰菊酯溶液,药浴、喷淋(以溴氰菊酯计),预防用量为每1000升水中加5~15克,治疗用量为每1000升水中加30~50克。必要时间隔7~10天重复使用	对人、畜低毒,但对皮肤、黏膜、眼睛、呼吸道等有较强的刺激性,特别对大面积皮肤病或组织损伤者影响更为严重,用时应注意防护。误服中毒时可用4%碳酸氢钠溶液洗胃。家禽亦较敏感。休药期为28天

续表

名称	性 状	作 用	制剂、用法和用量	注意事项
氰戊菊酯(戊酸氰醚酯)	淡黄色结晶性粉末，在水中几乎不溶，溶于乙醇等有机溶剂。在酸性条件下稳定，在碱性条件下逐渐降解	对家禽的多种体外寄生虫与吸血昆虫如螨、虱、蚤、蚊和蝇等均有良好的杀灭效果，效果确实。以触杀为主，兼有胃毒和驱避作用。还有杀灭虫卵的作用。因此，一般情况下不需重复用药。用药1次即可。主要用于驱杀禽类体表寄生虫如螨、虱等，也用于杀灭环境、禽舍中的有害昆虫，如蚊、蝇等	20%氰戊菊酯溶液，药浴、喷淋(以氰戊菊酯计)，防治鹅虱、刺皮螨时，40～50毫克/升；杀灭蚤、蚊、蝇时，40～80毫克/升。喷雾，稀释成0.2%浓度，鹅舍用3～5毫升/米^3，喷雾后密闭4小时	配制溶液时，水温以12℃为宜，如水温超过25℃将会降低药效，水温超过50℃时则失效。本品在碱性条件下不稳定，所以避免使用碱性水配制溶液，并忌与碱性药物混合使用。治疗家禽体表寄生虫病时，无论是喷洒、喷淋还是药浴，都应保证家禽的被毛、羽毛被药液充分湿透。休药期28天
敌敌畏	白色结晶性粉末，工业品为淡黄色至淡黄棕色油状液体，稍带芳香味，易挥发。强碱溶液和沸水中易水解，酸性溶液中较稳定，微溶于水	是一种速效、广谱杀虫剂，对多种体外寄生虫具有熏蒸、触杀和胃毒3种作用。可以杀灭蚊、蝇、螨、蚤等。其杀虫效力比敌百虫强8～10倍，毒性亦高于敌百虫。治疗鹅刺皮螨病可用0.25%溶液喷洒或涂刷栖架、垫草和墙壁	80%敌敌畏溶液，喷洒或涂搽时，配成0.1%～0.5%溶液喷洒空间、地面和墙壁，每100米^{2}面积约用1升；家禽粪便消毒可喷洒0.5%浓度药液	加水稀释后易分解，宜现配现用。喷洒药液时应避免污染饮水、饲料、料槽和用具等。家禽对本品敏感，使用时需慎重。对机体毒性较大，易从消化道、呼吸道和皮肤等途径吸收而中毒，中毒时可用阿托品和碘解磷定解救
蝇毒磷	为硫代有机磷酸酯类化合物，纯品为白色结晶性粉末，商品制剂微带棕色，无臭，无味	以0.05%浓度沙浴、药浴或喷洒，可杀灭蜱、螨、蚤、蝇等体外寄生虫；用0.025%浓度可灭虱	16%蝇毒磷溶液，配成含蝇毒磷0.02%～0.05%的乳剂外用。休药期为28天	对鹅较安全，以0.004%浓度混饲13个月，无中毒表现，但有色鹅对本品反应严重，一般不宜应用。禁止与其他有机磷化合物和胆碱酯酶抑制剂合用，以免毒性增强

续表

名称	性状	作用	制剂、用法和用量	注意事项
甲基吡啶磷	白色或类白色结晶性粉末，有特臭，微溶于水	高效、低毒的新型有机磷杀虫药，主要以胃毒为主，兼有触杀作用，能杀灭苍蝇、蟑螂、蚂蚁、跳蚤、臭虫及部分昆虫的成虫。一次喷雾，苍蝇可减少 84%～97%。还具有残效期长的特点，将其涂于纸板上，悬挂于禽舍内或贴于墙壁上，有效期可达 10～12 周，喷洒于墙壁、天花板，有效期可达 6～8 周。主要用于杀灭禽舍等处的成蝇，也用于居室、餐厅、食品工厂等的灭蝇、灭蟑螂	①甲基吡啶磷可湿性粉（每 100 克中含甲基吡啶磷可湿性粉 20 克、9-二十三碳烯 0.05 克），喷雾，每 200 米^2 取本品与糖各 500 克，充分混合于 4 升温水中。涂布，每 200 米^2 取本品 50 克、糖 200 克，加温水适量调成糊状，涂 30 个点。②1% 甲基吡啶磷颗粒剂，每平方米取本品 2 克，用水湿润后分撒	本品对眼有轻微刺激性，喷洒时需注意。加水稀释后应当日用完。混悬液停放 30 分钟后，宜重新搅拌均匀再用。对人、畜禽的毒性较大，易被皮肤吸收发生中毒，使用时应慎重
环丙氨嗪（灭蝇胺）	纯品为无色晶体	为昆虫生长调节剂，可抑制双翅目幼虫的蜕皮，特别是幼虫的第一期蜕皮，使蝇蛆繁殖受阻，也可使蝇蚴不能蜕皮而死亡。给鹅口服，即使在粪便中含药量极低也可彻底杀灭蝇蛆，所以可通过混饲来控制苍蝇幼虫在鹅粪内的生长。一般在用药后 6～24 小时发挥药效，可持续 1～3 周。主要用于控制禽舍内蝇幼虫的繁殖，杀灭粪池内的蝇蛆	①1% 环丙氨嗪预混剂，混饲（以环丙氨嗪计），禽 5 克/1000 千克饲料，连用 4～6 周。②50% 环丙氨嗪可溶性粉，喷洒，每 20 米^2 取本品 10 克，加水 15 升。喷雾，每 20 米^2 取本品 10 克，加水 5 升。③2% 环丙氨嗪可溶性颗粒，干撒，每 10 米^2 取本品 5 克。洒水，每 10 米^2 取本品 2.5 克，加水 10 升。喷雾，每 10 米^2 取本品 5 克，加水 1～4 升	对人、畜和蝇的天敌无害，对家禽的生长、产蛋、繁殖无影响。但如果给鹅饲喂浓度过高（500 毫克/千克饲料以上），可使饲料消耗量减少，1000 毫克/千克饲料以上长期饲喂可能因采食过少而死亡。休药期为 3 天

续表

名称	性状	作用	制剂、用法和用量	注意事项
精制马拉硫磷	为无色或浅黄色油状液体，微溶于水，对光稳定，在酸性、碱性介质中易水解	为低毒、高效、速效的有机磷杀虫剂，主要以触杀、胃毒和熏蒸方式杀灭害虫，无内吸杀虫作用。可用于杀灭蚊、蝇、虱、臭虫和蟑螂等卫生害虫。也用于治疗家禽外寄生虫病	精制马拉硫磷溶液（45%或70%），药浴或喷雾（以马拉硫磷计），配成0.2%～0.3%水溶液	对人的眼睛、皮肤有刺激性，使用时应注意防护。1月龄以内的动物禁用。休药期为28天
马拉硫磷	棕色、油状液体，强烈臭味	其杀虫作用强而快，具有胃毒、触毒作用，也可作熏杀，杀虫范围广。杀灭蚊（幼）、蝇、蚤、蟑螂、螨	0.2%～0.5%乳油喷雾，灭蚊、蚤；3%粉剂喷洒灭，螨、蜱	对人、禽毒害小，适于禽舍内使用。世界卫生组织推荐的室内滞留喷洒杀虫剂

（二）灭鼠

鼠不仅可以传播疫病，而且可以污染和消耗大量饲料，危害极大，必须注意灭鼠，每2～3个月进行一次彻底灭鼠。使用化学灭鼠药物灭鼠效率高、使用方便、成本低、见效快，但能引起人、禽中毒，有些老鼠对药剂有选择性、拒食性和耐药性。所以，使用时需选好药剂和注意使用方法，以保安全有效（见表2-9）。灭鼠时应注意：一是灭鼠时机和方法选择。要摸清鼠情，选择适宜的灭鼠时机和方法，做到高效、省力。一般情况下，4～5月份是各种鼠类的觅食、交配期，也是灭鼠的最佳时期。二是药物选择。灭鼠药物较多，但符合理想要求的较少，要根据不同方法选择安全的、高效的、允许使用的灭鼠药物。如禁止使用的灭鼠剂（氟乙酰胺、氟乙酸钠、毒鼠强、毒鼠硅、伏鼠醇等）、已停产或停用的灭鼠剂（安妥、砒霜、灭鼠优、灭鼠安）、不再登记作为农药使用的消毒剂（士的宁、鼠立死、硫酸砣等）等，严禁使用。三是注意人、禽安全。

表 2-9 常用的化学灭鼠药物及特性

分类	名称	性 状	使用方法	特点及注意事项
慢性灭鼠剂	敌鼠钠盐	黄色粉末，无臭无味，溶于沸水	取敌鼠钠盐 5 克，加沸水 2 升搅匀，再加 10 千克杂粮，浸泡至毒水全部吸收后，加入适量植物油拌匀，晾干备用。混合毒饵：将敌鼠钠盐加入面粉或滑石粉中制成 1%毒粉，再取毒粉 1 份，倒入 19 份切碎的鲜菜中拌匀即成。毒水：用 1%敌鼠钠盐 1 份，加水 20 份即可	对人、畜和家禽毒性小，对犬、猫和猪毒性强，发现中毒后可以使用维生素 K_1 解救
	氯敌鼠(氯鼠酮)	黄色结晶性粉末，无臭，无味，溶于油脂等有机溶剂，不溶于水，性质稳定	本品有 90%原药粉、0.25%母粉、0.5%油剂 3 种剂型。使用时可配制成如下毒饵。①0.005%水质毒饵：取 90%原药粉 3 克，溶于适量热水中，待凉后，拌于 50 千克饵料中，晒干后使用。②0.005%油质毒饵：取 90%原药粉 3 克，溶于 1 千克热食油中，冷却至常温，洒于 50 千克饵料中拌匀即可。③0.005% 粉剂毒饵：取 0.25%母粉 1 千克，加入 50 千克饵料中，加少许植物油，充分混合拌匀即成	本品是敌鼠钠盐的同类化合物，但对鼠的毒性作用比敌鼠钠盐强，为广谱灭鼠剂，而且适口性好，不易产生拒食性。对人、畜和禽毒性较小，使用较为安全。主要用于毒杀家鼠和野栖鼠，尤其是可制成蜡块剂，用于毒杀下水道鼠类。灭鼠时将毒饵投在鼠洞或鼠活动的地区即可。其他参见敌鼠钠盐
	杀鼠灵(华法令)	为白色粉末，无味，难溶于水，其钠盐溶于水，性质稳定	毒饵配制方法：①0.025%毒米。取 2.5%母粉 1 份、植物油 2 份、米渣 97 份，混合均匀即成。②0.025%面丸。取 2.5%母粉 1 份，与 99 份面粉拌匀，再加适量水和少许植物油，制成每粒 1 克重的面丸。以上毒饵使用时，将毒饵投放在鼠类活动的地方，每堆约 3 克，连投 3～4 天	本品属香豆素类抗凝血灭鼠剂，一次投药的灭鼠效果较差，少量多次投放灭鼠效果好。鼠类对其毒饵接受性好，甚至出现中毒症时仍能采食。本品对人、畜和家禽毒性很小，中毒时维生素 K_1 为有效解毒剂

续表

分类	名称	性状	使用方法	特点及注意事项
慢性灭鼠剂	杀鼠迷	黄色结晶性粉末，无臭，无味，不溶于水，溶于有机溶剂	杀鼠迷市售品有0.75%母粉和3.75%水剂。使用时，将10千克饵料煮至半熟，加适量植物油，取0.75%杀鼠迷母粉0.5千克，撒于饵料中拌匀即可。毒饵一般分2次投放，每堆10～20克。水剂可配制成0.0375%饵剂使用	本品也属香豆素类抗凝血杀鼠剂，适口性好，毒杀力强，二次中毒极少，是当前较为理想的杀鼠药物之一，主要用于杀灭家鼠和野栖鼠类。注意事项参见杀鼠灵
	杀它仗	白灰色结晶性粉末，微溶于乙醇，几乎不溶于水	本品用法：用0.005%杀它仗稻谷毒饵，杀黄毛鼠有效率可达98%，杀室内褐家鼠有效率可达93.4%，一般一次投饵即可。稻田每公顷放75个点，每点投毒饵20克	本品对各种鼠类都有很好的毒杀作用。适口性好，急性毒力大，1个致死剂量被吸收后3～10天就发生死亡，一次投药即可。适用于杀灭室内和农田的各种鼠类。对其他动物毒性较低，但犬很敏感
	溴敌隆（溴敌鼠）	为白色结晶性粉末，溶于乙醇、丙酮，不溶于水	对多种鼠类有较强的毒杀作用，也能杀死对杀鼠灵有耐药性的鼠。市售品有0.5%溶液剂、0.5%母粉、0.05%母粉、0.005%颗粒剂及蜡块剂等。常用毒饵浓度为0.005%	主要用于毒杀农田、林区的鼠，使用时一次投药于洞口及鼠类活动的地方效果较好。因本品毒性强，配制及使用时必须由专人负责，并采用一些防护措施，管理好畜、禽，严防中毒。如中毒，可用维生素K_1解毒
急性灭鼠剂	毒鼠磷	为白色结晶状粉末，无臭。难溶于水，极易溶于热米糠油。在干燥和室温条件下较稳定	毒饵配制法：①醇溶法。将含量90%以上的毒鼠磷，溶于14倍量的95%乙醇中，溶解后加入适量谷物或面粉，再加少许食用油、白糖搅匀即成。②混合法。将毒鼠磷精晶先加少许面粉拌匀，再加入需要的全量面粉，加水拌匀制成小颗粒或条、块，晾干即可。③黏附法。将毒鼠磷精晶，加适量面粉拌匀，再与粘有植物油的谷物拌匀制得。以上毒饵根据鼠体大小和数量，用药量为0.2%～1%，一次性撒布在鼠洞口附近，鼠食毒饵后多数在24小时内死亡	本品属有机磷毒剂，能抑制胆碱酯酶活性，鼠类吞食后4～6小时出现症状，1天内死于呼吸道充血和心血管麻痹。主要用于杀灭野鼠，也可杀灭家鼠，但适口性较差，鸭、鹅对其极敏感，牛、羊亦较敏感。配制毒饵时工作人员要戴橡皮手套、口罩及防护眼镜，防止经皮肤吸收中毒。对家畜、家禽要严防误食中毒。若中毒，可注射阿托品和解磷定解救

续表

分类	名称	性 状	使用方法	特点及注意事项
急性灭鼠剂	灭鼠宁(鼠特灵)	灰白色粉末，无味，难溶于水，易溶于稀盐酸	配成0.5%～1%的毒饵投用	本品为速效选择性灭鼠药物。对大家鼠、褐家鼠的效果强于屋顶鼠，对小家鼠无毒力。在低温下作用更强。鼠类对本品可产生拒食性。牛、马对本品较敏感
	灭鼠丹(普罗来特)	黄色结晶或粉末，难溶于水，微溶于乙醇。性质不稳定	配成0.1%～0.2%的毒饵投用	对鼠类毒力强大，但易产生耐药性。对人、畜、禽毒力亦强，且能引起二次中毒，使用时需注意

三、废弃物无害化处理

（一）病死鹅处理

病死鹅带有大量的病原微生物，容易污染大气、水源和土壤，造成疾病的传播与蔓延。病死鹅严禁销售和乱扔乱放，经疾病诊断后进行无害化处理，防止传播疾病。

（1）焚烧法　此法是一种较完善的方法，但成本高，副产品不能利用，不常用。一些对人、畜禽健康危害极为严重的传染病病禽的尸体，采用此法。焚烧时，先在地上挖一十字形沟（沟长约2.6米，宽0.6米，深0.5米），在沟的底部放木柴和干草作引火用，于十字沟交叉处铺上横木，其上放置病死鹅，病死鹅四周用木柴围上，然后洒上煤油焚烧。或用专门的焚烧炉焚烧。

（2）高温处理法　此法是将死鹅放入特设的高温锅（150℃）内熬煮，达到彻底消毒的目的。鹅场也可用普通大锅，经100℃以上的高温熬煮处理。此法可保留一部分有价值的产品，但要注意熬煮温度和时间，必须达到消毒要求。

(3) 土埋法　此法是利用土壤的自净作用使其无害化。此法虽简单但不理想，因其无害化过程缓慢，某些病原微生物能长期生存，从而污染土壤和地下水，并会造成二次污染。采用土埋法，必须遵守卫生要求，即埋尸坑应远离鹅舍、放牧地、居民点和水源，地势高燥，死鹅掩埋深度不小于 2 米，死鹅四周应洒上消毒药剂，埋尸坑四周最好设栅栏并作上标记。

在处理病死鹅时，不论采用哪种方法，都必须将其排泄物、各种废弃物等一并进行处理，以免造成环境污染。

(二) 粪便的无害化处理

(1) 高温堆沤处理法　将鹅的粪便、作物秸秆、垃圾、肥土等混合堆积进行自然发酵。由于堆内疏松多孔且空气流通，温度容易升高，一般可达 60～70℃，基本可杀死虫卵和病菌，同时也会使杂草种子丧失生命力。虽然这种方法肥料腐熟快，灭菌效果显著，但肥料肥分损失严重。如能在粪堆外面用泥密封或用薄膜覆盖，即可有效防止肥分损失。

(2) 化学药剂处理法　如果农田急等用肥，可在粪便中直接加入适量杀虫药剂，如 20％氨水、5％敌百虫或 40％福尔马林等，都能起到杀菌灭卵的作用。另外，在粪便中加入一些化学肥料，也同样能达到除卵灭菌的目的。若在加入药剂后密封 3～5 天再使用，效果则更佳。

(3) 沼气发酵处理法　把鹅的粪便、作物秸秆、生物垃圾等，按 3∶2∶1 的比例混合，投入沼气池发酵分解，既有利于保存肥料中的氮素，改善肥料质量，又能杀死粪便中的寄生虫卵和病原菌。另外，用沼气池发酵处理粪便，其灭菌、灭杂草种子率均可达到 98％以上。

(三) 垫料处理

有的鹅场采用地面平养（特别是育雏育成期）多使用垫料，使用垫料对改善环境条件具有重要的意义。垫料具有保暖、吸潮和吸收有害气体等作用，可以降低舍内湿度和有害气体浓度，保证一个舒适、温暖的小气候环境。选择的垫料应具有导热性低、吸水性强、柔软、无毒、对皮肤无刺激性等特性，并要求来源广、成本低、适于作肥料和便于无害化处理。常用的垫料有稻草、麦秸、稻壳、树叶、野干草、植物藤蔓、刨花、锯末、泥炭和干土等。近年来，还采用橡胶、塑料等制成的厩垫以取代天然垫料。如果梅雨季节和垫料吸湿性差时，垫料潮湿，容易发生球虫病和沙门菌病。所以要选择吸湿性好的垫料，并保证充足和及时更换。没有发生传染病时，更换的垫料可以消毒后再使用，发生传染病后的垫料要焚烧或深埋。饲养结束后的垫料和粪便可以经过堆积发酵后作为肥料。

（四）污水处理

鹅场必须专设排水设施，以便及时排除雨、雪水及生产污水。全场排水网分主干和支干，主干主要是配合道路网设置的路旁排水沟，将全场地面径流或污水汇集到几条主干道内排出；支干主要是各运动场的排水沟，设于运动场边缘，利用场地倾斜度，使水流入沟中排走。排水沟的宽度和深度可根据地势和排水量而定，沟底、沟壁应夯实，暗沟可用水管或砖砌，如暗沟过长（超过200米），应增设沉淀井，以免污物淤塞，影响排水。但应注意，沉淀井距供水水源应在200米以上，以免造成污染。

第七节　加强隔离和卫生消毒

一、严格隔离

（一）隔离条件好

鹅场要远离市区、村庄和居民点，远离屠宰场、畜产品加工厂等污染源。鹅场周围有隔离物。鹅场大门、生产区人口要建同门口一样宽、长是汽车轮一周半以上的消毒池。各鹅舍门口要建与门口同宽、长1.5米的消毒池（消毒池内可以放置3%～4%的火碱溶液，并注意经常更换）。生产区门口还要建更衣消毒室和淋浴室。

（二）进入的人员、用具消毒

进入鹅场和鹅舍的人员和用具要消毒。车辆进入鹅场前应彻底消毒，以防带入疾病；鹅场谢绝参观，不可避免时，应严格按防疫要求消毒后方可进入；应禁止其他养殖户、鹅产品收购商和鹅贩子进入鹅场，病死鹅经疾病诊断后应深埋，并做好消毒工作，严禁销售和随处乱丢。

（三）鹅舍之间要隔离

生产区内各排鹅舍之间要保持一定间距。不同日龄的鹅应养在不同的区域，并相互隔离。

（四）采用全进全出的饲养制度

“全进全出”的饲养制度是有效防止疾病传播的措施之一。“全进全出”使得鹅场能够做到净场和充分消毒，切断了疾病传播途径，从而避免患病鹅只或病原携带者将病原传染给日龄较小的鹅群。特别是肉鹅养殖场，最好实行全场“全进全出”，其他鹅场如果不能实行全场“全进全出”，也要保证每个鹅舍“全进全出”。

（五）到洁净的种鹅场引种

种鹅场污染严重，引种时也会带来病原微生物。引进本场的雏鹅和种鹅，要从没有疫病的地区和没有烈性病的鹅场引种，购入种鹅后必须隔离观察 2 周，确认无病后才能转入饲养舍合群，防止其带入病原。外来鹅未经隔离观察不得混入原来的鹅群。

（六）及时发现、隔离或淘汰病鹅

饲养人员要经常观察鹅群，及时发现有精神不振、行动迟缓、毛乱翅垂、闭眼缩颈、粪便异常、呼吸困难、咳嗽等症状的病鹅，将其隔离饲养观察或淘汰，并查明原因，迅速处理。

（七）严防禽兽窜入鹅舍

严防野兽、飞鸟、鼠、猫、犬等窜入鹅舍，防止惊群和传播病菌。

二、保持卫生

（一）保持环境洁净

不在鹅舍周围、鹅场道路和运动场上堆放废弃物和垃圾。定期清扫鹅舍周围、道路及运动场，保持场区和道路清洁；鹅舍和鹅场的排水沟、垃圾和垫料要及时清理或更换，鹅舍要经常打扫，用具要经常清洗和消毒，粪便要及时清理；定期清理消毒池中的沉淀物，减少消毒池内杂物和有机物，提高消毒液的消毒效果。

（二）废弃物要定点存放

粪便堆放要远离鹅舍，最好设置专门贮粪场，对粪便进行无害化处理，如堆积发酵、生产沼气或烘干等处理。病死鹅不要乱扔乱放或随意出售，防止传播疾病。

（三）防虫灭鼠

昆虫可以传播疫病，要保持舍内干燥和清洁，夏季使用化学杀虫剂防止昆虫滋生繁殖；老鼠不仅可以传播疫病，而且可以污染和消耗大量的饲料，危害极大，必须注意灭鼠。每2～3个月进行一次彻底灭鼠。

（四）保持饲料和饮水卫生

饲料不霉变，不被病原污染，饲喂用具勤清洁消毒；饮用水符合卫生标准（人可以饮用的水鹅也可以饮用），水质良好，饮水用具要清洁，饮水系统要定期消毒。

（五）饲养人员卫生

饲养人员要保持清洁卫生，勤洗澡、勤清洗消毒工作服，饲喂前要用消毒液洗手。工作鞋要洁净，进入鹅舍要在消毒池内浸泡。

第八节　免疫接种和药物预防

细菌性疾病可用抗菌药物防控，而病毒病主要靠免疫接种及提高机体免疫力来预防。所以，只有制定合理的免疫程序，并且进行合理的药物保健，才能保证鹅群的健康。

一、定期免疫检查

每年进行1～2次血液检查，一方面可了解鹅体内主要疫病的抗体水平；另一方面，检测抗体水平消长规律，正确确定首免日龄和重复免疫的时机。

二、确切免疫接种

免疫接种是增加机体特异性抗病力的重要手段。必须制定科学免疫程序、选择优质疫苗、进行正确操作，以保证确切的免疫效果。免疫接种详见第四章“规模化鹅场的免疫接种”。

三、药物保健

药物保健方案参考表2-10。

表2-10　药物保健方案

日龄	药物预防保健方案
1	小鹅瘟疫苗皮下注射0.1毫升/只或小鹅瘟高免卵黄抗体注射(祖代鹅免疫较好的可不免);进雏1周内用速溶多维或维生素C+3%葡萄糖每日各饮水一次,补充幼雏体液能量、促卵黄吸收、增强体质、提高机体免疫力;1～5天,饲料中拌入肠速康(白头翁、黄连、黄柏、秦皮等),本品1000克拌料400千克,全天量集中一次拌料。预防减半。或0.8%～1.2%白头翁散拌料混饲,防治雏禽白痢、禽霍乱、大肠杆菌病;防治大肠杆菌、白痢、伤寒等病,提高育雏成活率
7	鹅副黏病毒油乳剂灭活苗皮下注射0.3～0.5毫升/只;免疫前后用复方黄芪多糖饮水3～5天,提高机体免疫力;使用微生态制剂促进肠道有益菌增殖,免疫后隔日用肠毒康(盐酸环丙沙星、盐酸小檗碱、妥布霉素、林可霉素、喹烯酮)100克兑水200千克,连饮3日,防治肠毒症及各种肠道感染,效果极佳
15	禽流感双价灭活苗皮下或肌注0.3毫升/只;免疫前后饮水中添加维生素C或速溶多维,缓解应激;饲料中添加土霉素(2克/千克饲料)或北里霉素等预防呼吸道病;或0.5%康星2号拌料混饲,连用3～5天,预防量减半。防治家禽病毒、细菌、支原体性呼吸道疾病以及上述病原体所致的呼吸道混合感染;饲料中添加抗球虫药物预防球虫病
20	鹅的鸭瘟弱毒苗肌内注射15～20羽份/只;免疫后用复方黄芪多糖、丁胺卡那霉素饮水3天,抗菌消炎,提高机体免疫力;同时体内外驱虫(伊维菌素或吡喹酮)
35	鹅副黏病毒油乳剂灭活苗皮下注射0.5毫升/只;免疫后用黄芪多糖+氟苯尼考每日各饮水一次,连用3～5天,有效防治各种病毒、细菌、霉形体等病的发生
42	鹅的鸭瘟弱毒苗肌内注射为鸭的3～5倍份/只;饲料拌入清瘟败毒散和预防球虫药物,连用5天,防治中期各种病毒病、肠道病、球虫病的感染
49以后	49日龄禽流感双价灭活苗皮下或肌内注射0.5毫升/只;以后每隔1个月,饮水中添加环丙沙星、罗红霉素等药物预防大肠杆菌、霉形体病,或0.5%康星2号拌料混饲,连用3～5天,预防量减半;定期在饲料中拌入抗球虫药物预防球虫病

四、定期驱虫

鹅场实施有计划的定期驱虫是预防和控制鹅寄生虫病的一项有效措施，对于已发病的鹅具有治疗作用，对感染而未发病的鹅可以起预防作用，有利于促进鹅群正常生长发育和维持健康。

（一）驱虫种类

（1）治疗性驱虫　不仅可以消灭鹅体内和体表的寄生虫，解除危害，使得患病鹅早日康复，而且消灭了病原，对健康鹅也起到了预防作用。如果同时采取一些对症治疗和加强护理的措施，效果将会更好。

（2）预防性驱虫　或称计划性驱虫，是在鹅群中发现了寄生虫，但还没有出现明显的症状时，或引起严重损失之前，定期驱虫。要根据当地的具体情况，确定驱虫的适当时机，并在生产实践中将它作为一种固定的措施加以执行。

在组织大规模定期驱虫工作时，应先作小群试验，在取得经验后，再全面展开，以防用药不当，引起中毒死亡。所选用的药物，应考虑广谱（即对吸虫、绦虫、线虫等不同类型的寄生虫均可驱除）、高效、低毒、价钱便宜、使用方便等。同时，也应注意寄生虫可产生抗药性，在同一地区，不能长期使用单一品种的药物，应经常更换驱虫药的种类，或联合用药。

（二）加强粪便管理

鹅大多数寄生虫的虫卵、幼虫或卵囊是随其粪便排出体外的。因此，加强粪便管理、避免病原扩散，对控制寄生虫病的传播和流行非常重要。在寄生虫病流行区，应该将家禽粪便，尤其驱虫后的粪便，集中起来，堆积发酵，当温度上升到60～75℃时，经1周就可杀死粪便中的虫卵、幼虫、卵囊等。经处理的粪便方可作为肥料用。

（三）消灭中间寄主及传播媒介

许多鹅寄生虫，包括吸虫、绦虫、棘头虫和部分线虫，在发育过程中都需要中间寄主和传播媒介的参与，用化学药品杀灭它们或造成不利于它们生存的环境，对控制寄生虫病的发生和流行具有重要意义。

（四）加强饲养管理

加强饲养管理，搞好环境卫生，适当增加富含矿物质、维生素、蛋白质等营养成分的饲料和添加青绿饲料等，以提高鹅抵抗寄生虫感染的能力。还应采取措施尽可能地保护鹅不接触病原。寄生虫病主要危害幼龄鹅，因此，最好能将成年鹅和幼龄鹅分开饲养，以减少幼龄鹅的感染机会。另外，对外地引进的鹅要进行隔离检疫，确定无病时再和当地鹅合群，以避免当地本来没有的寄生虫病发生流行。

第九节　发生疫情的紧急措施

疫情发生时，如果处理不当，很容易扩大流行和传播范围。

一、隔离

当鹅场发生传染病或疑似传染病的疫情时，应将病鹅和疑似病鹅立即隔离，指派专人饲养管理。在隔离的同时，要尽快诊断，以便采取有效的防治措施。经诊断，属于烈性传染病时，要报告当地政府和兽医防疫部门，必要时采取封锁措施。

二、消毒

在隔离的同时，要尽快采取严格消毒。消毒对象包括鹅场门口、鹅舍门口、鹅舍口、道路及所有器具；垫草和粪便要彻底清扫，严格消毒；病死鹅要深埋或无害化处理。

三、紧急免疫接种

当鹅场已经发病，威胁到其他鹅舍或鹅场时，为了迅速控制或扑灭疫病流行，一个重要的措施，就是对疫区受威胁的鹅群进行紧急接种。紧急接种可以用免疫血清，但现在主要是使用疫苗。

四、紧急药物治疗

对病鹅和疑似病鹅要进行治疗，对假定健康鹅的预防性治疗也不能放松。治疗的关键是在确诊的基础上尽早实施。这对控制疫病的蔓延和防止继发感染起着重要的作用。

第三章　规模化鹅场的消毒

消毒可消灭被病原微生物污染的场内环境、禽体表面及设备器具上的病原体，切断传播途径，防止疾病的发生或蔓延。因此，消毒是保证鹅群健康和正常生产的重要技术措施。

第一节　消毒的有关概念

一、消毒及消毒剂

（一）消毒

消毒是指用物理的、化学的和生物学的方法清除或杀灭外环境（各种物体、场所、饲料饮水及畜禽体表皮肤、黏膜及浅表体）中病原微生物及其他有害微生物。消毒的含义包含两点：一是消毒是针对病原微生物和其他有害微生物的，并不要求清除或杀灭所有微生物；二是消毒是相对的而不是绝对的，它只要求将有害微生物的数量减少到无害程度，而并不要求把所有病原微生物全部杀灭。

（二）消毒剂

用于化学消毒的药品叫消毒剂。根据其杀灭细菌的程度，可分为高效消毒剂、中效消毒剂和低效消毒剂。

（1）高效消毒剂　指可杀灭一切细菌繁殖体（包括分枝杆菌）、病毒、真菌及其孢子等，对细菌芽孢也有一定杀灭作用，达到高水平消毒要求的制剂。包括含氯消毒剂、臭氧、醛类、过氧乙酸、双链季铵盐等。

（2）中效消毒剂　指可杀灭除细菌芽孢以外的分枝杆菌、真菌、病毒及细菌繁殖体等微生物，达到消毒要求的制剂。包括含碘消毒剂、醇类消毒剂、酚类消毒剂等。

（3）低效消毒剂　指不能杀灭细菌芽孢、真菌和结核杆菌，也不能杀灭如肝炎病毒等抗力强的病毒和抗力强的细菌繁殖体，仅可杀灭抵抗力比较弱的细菌繁殖体和亲脂病毒，达到消毒要求的制剂。包括苯扎溴铵等季铵盐类消毒剂、洗必泰等二胍类消毒剂，汞、银、铜等金属离子类消毒剂和中草药消毒剂。

二、灭菌及灭菌剂

（一）灭菌

灭菌是指用物理的或化学的方法杀死物体及环境中一切活的微生物。“一切活的微生物”包括致病性微生物和非致病性微生物及其芽孢、霉菌孢子等。灭菌广泛用于制药工业、食品工业、微生物实验室及医学临床和兽医学研究等。如对手术器械、敷料、药品、注射器材、养殖业的疫源地及舍、槽、饮水设备等，对细菌、芽孢和某些抵抗力强的病毒，采用一般的消毒措施不能将其杀灭，对这些病原体污染的物品，需要采取灭菌措施。

（二）灭菌剂

可杀灭一切微生物使其达到灭菌要求的制剂叫灭菌剂。包括甲醛、戊二醛、环氧乙烷、过氧乙酸、二氧化氯等。

三、防腐及防腐剂

（一）防腐

阻止或抑制微生物（含致病性微生物和非致病性微生物）的生长繁殖，以防止活体组织受到感染或其他生物制品、食品、药品等发生腐败的措施称为防腐。防腐仅能抑制微生物的生长繁殖，而并非必须杀灭微生物，与消毒的区别只是效力强弱的差异或抑菌、灭菌强度上的差异。

（二）防腐剂

用于防腐的化学药品称为防腐剂或抑菌剂。一般常用的消毒剂在低浓度时就能起防腐剂的作用。

四、抗菌作用及过滤除菌

抑菌作用（是指抑制或阻碍微生物生长繁殖的作用）和杀菌作

用（是指能使菌体致死的作用。如某些理化因素能使菌体变形、肿大，甚至破裂、溶解，或使菌体蛋白质变性、凝固，或由于阻碍了菌体蛋白质、核酸的合成而导致微生物死亡等情况）统称为抗菌作用。某些药物具有杀灭病毒的能力，称为抗病毒作用。过滤除菌是指液体或空气通过过滤作用除去其中所存在的细菌。

五、无菌与无菌法

无菌系指没有活的微生物。无菌法指在实际操作过程中防止任何微生物进入动物机体或物体的方法。以无菌法操作时称为无菌技术或无菌操作。

六、无害化

无害化是指不仅消灭病原微生物，而且要消灭其分泌排出的有生物活性的毒素，同时消除对人、畜禽具有危害的化学物质。

第二节　消毒的种类

按照消毒目的可划分为预防消毒、紧急消毒和终末消毒。

一、预防消毒（定期消毒）

为了预防传染病的发生，对畜禽圈舍、畜禽场环境、用具、饮水等所进行的常规的、定期消毒工作；或对健康的动物群体或隐性感染的群体，在没有被发现有某种传染病或其他疫病的病原体感染或存在的情况下，对可能受到某些病原微生物或其他有害微生物污染的畜禽饲养场所和环境物品进行的消毒，称为预防消毒。另外，畜禽养殖场的附属部门，如兽医站、门卫及提供饮水、饲料、运输车等的部门的消毒均为预防消毒。预防消毒是畜禽场的常规工作之一，是预防畜禽传染病的重要措施之一。

二、紧急消毒

紧急消毒指在疫情发生期间，对畜禽场、圈舍、排泄物、分泌物及污染的场所和用具等及时进行的消毒。其目的是为了消灭由传染源排泄在外界环境中的病原体，切断传染途径，防止传染病的扩散蔓延，把传染病控制在最小范围。或当疫源地内有传染源存在时，如正流行某一传染病的鹅群、鹅舍或其他正在发病的动物群体及畜舍所进行的消毒，目的是及时杀灭或消除感染或发病动物排出的病原体。

三、终末消毒

发生传染病以后，待全部病畜禽处理完毕，即当鹅群痊愈或最后一只病鹅死亡后，经过 2 周再没有新的病例发生，在疫区解除封锁之前，为了消灭疫区内可能残留的病原体所进行的全面彻底的消毒；或发病的鹅群或因死亡、扑杀等方法被清理后，对被这些发病动物所污染的环境（圈、舍、物品、工具、饮食具及周围空气等整个被传染源所污染的外环境及其分泌物或排泄物）所进行全面彻底的消毒称为终末消毒。

第三节　消毒的方法

一、机械性清除

（一）清除消毒

通过清扫、冲洗、洗擦和通风换气等手段达到清除病原体的目的，是最常用的一种消毒方法，也是日常的卫生工作之一。

鹅场场地、鹅舍、设备用具上存在大量的污物和尘埃，含有大量的病原微生物。用清扫、铲刮、冲洗等机械方法清除降尘、污物及沾染的墙壁、地面以及设备上的粪尿、残余的饲料、废物、垃圾等，这样可除掉 70%的病原，并为药物消毒创造条件。对清扫不彻底的鹅舍进行化学消毒，即使用高于规定的消毒剂量，效果也不显著，因为消毒剂即使接触少量的有机物也会迅速丧失杀菌力。必要时舍内外的表层土也一起清除，减少场地和鹅舍病原微生物的数量。但机械清除并不能杀灭病原体，所以此法只能作为消毒工作中的一个辅助环节，不能作为一种可靠的方法来利用，必须结合其他消毒方法同时使用。如发生传染病，特别是烈性传染病时，需与其他消毒方法共同配合，先用药物消毒，然后再机械清除。

（二）通风

通风换气也是清除消毒的一种。由于鹅的活动、咳嗽、鸣叫及饲养管理过程，如清扫地面、分发饲料及通风除臭等机械设备运行和舍内鹅的饮水、排泄及饲养管理过程用水等导致舍内空气含有大量的尘埃、水汽，微生物容易附着，特别是疫情发生时，尤其是经呼吸道传染的疾病发生时，空气中病原微生物的含量会更高。所以应适当通风，借助通风经常排出污秽气体和水汽，特别是在冬、春季，可在短时间内迅速降低舍内病原微生物的数量，加快舍内水分蒸发，保持干燥，可使除芽孢、虫卵以外的病原失活，起到消毒作用。但排出的污浊空气容易污染场区和其他鹅舍，为减少或避免这种污染，最好采用纵向通风系统，风机安装在排污道一侧，鹅舍之间保持 40～50 米的卫生间距。有条件的鹅场，可以在通风口安装过滤器，过滤空气中的微粒和杀灭空气中的微生物，把经过过滤的舍外空气送入舍内，有利于舍内空气的新鲜洁净。

如使用电除尘器来净化鹅舍空气中的尘埃和微生物，效果更好。据在产蛋禽舍中的试验：当气流速度为 2.2 米/秒和 1.0 米/秒时，通过电除尘器的空气容积为 2200 米^3/小时和 2200 米^3/小时，测定过滤前面后空气中的微粒和微生物的数量，结果如采用除尘器，空气中微粒的净化率平均达到 87.3%（2.2 米/秒）和 94.8%（1.0 米/秒）；微生物的净化率平均为 81.7%。

二、物理消毒法

（一）紫外线

利用太阳中的紫外线或安装波长为 280～240 纳米紫外线灭菌灯可以杀灭病原微生物。由于 100～280 纳米的紫外线具有较高的光子能量，当它照射微生物时，就能穿透微生物的细胞膜和细胞核，破坏其 DNA 的分子键，使其失去复制能力或失去活性而死亡。空气中的氧在紫外线的作用下可产生部分臭氧（O_3），当 O_3 的浓度达到 10～15 毫升/米^3 时也有一定的杀菌作用。

紫外线可以杀灭各种微生物，包括细菌、真菌、病毒和立克次体等（一般病毒和非芽孢的菌体，在直射阳光下，只需要几分钟到1小时就能被杀死。即使是抵抗力很强的芽孢，经连续几天的强烈阳光下反复暴晒也可变弱或被杀死）。革兰阴性菌对紫外线最敏感，其次为革兰阳性球菌，细菌芽孢和真菌孢子抵抗力最强。利用阳光消毒运动场及移出舍外的、已清洗的设备与用具等，既经济又简便。

紫外灯辐射强度和灭菌效果受多种因素的影响。常见的影响因素主要有电压（国产紫外灯的标准电压为220伏。电压不足，紫外灯的辐射强度大大降低）、温度（室温在10～30℃时，紫外灯辐射强度变化不大。室温低于10℃，则辐射强度显著下降）、湿度（相对湿度不超过50%，对紫外灯辐射强度的影响不大。随着室内相对湿度的增加，紫外灯辐射强度呈下降趋势）、距离（受照物与紫外灯的距离越远，辐射强度越低）、角度（辐射强度与投射角也有很大的关系。直射光线的辐射强度远大于散射光线）、空气含尘率（灰尘中的微生物比水滴中的微生物对紫外线的耐受力高。空气含尘率越高，紫外灯灭菌效果越差）、紫外灯的质量（使用1年后，紫外灯的辐射强度会下降10%～20%）、照射时间（养殖场入口消毒室如按照1瓦/米^{3}配置紫外灯，其照射的时间应不少于30分钟。如果配置紫外灯的功率大于1瓦/米^3，则照射的时间可适当缩短，但不能低于20分钟）和微生物种类及数量（每种微生物都有其特定的紫外线照射下的死亡剂量阈值）等。

（二）电离辐射消毒

电离辐射是利用γ射线、伦琴射线或电子辐射能穿透物品，杀死其中的微生物的低温灭菌方法。电离辐射是低温灭菌，不发生热的交换、压力差别和扩散层干扰，所以，适用于怕热的物品灭菌，具有优于化学消毒、热力消毒等其他消毒灭菌方法的许多优点，也是在医疗、制药、卫生、食品、养殖业广泛应用的消毒灭菌方法。因此，早在20世纪50年代国外就开始应用，我国起步较晚，但随着国民经济的发展和科学技术的进步，电离辐射灭菌技术在我国制药、食品、医疗器械及海关检验等各领域广泛应用，并越来越受到各行各业的重视，特别是在养殖业的饲料消毒灭菌和肉蛋成品的消毒灭菌其应用日益广泛。

（三）高温消毒

高温杀灭微生物的基本机制是通过破坏微生物蛋白质、核酸活性导致微生物死亡。

1. 干热消毒灭菌法

（1）灼烧或焚烧消毒法　灼烧是指直接用火焰灭菌，适用于笼具、地面、墙壁以及兽医站使用的接种针、剪、刀、接种环等不怕热的金属器材，可立即杀死全部微生物。在没有其他灭菌方法的情况下，对剖检器械也可灼烧灭菌。接种针、环、棒以及剖检器械等体积较小的物品可直接在酒精灯火焰上或点燃的酒精棉球火焰上直接灼烧，笼具、地面、墙壁的灼烧必须借助火焰消毒器进行。焚烧主要是对病畜禽尸体、垃圾、污染的杂草、地面和不可利用的物品器材采用燃烧的办法，点燃或在焚烧炉内烧毁，从而消灭传染源。体积较小、易燃的杂物等可直接点燃；体积较大、不易燃烧的病死畜禽尸体、污染的垃圾和粪便等可泼上汽油后直接点燃，也可在焚烧炉或架在易燃的物品上焚烧。焚烧处理是最为彻底的消毒方法。

（2）热空气灭菌法　即在干燥的情况下，利用热空气灭菌的方法。此法适用于干燥的玻璃器皿，如烧杯、烧瓶、吸管、试管、离心管、培养皿、玻璃注射器、针头、滑石粉、凡士林及液体石蜡等的灭菌。在干热的情况下，由于热的穿透力较低，灭菌时间较湿热法长。干热灭菌时，一般细菌的繁殖体在100℃经1.5小时才能被杀死，芽孢则需在140℃经3小时才能被杀死。真菌的孢子100～115℃经1.5小时才能被杀死。干热灭菌法是在特别的电热干烤箱内进行的。灭菌时，将待灭菌的物品放入烤箱内，使温度逐渐上升到160℃维持2小时，可以杀死全部细菌及其芽孢。干热灭菌时注意以下几点。

① 不同物品器具干热灭菌的温度和时间不同（见表3-1）。

② 消毒灭菌器械应洗净后再放入电烤箱内，以防附着在器械上面的污物炭化。玻璃器材灭菌前应洗净并干燥，勿与烤箱底壁直接接触，灭菌结束后，应待烤箱温度降至40℃以下再打开烤箱，以防灭菌器具炸裂。

表 3-1　不同物品器具干热灭菌的温度和时间

物品类别	温度/℃	时间/分钟
金属器材(刀、剪、镊、麻醉缸)	150	60
注射油剂、口服油剂(甘油、石蜡等)	150	120
凡士林、粉剂	160	60
玻璃器材(试管、吸管、注射器、量筒、量杯等)	160	60
装在金属筒内的玻璃器材	160	120

③ 物品包装不宜过大，干烤物品体积不能超过烤箱容积的2/3，物品之间应留有空隙，有利于热空气流通。粉剂和油剂不宜太厚（小于 1.3 厘米），有利于热的穿透。

④ 棉织品、合成纤维、塑料制品、橡胶制品、导热差的物品及其他在高温下易损坏的物品，不可用干热灭菌。灭菌过程中，高温下不得中途打开烤箱，以免引燃灭菌物品。

⑤ 灭菌时间计算，应从温度达到要求时算起。

2. 湿热消毒灭菌法

湿热消毒灭菌法是灭菌效力较强的消毒方法，应用较为广泛。常用的有以下几种。

(1) 煮沸消毒　利用沸水的高温作用杀灭病原体，是使用较早的消毒方法之一，方法简单、方便、安全、经济、实用、效果可靠。常用于针头、金属器械、工作服、帽等物品的消毒。煮沸消毒温度接近 100℃，10～20 分钟可以杀死所有细菌的繁殖体，若在水中加入 5%～10%的肥皂或碱或 1%的碳酸钠，使溶液中 pH 值偏碱性，可使物品上的污物易于溶解，同时还可提高沸点，增强杀菌力。水中若加入 2%～5%的石炭酸，能增强消毒效果，经15 分钟的煮沸可杀死炭疽杆菌的芽孢。应用本法消毒时，要掌握消毒时间，一般以水沸腾时算起，煮沸 20 分钟左右，对于寄生虫性病原体，消毒时间应加长。

(2) 流通蒸汽消毒　又称常压蒸汽消毒，此法是利用蒸笼或流通蒸汽灭菌器进行消毒灭菌。一般在 100℃加热 30 分钟，可杀死细菌的繁殖体，但不能杀死芽孢和霉菌孢子，因此常在 100℃ 30 分钟灭菌后，将消毒物品置于室温下，待其芽孢萌发，第二天、第三天再用同样的方法进行处理和消毒。这样连续3天3次处理，即可保证杀死全部细菌及其芽孢。这种连续流通蒸汽灭菌的方法，称为间歇灭菌法。此消毒方法常用于易被高温破坏的物品如鹅蛋培养基、血清培养基、糖培养基等的灭菌。为了不破坏血清等，还可用较低一点的温度，如70℃加热1小时，连续6次，也可达到灭菌目的。

（3）巴氏消毒法　此法常用于啤酒、葡萄酒、鲜牛奶等食品的消毒以及血清、疫苗的消毒，主要是消毒怕高温的物品。温度一般控制在61～80℃。根据消毒物品性质确定消毒温度，牛奶62.8～65.6℃，血清56℃，疫苗56～60℃。牛奶消毒，有低温长时间巴氏消毒法（61～63℃，加热30分钟），或高温短时间巴氏消毒法（71～72℃加热15秒），然后迅速冷却至10℃左右。这可使牛奶中细菌总数减少90%以上，并杀死其中的部分病原菌。

（4）高压蒸汽灭菌　通常情况下，1个大气压下水的沸点是100℃，当超过1个大气压时，则水的沸点超过100℃，压力越大，水的沸点越高。高压灭菌就是根据这一原理，在一个密封的金属容器内，通过加热来增加蒸汽压力提高水蒸气温度，达到短时间灭菌的效果。

高压蒸汽灭菌具有灭菌速度快、效果可靠的特点，常用于玻璃器皿、纱布、金属器械、培养基、橡胶制品、生理盐水、缓冲液、针具等的消毒灭菌。高压蒸汽灭菌应注意以下几点。

① 排净灭菌器内的冷空气，排气不充分易导致灭菌失败。一般当压力升至0.5千克/厘米^{3}时，缓缓打开气门，排出灭菌器中的冷空气，然后再关闭气门，使灭菌器内的压力再度上升。

② 合理计算灭菌时间，要从压力升到所需压力时计算。

③ 消毒物品的包装容器要合适，不要过大、过紧，否则不利于空气穿透。

④ 注意安全操作，检查各部件是否灵敏，控制加热速度，防止空气超高热。

三、化学消毒法

化学消毒法是指利用化学药物（称为化学消毒剂）杀灭病原微

生物以达到预防感染和传染病传播及流行的方法，规模化生产中最常用。

（一）化学消毒的作用机理

通常说来，消毒剂和防腐剂之间并没有严格的界限，消毒剂在低浓度时仅能抑菌，而防腐剂在高浓度时也可能有杀菌作用，因此，一般总称为消毒防腐剂。各种消毒防腐剂的杀菌或抑菌作用机理也有所不同，归纳起来有以下方面。

（1）使病原体蛋白变性、发生沉淀　大部分消毒防腐剂都是通过这原理而起作用，其作用特点是无选择性，可损害一切生活物质，属于原浆毒，可杀菌又可破坏宿主组织，如酚类、醇类、醛类等，此类药仅适用于环境消毒。

（2）干扰病原体的重要酶系统，影响菌体代谢　有些消毒防腐剂通过氧化还原反应损害细菌酶的活性基因，或因化学结构与代谢物相似，竞争或非竞争性地与酶结合，抑制酶活性，引起菌体死亡。如重金属盐类、氧化剂和卤素类消毒剂。

（3）增加菌体细胞膜的通透性　某些消毒药能降低病原体的表面张力，增加菌体胞浆膜的通透性，引起重要的酶和营养物质漏失，水渗入菌体，使菌体破裂或溶解，如目前广泛使用的双链季铵盐类消毒剂。

（二）化学消毒方法

常用的化学消毒法有浸洗法、喷洒法、熏蒸法和气雾法。

（1）浸洗法　如接种或打针时，对注射局部用酒精棉球、碘酒擦拭；对一些器械、用具、衣物等的浸泡。一般应洗涤干净后再行浸泡，药液要浸过物体，浸泡时间应长些，水温应高些。养殖场入口和畜禽舍入口处消毒槽内，可用浸泡药物的草垫或草袋对人员的靴鞋消毒。

（2）喷洒法　喷洒地面、墙壁、舍内固定设备等，可用细眼喷壶；对舍内空间消毒，则用喷雾器。喷洒要全面，药液要喷到物体的各个部位。一般喷洒地面，药液量 2 升/米^2 面积，喷墙壁、顶棚，1 升/米^2 面积。

（3）熏蒸法　适用于可以密闭的畜禽舍和其他建筑物。这种方法简便、省事，对房屋结构无损，消毒全面，如育雏育成舍、饲料仓库等常用。常用的药物有福尔马林（40%的甲醛水溶液）、过氧乙酸水溶液。为加速蒸发，常利用高锰酸钾的氧化作用。

（4）气雾法　气雾粒子是悬浮在空气中的气体与液体的微粒，直径小于200纳米，分子量极小，能悬浮在空气中较长时间，可到处漂移，穿透到鹅舍内的周围及其空隙。气雾是消毒液倒进气雾发生器后喷射出的雾状微粒，是消灭气携病原微生物的理想办法。畜禽舍的空气消毒和带畜禽消毒等常用此法。如全面消毒鹅舍空间，每立方米用5%的过氧乙酸溶液25毫升喷雾。

（三）化学消毒剂的类型及特性

1. 含氯消毒剂

含氯消毒剂是指在水中能产生具有杀菌作用的活性次氯酸的一类消毒剂，包括有机含氯消毒剂和无机含氯消毒剂，目前生产中使用较为广泛。

（1）作用机制　一是氧化作用，氧化微生物细胞使其失去生物学活性；二是氯化作用，与微生物蛋白质形成氮-氯复合物而干扰细胞代谢；三是新生态氧的杀菌作用，次氯酸分解出具极强氧化性的新生态氧杀灭微生物。一般来说，有效氯浓度越高，作用时间越长，消毒效果越好。

（2）消毒剂特点　可杀灭所有类型的微生物，含氯消毒剂对肠杆菌、肠球菌、结核分枝杆菌、金黄色葡萄球菌等有较强的杀灭作用；使用方便，价格适宜；但氯制剂对金属有腐蚀性、药效持续时间较短和久贮失效。

（3）产品名称、性质和使用方法　见表3-2。

表3-2　含氯消毒剂的产品名称、性质和使用方法

名　称	性状和性质	使用方法
漂白粉（含氯石灰，含有效氯25%～30%）	白色颗粒状粉末，有氯臭味，久置空气中失效，大部溶于水和醇	5%～20%的悬浮液用于环境消毒，饮水消毒每50升水加1克；1%～5%的澄清液用于食槽、玻璃器皿、非金属用具消毒等，宜现配现用
漂白粉精	白色结晶，有氯臭味，含氯稳定	0.5%～1.5%溶液用于地面、墙壁消毒；0.3～0.4克/千克用于饮水消毒

续表

名　称	性状和性质	使用方法
氯胺-T（含有效氯24%～26%）	为含氯的有机化合物，白色微黄晶体，有氯臭味。对细菌的繁殖体及芽孢、病毒、真菌孢子有杀灭作用。杀菌作用慢，但性质稳定	0.2%～0.5%水溶液喷雾用于室内空气及表面消毒，1%～2%水溶液泡物品、器材消毒；3%水溶液用于排泄物和分泌物的消毒；黏膜消毒，0.1%～0.5%水溶液；饮水消毒，1升水用2～4毫克。配制消毒液时，如果加入一定量的氯化铵，可大大提高消毒能力
二氯异氰尿酸钠（含有效氯60%～64%，优氯净）；另外，强力消毒净、84消毒液、速效净等均含有二氯异氰尿酸钠	白色晶粉，有氯臭。室温下保存半年仅降低有效氯0.16%。是一种安全、广谱和长效的消毒剂，不遗留残余毒性	一般0.5%～1%溶液可以杀灭细菌和病毒，5%～10%溶液可杀灭芽孢。环境器具消毒，0.015%～0.02%溶液；饮水消毒，每升水4～6毫克，作用30分钟。本品宜现用现配。注：三氯异氰尿酸钠，其性质特点和作用与二氯异氰尿酸钠基本相同。球虫囊消毒每10升水中加入10～20克
二氧化氯[益康（ClO_2）、消毒王、超氯]	白色粉末，有氯臭，易溶于水，易潮湿。可快速杀灭所有病原微生物，制剂有效氯含量5%。具有高效、低毒、除臭和不残留的特点	可用于畜禽舍、场地、器具、种蛋、屠宰厂、饮水消毒和带畜禽消毒。含有效氯5%时，环境消毒，每升水加药5～10毫升，泼洒或喷雾消毒；饮水消毒，100升水加药5～10毫升；用具、食槽消毒，每升水加药5毫升，浸泡5～10分钟。宜现配现用

2. 碘类消毒剂

碘类消毒剂是碘与表面活性剂（载体）及增溶剂等形成稳定的络合物，包括传统的碘制剂如碘水溶液、碘酊（俗称碘酒）、碘甘油和碘伏类制剂（Iodophor）。碘伏类制剂又分为非离子型、阳离子型及阴离子型三大类。其中非离子型碘伏是使用最广泛、最安全的碘伏，主要有聚维酮碘（PVP-I）和聚醇醚碘（NP-I）。聚维酮碘（PVP-I），我国及世界各国药典都已收入在内。

（1）作用机制　碘的正离子与酶系统中蛋白质所含的氨酸起亲电取代反应，使蛋白质失活；碘的正离子具有氧化性，能对膜联酶中的硫氢基进行氧化，成为二硫键，破坏酶活性。

（2）消毒剂特点　杀死细菌、真菌、芽孢、病毒、结核杆菌、阴道毛滴虫、梅毒螺旋体、沙眼衣原体、艾滋病病毒和藻类；低浓度时可以进行饮水消毒和带畜（禽）消毒；对金属设施及用具的腐蚀性较低。

（3）碘类消毒剂的产品名称、性质和使用方法　见表 3-3。

表 3-3　碘类消毒剂的产品名称、性质和使用方法

名称	性质	使用方法
碘酊（碘酒）	为碘的醇溶液，红棕色澄清液体，微溶于水，易溶于乙醚、氯仿等有机溶剂，杀菌力强	2%～2.5%溶液用于皮肤消毒
碘伏（络合碘）	红棕色液体，随着有效碘含量的下降逐渐向黄色转变。碘与表面活化剂及增溶剂形成的不定型络合物，其实质是一种含碘的表面活性剂，主要剂型为聚乙烯吡咯烷酮碘和聚乙烯醇碘等，性质稳定，对皮肤无害	0.5%～1%溶液用于皮肤消毒，10 毫克/升浓度用于饮水消毒
威力碘	红棕色液体。本品含碘 0.5%	15～2%溶液用于禽舍、家禽体表及环境消毒。5%溶液用于手术器械、手术部位消毒

3. 醛类消毒剂

醛类消毒剂能产生自由醛基，在适当条件下与微生物的蛋白质及其他成分发生反应。包括甲醛、戊二醛、聚甲醛等，目前最新的用于器械消毒的醛类消毒剂是邻苯二甲醛（OPA）。

（1）作用机理　可与菌体蛋白质中的氨基结合使其变性或使蛋白质分子烷基化。可以和细胞壁脂蛋白发生交联、和细胞壁磷酸中的酯联残基形成侧链，封闭细胞壁，阻碍微生物对营养物质的吸收和废物的排出。

（2）消毒剂特点　杀菌谱广，可杀灭细菌、芽孢、真菌和病毒；性质稳定，耐储存；受有机物影响小，受湿度影响大；有一定毒性和刺激性，如对人体皮肤和黏膜有刺激和固化作用，并可使人致敏；有特殊臭味。

（3）醛类消毒剂的产品名称、性质和使用方法　见表 3-4。

表 3-4 醛类消毒剂的产品名称、性质和使用方法

名称	性质	使用方法
福尔马林（含36%～40%甲醛水溶液）	无色有刺激性气味的液体，90℃下易生成沉淀。对细菌繁殖体及芽孢、病毒和真菌均有杀灭作用，广泛用于防腐消毒	1%～2%溶液用于环境消毒；与高锰酸钾配伍熏蒸消毒畜禽房舍等，可使用不同级别的浓度
戊二醛	无色油状液体，味苦。有微弱甲醛气味，挥发度较低。可与水、酒精作任何比例的稀释，溶液呈弱酸性。碱性溶液有强大的灭菌作用	2%水溶液，用 0.3%碳酸氢钠调整 pH 值在 7.5～8.5 范围可用于消毒，不能用于热灭菌的精密仪器、器材的消毒
多聚甲醛（聚甲醛，含甲醛91%～99%）	为甲醛的聚合物，有甲醛臭味，为白色疏松粉末，常温下不可分解出甲醛气体，加热时分解加快，释放出甲醛气体与少量水蒸气。难溶于水，但能溶于热水，加热至 150℃时，可全部蒸发为气体	多聚甲醛的气体与水溶液，均能杀灭各种类型的病原微生物。1%～5%溶液作用 10～30 分钟，可杀灭除细菌芽孢以外的各种细菌和病毒；杀灭芽孢时，需 8%浓度作用 6 小时。用于熏蒸消毒，用量为每立方米 3～10 克，消毒时间为 6 小时

（4）醛类熏蒸消毒的应用与方法　甲醛熏蒸消毒可用于密闭的舍、室，或容器内污染物品的消毒，也可用于畜禽舍、仓库及饲养用具、种蛋、孵化机（室）污染表面的消毒。其穿透性差，不能消毒用布、纸或塑料薄膜包装的物品。

① 气体的产生。消毒时，最好能使气体在短时间内充满整个空间。产生甲醛气体有以下四种方法：

a. 福尔马林加热法。每立方米空间用福尔马林 25～50 毫升，加等量水，然后直接加热，使福尔马林变为气体，舍（室）温度不低于 15℃，相对湿度为 60%～80%，消毒时间为 12～24 小时。

b. 福尔马林化学反应法。福尔马林为强有力的还原剂，当与氧化剂反应时，能产生大量的热将甲醛蒸发。常用的氧化剂有高锰酸钾及漂白粉等。

c. 多聚甲醛加热法。将多聚甲醛干粉放在平底金属容器（或铁板）上，均匀铺开，置于火上加热（150℃），即可产生甲醛蒸气。

d. 多聚甲醛化学反应法。如醛氯合剂，将多聚甲醛与二氯异氰尿酸钠干粉按 24∶76 的比例混合，点燃后可产生大量具有消毒作用的气体。由于两种药物相混可逐渐自然产生反应，因此本合剂

的两种成分平时要用塑料袋分开包装，使用前混合；微胶囊醛氯合剂，将多聚甲醛用聚氯乙烯微胶囊包裹后，与二氯异氰尿酸钠干粉按 10∶90 的比例混合压制成块，使用时用火点燃，杀菌作用与没包装胶囊的合剂相同。此合剂由微胶囊将两种成分隔开，因此虽混在一起也可保存 1 年左右。

② 熏蒸消毒的方法。消毒时，要充分暴露舍、室及物品的表面，并去除各角落的灰尘和蛋壳上的污物。消毒前要将禽舍和工作室密闭，避免漏气。室温保持在 20℃ 以上，相对湿度在 70%～90%，必要时加入一定量的水（30 毫升/米^3），随甲醛蒸发。达到规定消毒时间后，敞开门、窗通风换气，必要时用 25% 氨水中和残留的甲醛（用量为甲醛的 1/2）。

操作时，先将氧化剂放入容器中，然后注入福尔马林，而不要先放氧化剂后再加福尔马林。反应开始后药液沸腾，在短时间内即可将甲醛蒸发完毕。由于产生的热较高，容器不要放在地板上，避免把地板烧坏，也不要使用易燃、易腐蚀的容器。使用的容器容积要大些（约为药液的 10 倍），徐徐加入药液，防止反应过猛药液溢出。为调节空气中的湿度，需要蒸发定量水分时，可直接将水加入福尔马林中，这样还可减弱反应强度。必要时用小棒搅拌药液，可使反应充分进行。

4. 氧化剂类

氧化剂是一些含不稳定结合态氧的化合物。

（1）作用机制　这类化合物遇到有机物和某些酶可释放出初生态氧，破坏菌体蛋白或细菌的酶系统。分解后产生的各种自由基，如巯基、活性氧衍生物等破坏微生物的通透性屏障和蛋白质、氨基酸、酶等，最终导致微生物死亡。

（2）氧化剂类的产品名称、性质和使用方法　见表 3-5。

表 3-5　氧化剂类的产品名称、性质和使用方法

名称	性质	使用方法
过氧乙酸	无色透明酸性液体，易挥发，具有浓烈刺激性，不稳定，对皮肤、黏膜有腐蚀性。对多种细菌和病毒杀灭效果好	400～2000 毫克/升，浸泡 2～120 分钟；0.1%～0.5%溶液擦拭物品表面；或 0.5%～5%溶液用于环境消毒，0.2%溶液用于器械消毒

续表

名称	性质	使用方法
过氧化氢（双氧水）	无色透明，无异味，微酸苦，易溶于水，在水中分解成水和氧。可快速灭活多种微生物	1%～2%溶液用于创面消毒；0.3%～1%溶液用于黏膜消毒
过氧戊二酸	有固体和液体两种。固体难溶于水，为白色粉末，有轻度刺激性作用，易溶于乙醇、氯仿、乙酸	2%溶液用于器械浸泡消毒和物体表面擦拭，0.5%溶液用于皮肤消毒，雾化气溶胶用于空气消毒
臭氧	臭氧（O_3）是氧气（O_2）的同素异构体，在常温下为淡蓝色气体，有鱼腥臭味，极不稳定，易溶于水。臭氧对细菌繁殖体、病毒真菌和枯草杆菌黑色变种芽孢有较好的杀灭作用；对原虫和虫卵也有很好的杀灭作用	30毫克/米^3，15分钟，用于室内空气消毒；0.5毫克/升，10分钟，用于水消毒；15～20毫克/升，用于传染源的污水消毒
高锰酸钾	紫黑色斜方形结晶或结晶性粉末，无臭，易溶于水，容易以其浓度不同而呈暗紫色至粉红色。低浓度可杀死多种细菌的繁殖体，高浓度（2%～5%）在24小时内可杀灭细菌芽孢，在酸性溶液中可以明显提高杀菌作用	0.1%溶液用于鹅的饮水消毒，杀灭肠道病原微生物；0.1%溶液用于创面和黏膜消毒；0.01%～0.02%溶液用于消化道清洗；用于体表消毒时使用浓度为0.1%～0.2%

5. 酚类消毒剂

酚类消毒剂是消毒剂中种类较多的一类化合物，是含酚41%～49%、醋酸22%～26%的复合酚制剂，是我国生产的一种新型、广谱、高效消毒剂。

（1）作用机制　高浓度下可裂解并穿透细胞壁，与菌体蛋白结合，使微生物原浆蛋白质变性；低浓度下或较高分子的酚类衍生物，可使氧化酶、去氢酶、催化酶等细胞的主要酶系统失去活性；减低溶液表面张力，增加细胞壁通透性，使菌体内含物泄出；易溶于细胞类脂体中，因而能积存在细胞中，其羟基与蛋白的氨基起反应，破坏细胞机能；衍生物中的某些羟基与卤素，有助于降低表面张力，卤素还可促进衍生物电解以增加溶液的酸性，增强杀菌能力。对细菌、真菌和带囊膜病毒具有灭活作用，对多种寄生虫卵也有一定杀灭作用。

（2）消毒剂特点　性质稳定，通常一次用药，药效可以维持

5～7 天；腐蚀性轻微，杀菌力有限，不能作为灭菌剂；本品公认对人、畜（禽）有害（有明显的致癌、致敏作用，频繁使用可以引起蓄积中毒，损害肝、胃功能，以及神经系统），且气味滞留，不能带畜（禽）消毒和饮水消毒（宰前可影响肉质风味），常用于空舍消毒；长时间浸泡可破坏纺织品颜色，并能损害橡胶制品，与碱性药物或其他消毒剂混合使用效果差；生产简便，成本低。

（3）复合酚类的产品名称、性质和使用方法　见表 3-6。

表 3-6　复合酚类的产品名称、性质和使用方法

名称	性质	使用方法
苯酚（石炭酸）	白色针状结晶，弱碱性，易溶于水、有芳香味	杀菌力强，3%～5%溶液用于环境与器械消毒，2%溶液用于皮肤消毒
煤酚皂（来苏尔）	由煤酚和植物油、氢氧化钠按一定比例配制而成。无色，见光和空气变为深褐色，与水混合成为乳状液体。毒性较低	3%～5%溶液用于环境消毒；5%～10%溶液用于器械消毒、处理污物；2%溶液用于术前、术后和皮肤消毒
复合酚（农福、消毒净、消毒灵）	由冰醋酸、混合酚、十二烷基苯磺酸、煤焦油按一定比例混合而成，为棕色黏稠状液体，有煤焦油臭味，对多种细菌和病毒有杀灭作用	用水稀释 100～300 倍后，用于环境、禽舍、器具的喷雾消毒，稀释用水温度不低于 8℃；1∶200 倍稀释液可用于烈性传染病；1∶(300～400)倍稀释液可用于药浴或擦拭皮肤，药浴 25 分钟，可以防治皮肤寄生虫病，效果良好
氯甲酚溶液（菌球杀）	为甲酚的氯代衍生物，一般为 5%的溶液。杀菌作用强，毒性较小	主要用于禽舍、用具、污染物的消毒。用水稀释 33～100 倍后用于环境、畜禽舍的喷雾消毒

6. 表面活性剂（双链季铵盐类消毒剂）

表面活性剂又称清洁剂或除污剂，生产中常用阳离子表面活性剂，其抗菌广谱，对细菌、霉菌、真菌、藻类和病毒均具有杀灭作用。

（1）作用机理　可以吸附到菌体表面，改变细胞渗透性，溶解损伤细胞使菌体破裂，细胞内容物外流；表面活性物在菌体表面浓集，阻碍细菌代谢，使细胞结构紊乱；渗透到菌体内部使蛋白质发生变性和沉淀，破坏细菌酶系统。

（2）消毒特点，具有性质稳定、安全性好、无刺激性和腐蚀性等特点。对常见病毒如马立克病毒、新城疫病毒、法氏囊病毒等均有良好的效果，但对无囊膜病毒消毒效果不好；要避免与阴离子活性剂，如肥皂、碘、碘化钾、过氧化物等并用和合用，否则能降低消毒效果；不适用于粪便、污水消毒及芽孢菌消毒。

（3）表面活性剂的产品名称、性质和使用方法　见表 3-7。

表 3-7　表面活性剂的产品名称、性质和使用方法

名称	性质	使用方法
新洁尔灭（苯扎溴铵）。市售的一般为浓度 5%的苯扎溴铵水溶液	无色或淡黄色液，振摇产生大量泡沫。对革兰阴性菌的杀灭效果比对革兰阳性菌强，能杀灭有囊膜的亲脂病毒，不能杀灭亲水病毒、芽孢菌、结核菌，易产生耐药性	皮肤、器械消毒用 0.1%的溶液（以苯扎溴铵计）、黏膜、创口消毒用 0.02%以下的溶液。0.5%～1%溶液用于手术局部消毒
度米芬（杜米芬）	白色或微白色片状结晶，能溶于水和乙醇。主要用于细菌病原，消毒能力强，毒性小，可用于环境、皮肤、黏膜、器械和创口的消毒	皮肤、器械消毒用 0.05%～0.1%的溶液，带畜禽消毒用 0.05%的溶液喷雾
癸甲溴铵溶液（百毒杀）。市售浓度一般为 10%癸甲溴铵溶液	白色、无臭、无刺激性、无腐蚀性的溶液。本品性质稳定，不受环境酸碱度、水质硬度、粪便血污等有机物及光、热影响，可长期保存，且适用范围广	饮水消毒，日常 1∶（2000～4000）倍，可长期使用，疫病期间 1∶（1000～2000）倍连用 7 天；畜禽舍及带畜禽消毒，日常 1∶600 倍，疫病期间 1∶（200～400）倍喷雾、洗刷、浸泡
双氯苯双胍己烷	白色结晶粉末，微溶于水和乙醇	0.5%溶液用于环境消毒，0.3%溶液用于器械消毒，0.02%溶液用于皮肤消毒
环氧乙烷（烷基化合物）	常温下为无色气体，沸点 10.3℃，易燃、易爆、有毒	50 毫克/升密闭容器内用于器械、敷料等消毒
氯己定（洗必泰）	白色结晶，微溶于水，易溶于醇，禁忌与升汞配伍	0.022%～0.05%水溶液，术前洗手浸泡 5 分钟；0.01%～0.025%水溶液用于腹腔、膀胱等冲洗

7. 醇类消毒剂

（1）作用机理　使蛋白质变性沉淀；快速渗透细菌胞壁进入菌体内部，溶解破坏细菌细胞；抑制细菌酶系统，阻碍细菌正常代谢。

（2）消毒剂特点　可快速杀灭多种微生物，如细菌繁殖体、真菌和多种病毒（单纯疱疹病毒、乙肝病毒、人类免疫缺陷病毒等），但不能杀灭细菌芽孢；受有机物影响，而且由于易挥发，应采用浸泡消毒或反复擦拭以保证消毒时间；醇类消毒剂与戊二醛、碘伏等配伍，可以增强其作用。

（3）醇类消毒剂的产品名称、性质和使用方法　见表 3-8。

表 3-8　醇类消毒剂的产品名称、性质和使用方法

名称	性质	使用方法
乙醇（酒精）	无色透明液体，易挥发，易燃，可与水和挥发油任意混合。无水乙醇含乙醇量为95%以上。主要通过使细菌菌体蛋白凝固并脱水而发挥杀菌作用。以70%～75%乙醇杀菌能力最强。对组织有刺激作用，浓度越大刺激性越强	70%～75%乙醇用于皮肤、手背、注射部位和器械及手术、实验台面消毒，作用时间3分钟。注意：不能作为灭菌剂使用，不能用于黏膜消毒；浸泡消毒时，消毒物品不能带有过多水分，物品要清洁
异丙醇	无色透明液体，易挥发，易燃，具有乙醇和丙酮的混合气味，与水和大多数有机溶剂可混溶。作用浓度为50%～70%，过浓过稀，杀菌作用都会减弱	50%～70%的水溶液涂擦与浸泡，作用时间5～60分钟。只能用于物体表面和环境消毒。杀菌效果优于乙醇，但毒性也高于乙醇。有轻度的蓄积和致癌作用

8. 强碱类

包括氢氧化钠、氢氧化钾、生石灰等碱类物质。

（1）作用机理　由于氢氧根离子可以水解蛋白质和核酸，使微生物的结构和酶系统受到损害，同时可分解菌体中的糖类而杀灭细菌和病毒。

（2）消毒剂特点　杀毒效果好，尤其是对病毒和革兰阴性杆菌的杀灭作用最强。但其腐蚀性也强。廉价，成本低，生产中比较常用。

（3）强碱类的产品名称、性质和使用方法　见表 3-9。

表 3-9　强碱类的产品名称、性质和使用方法

名称	形状与性质	使用方法
氢氧化钠（火碱）	白色干燥的颗粒、棒状、块状、片状结晶，易溶于水和乙醇，易吸收空气中的 CO_2 形成碳酸钠或碳酸氢钠盐。对细菌繁殖体、芽孢体和病毒有很强的杀灭作用，对寄生虫卵也有杀灭作用，浓度增大，作用增强	2%～4%溶液可杀死病毒和繁殖型细菌，30%溶液 10 分钟可杀死芽孢，4%溶液 45 分钟杀死芽孢，如加入 10%食盐能增强杀芽孢能力。2%～4%的热溶液用于喷洒或洗刷消毒，如畜禽舍、仓库、墙壁、工作间、入口处、运输车辆、饮饲用具等；5%溶液用于炭疽消毒
生石灰（氧化钙）	白色或灰白色块状或粉末，无臭，易吸水，加水后生成氢氧化钙	加水配制 10%～20%石灰乳涂刷禽舍墙壁等消毒
草木灰	新鲜草木灰主要含氢氧化钾。取筛过的草木灰 10～15 千克，加水 35～40 千克，搅拌均匀，持续煮沸 1 小时，补足蒸发的水分即成 20%～30%草木灰	20%～30%草木灰可用于圈舍、运动场、墙壁及食槽的消毒。应注意水温在 50～70℃

9. 重金属类

重金属指汞、银、锌等，因其盐类化合物能与细菌蛋白结合，使蛋白质沉淀而发挥杀菌作用。硫柳汞高浓度可杀菌，低浓度时仅有抑菌作用。重金属类消毒剂的产品名称、性质及使用方法见表 3-10。

表 3-10　重金属类消毒剂的产品名称、性质及使用方法

名称	性质	使用方法
甲紫（龙胆紫）	深绿色块状，溶于水和乙醇	1%～3%溶液用于浅表创面消毒、防腐
硫柳汞	不沉淀蛋白质	0.01%溶液用于生物制品防腐；1%溶液用于皮肤或手术部位消毒

10. 酸类

酸类的杀菌作用在于高浓度的能使菌体蛋白质变性和水解，低浓度的可以改变菌体蛋白两性物质的离解度，抑制细胞膜的通透性，影响细菌的吸收、排泄、代谢和生长。还可以与其他阳离子在菌体表现竞争吸附，妨碍细菌的正常活动。有机酸的抗菌作用比无

机酸强。酸类的产品名称、性质和使用方法见表3-11。

表3-11　酸类的产品名称、性质和使用方法

名称	性质	使用方法
无机酸(硫酸和盐酸)	具有强烈的刺激性和腐蚀性，生产中较少使用	0.5摩尔/升的硫酸处理排泄物、痰液等，30分钟可杀死多数结核杆菌
乳酸	微黄色透明液体，无臭，微酸味，有吸湿性	蒸汽用于空气消毒，亦可与其他醛类配伍
醋酸	浓烈酸味	5～10毫升/米^3，加等量水，蒸发消毒房间空气
十一烯酸	黄色油状溶液，溶于乙醇	5%～10%十一烯酸溶液用于皮肤、物体表面消毒

11. 高效复方消毒剂

在化学消毒剂长期应用的实践中，单一消毒剂使用时存在许多不足，已不能满足各行业消毒的需要。近年来，国内外相继有数百种新型复方消毒剂问世，提高了消毒剂的质量、应用范围和使用效果。

(1) 复方消毒剂配伍类型　复方消毒剂配伍类型主要有两大类：①消毒剂与消毒剂配伍。两种或两种以上消毒剂复配，如季铵盐类与碘的复配、戊二醛与过氧化氢的复配，其杀菌效果达到协同和增效，即1+1>2。②消毒剂与辅助剂配伍。一种消毒剂加入适当的稳定剂和缓冲剂、增效剂，以改善消毒剂的综合性能，如稳定性、腐蚀性、杀菌效果等，即1+0>1。

(2) 常用的复方消毒剂　见表3-12。

表3-12　常用的复方消毒剂组成及特性

名称	组成和特性
复方含氯消毒剂	复方含氯消毒剂中，常选的含氯成分主要为次氯酸钠、次氯酸钙、二氯异氰尿酸钠、氯化磷酸三钠、二氯二甲基海因等，配伍成分主要为表面活性剂、助洗剂、防腐剂、稳定剂等。在复方含氯消毒剂中，二氯异氰尿酸钠有效氯含量较高、易溶于水、杀菌作用受有机物影响较小、溶液的pH值不受浓度的影响，故作为主要成分应用最多。如用二氯异氰尿酸钠和多聚甲醛配成氯醛合剂用作室内消毒的烟熏剂，使用时点燃合剂，在3克/米^{3}剂量时，能杀灭99.99%的白色念珠菌；用量提高到13克/米^3，作用3小时对蜡样芽孢杆菌的杀灭率可达99.94%。该合剂可长期保存，在室温下32个月杀菌效果不变

续表

名称	组成和特性
复方季铵盐类消毒剂	表面活性剂一般有和蛋白质作用的性质，特别是阳离子表面活性剂的这种作用比较强，具有良好的杀菌作用，特别是季铵盐型阳离子表面活性剂使用较多。作为复配的季铵盐类消毒剂主要以十二烷基三甲基氯化铵、双八或双十烷基氯化铵为多。常用的配伍剂主要有醛类(戊二醛、甲醛)、醇类(乙醇、异丙醇)、过氧化物类(二氧化氯、过氧乙酸)以及氯己定等。另外，有以苯扎溴铵、双十烷基二甲基氯化铵为主要成分与聚维酮碘相复配等
含碘复方消毒剂	碘液和碘酊是含碘消毒剂中最常用的两种剂型，但并非复配时首选。碘与表面活性剂的不定型络合物碘伏，是含碘复方消毒剂中最常用的剂型。阴离子表面活性剂、阳离子表面活性剂和非离子表面活性剂均可作为碘的载体制成碘伏，但其中以非离子表面活性剂最稳定，故选用得较多。常见的为聚乙烯吡咯烷酮、聚乙氧基乙醇等。目前国内外市场推出的碘伏产品有近百种之多，国外的碘伏以聚乙烯吡咯烷酮碘为主，这种碘伏既有消毒杀菌作用，又有洗涤去污作用。我国现有碘伏产品有聚乙烯吡咯烷酮碘和聚乙二醇碘等
醛类复方消毒剂	在醛类复方消毒剂中应用较多的是戊二醛，这是因为甲醛对人体的毒副作用较大并有致癌作用，限制了甲醛复配的应用。常见的醛类复配形式有戊二醛与洗涤剂的复配，降低了毒性，增强了杀菌作用；戊二醛与过氧化氢的复配，远高于戊二醛和过氧化氢的杀菌效果
醇类复方消毒剂	醇类消毒剂具有无毒、无色、无特殊气味及较快速杀死细菌繁殖体及分枝杆菌、真菌孢子、亲脂病毒的特性。由于醇的渗透作用，某些杀菌剂溶于醇中有增强杀菌的作用，并可杀死任何高浓度醇类都不能杀死的细菌芽孢。因此，醇与物理因子和化学因子的协同应用逐渐增多。醇类常用的复配形式中以次氯酸钠与醇的复配最多，用50%甲醇溶液和浓度2000毫克/升有效氯的次氯酸钠溶液复配，其杀菌作用高于甲醇和次氯酸钠水溶液。乙醇与氯己定复配的产品很多，也可与醛类复配，亦可与碘类复配等

(四) 影响化学消毒效果的因素

1. 药物方面

(1) 药物的特异性　同其他药物一样，消毒剂对微生物具有一定的选择性，某些药物只对某一部分微生物有抑制或杀灭作用，而对另一些微生物效力较差或不发生作用。也有一些消毒剂对各种微生物均具有抑制或杀灭作用（称为广谱消毒剂），不同种类的化学消毒剂，由于其本身的化学特性和化学结构不同，故而其对微生物的作用方式也不相同，有的化学消毒剂作用于细胞膜或细胞壁，使之通透性发生改变，不能摄取营养；有的消毒剂通过进入菌体内使细胞浆发生改变；有的以氧化作用或还原作用毒害菌体；碱类消毒剂是以其氢氧离子、而酸类是以其氢离子的解离作用阻碍菌体正常代谢；有些则是使菌体蛋白质、酶等生物活性物质变性或沉淀而达到灭菌消毒的目的。所以在选择消毒剂时，一定要考虑到消毒剂的特异性，科学选择消毒剂。

（2）消毒剂的浓度　消毒剂的消毒效果，一般与其浓度成正比，也就是说，化学消毒剂的浓度愈大，其对微生物的毒性作用也愈强。但这并不意味着浓度加倍，杀菌力也随之增加一倍。有些消毒剂，稀浓度时对细菌无作用，当浓度增加到一定程度时，可刺激细菌生长，再把消毒剂浓度提高时，可抑制细菌生长，只有将消毒液浓度增高到有杀菌作用时，才能将细菌杀死。如0.5%的石炭酸只有抑制细菌生长的作用而作为防腐剂，当浓度增加到2.5%时，则呈现杀菌作用。但是消毒剂浓度的增加是有限的，超越此限度时，并不一定能提高消毒效力，有时一些消毒剂的杀菌效力反而随浓度的增高而下降，如75%的酒精杀菌效力最强，使用95%以上浓度，杀菌效力反而不好，并造成药物浪费。

2. 微生物方面

（1）微生物的种类　由于不同种类的微生物的形态结构及代谢方式等生物学特性的不同，其对化学消毒剂所表现的反应也不同。不同种类的微生物，如细菌、真菌、病毒、衣原体、霉形体等，即使同一种类中不同类群如细菌中的革兰阳性菌与革兰阴性菌对各种消毒剂的敏感性并不完全相同。如革兰阳性菌的等电点比革兰阴性菌低，所以在一定的值下所带的负电荷多，容易与带正电荷的离子结合，易与碱性染料的阳离子、重金属盐类的阳离子及去污剂结合而被灭活；而病毒对碱性消毒药比较敏感。因此，在生产中要根据消毒和杀灭的对象选用消毒剂，效果可能比较理想。

（2）微生物的状态　同一种微生物处于不同状态时对消毒剂的敏感性也不相同。如同一种细菌，其芽孢因有较厚的芽孢壁和多层芽孢膜，结构坚实，消毒剂不易渗透进去，所以比繁殖体对化学药品的抵抗力要强得多；静止期的细菌要比生长期的细菌对消毒剂的抵抗力强。

（3）微生物的数量　同样条件下，微生物的数量不同对同一种消毒剂的作用也不同。一般来说，细菌的数量越多，要求消毒剂浓度越大或消毒时间也越长。

3. 外界因素方面

（1）有机物质的存在　当微生物所处的环境中有粪便、痰液、脓汁、血液及其他排泄物等有机物质存在时，严重影响消毒剂的效果。其原因有：一是有机物能在菌体外形成一层保护膜，而使消毒剂无法直接作用于菌体；二是消毒剂可能与有机物形成不溶性化合物，而使消毒剂无法发挥其消毒作用；三是消毒剂可能与有机物进行化学反应，而其反应产物并不具杀菌作用；四是有机悬浮液中的胶质颗粒状物可能吸附消毒剂粒子，而将大部分抗菌成分由消毒液中移除；五是脂肪可能会将消毒剂去活化；六是有机物可能引起消毒剂 pH 值的变动，而使消毒剂不活化或效力低下。所以在使用消毒剂时应先用清水将地面、器具、墙壁、皮肤或创口等清洗干净，再使用消毒药。对于有痰液、粪便及有畜禽的圈舍的消毒要选用受有机物影响比较小的消毒剂，同时适当提高消毒剂的用量，延长消毒时间，方可达到良好的效果。

（2）消毒时的温湿度与时间　许多消毒剂在较高温度下消毒效果较较低温度下好，温度升高可以增强消毒剂的杀菌能力，并能缩短消毒时间。温度每升高 10℃，金属盐类消毒剂的杀菌作用增加 2～5 倍，石炭酸则增加 5～8 倍，酚类消毒剂增加 8 倍以上。湿度作为一个环境因素也能影响消毒效果，如用过氧乙酸及甲醛熏蒸消毒时，保持温度 24℃以上，相对湿度 60%～80%，效果最好。如果湿度过低，则效果不良。在其他条件都一定的情况下，作用时间愈长，消毒效果愈好，消毒剂杀灭细菌所需时间的长短取决于消毒剂的种类、浓度及其杀菌速度，同时也与细菌的种类、数量和所处的环境有关。

（3）消毒剂的酸碱度及物理状态　许多消毒剂的消毒效果均受消毒环境 pH 值的影响。如碘制剂、酸类、来苏尔等阴离子消毒剂，在酸性环境中杀菌作用增强。而阳离子消毒剂如新洁尔灭等，在碱性环境中杀菌力增强。又如2%戊二醛溶液，在pH4～5的酸性环境下，杀菌作用很弱，对芽孢无效，若在溶液内加入0.3%碳酸氢钠碱性激活剂，使pH值调到7.5～8.5，即成为20%的碱性戊二醛溶液，杀菌作用显著增强，能杀死芽孢。另外，pH值也影响消毒剂的电离度，一般来说，未电离的分子，较易通过细菌的细胞膜，杀菌效果较好；物理状态影响消毒剂的渗透，只有溶液才能进入微生物体内，发挥应有的消毒作用，而固体和气体则不能进入微生物细胞中，因此，固体消毒剂必须溶于水中，气体消毒剂必须溶于微生物周围的液层中，才能发挥作用。所以，使用熏蒸消毒时，增加湿度有利于消毒效果的提高。

四、生物消毒法

生物消毒法是利用自然界中广泛存在的微生物在氧化分解污物（如垫草、粪便等）中的有机物时所产生的大量热能来杀死病原体。在畜禽养殖场中最常用的是粪便和垃圾的堆积发酵，它是利用嗜热细菌繁殖产生的热量杀灭病原微生物。但此法只能杀灭粪便中的非芽孢性病原微生物和寄生虫卵，不适用于芽孢菌及患危险疫病畜禽的粪便消毒。粪便和土壤中有大量的嗜热菌、噬菌体及其他抗菌物质，嗜热菌可以在高温下发育，其最低温度界限为35℃，适温为50～60℃，高温界限为70～80℃。在堆肥内，开始阶段由于一般嗜热菌的发育使堆肥内的温度升高到30～35℃，此后嗜热菌便发育而将堆肥的温度逐渐提高到60～75℃，在此温度下大多数病毒及除芽孢以外的病原菌、寄生虫幼虫和虫卵在几天到3～6周内死亡。粪便、垫料采用此法比较经济，消毒后不失其作为肥料的价值。生物消毒方法多种多样，在畜禽生产中常用的有地面泥封堆肥发酵法、坑式堆肥发酵法等。

（一）地面泥封堆肥发酵法

堆肥地点应选择在距离禽舍、水池、水井较远处。挖一宽3米、两侧深25厘米向中央稍倾斜的浅坑，坑的长度根据粪便的多少而定。坑底用黏土夯实。用小树枝条或小圆棍横架于中央沟上，以利于空气流通。沟的两端冬天关闭，夏天打开。在坑底铺一层

30～40 厘米厚的干草或非传染病的畜禽粪便。然后将要消毒的粪便堆积于上。粪便堆放时要疏松，掺 10％马粪或稻草。干粪需加水浸湿，冬天应加热水。粪堆高 1.2 米。粪堆好后，在粪堆的表面覆盖一层厚 10 厘米的稻草或杂草，然后再在草外面封盖一层 10 厘米厚的泥土。这样堆放 1～3 个月后即达消毒目的。

（二）坑式堆肥发酵法

在适当的场所设粪便堆放坑池若干个，坑池数量和大小视粪便的多少而定。坑池内壁最好用水泥或坚实的黏土筑成。堆粪之前，在坑底垫一层稻草或其他秸秆，然后堆放待消毒的粪便，粪便上方再放一层稻草等或健康畜禽的粪便，堆好后表面加盖或加约 10 厘米厚的土或草泥。粪便堆放发酵 1～3 个月即达消毒目的。堆肥发酵时，若粪便过于干燥，应加水浇湿，以使其迅速发酵。另外，在生产沼气的地方，可把堆放发酵与生产沼气结合在一起。值得注意的是，生物发酵消毒法不能杀灭芽孢。因此，若粪便中含有炭疽、气肿等芽孢杆菌时，则应焚毁或加有效化学药品处理。坑式堆肥发酵需要的适宜条件如下。

（1）微生物的数量　堆肥是多种微生物作用的结果，但高温纤维分解菌起着更为重要的作用。为增加高温分解纤维菌的含量，可加入已腐熟的堆肥土（10％～20％）。

（2）堆料中有机物的含量　占 25％以上，碳氮比例（C∶N）为 25∶1。

（3）水分 30％～50％为宜，过高会形成厌氧环境；过低会影响微生物的繁殖。

（4）pH 值　中性或弱碱性环境适合纤维分解菌的生长繁殖。为减少堆肥过程中产生的有机酸，可加入适量的草木灰、石灰等调节 pH 值。

（5）空气状况　需氧性堆肥需氧气，但通风过大会影响堆肥的保温、保湿、保肥，使温度不能上升到 50～70℃。

（6）堆表面封泥　对保温、保肥、防蝇和减少臭味都有较大作用，一般以 5 厘米厚为宜，冬季可增加厚度。

（7）温度　堆肥内温度一般以 50～60℃为宜，气温高有利于提高堆肥效果和堆肥速度。

第四节　消毒的程序

一、鹅场入口的消毒

鹅场入口是鹅场的通道，也是防疫的第一道防线，消毒工作非常重要。

（一）生活管理区入口的消毒

每天门口大消毒一次；进入场区的物品需消毒（喷雾、紫外线照射或熏蒸消毒）后才能存放；入口必须设置车辆消毒池（见图3-1），车辆消毒池的长度为进出车辆车轮2个周长以上。消毒池上方最好建有顶棚，防止日晒雨淋。消毒池内放入2%～4%的氢氧化钠溶液，每周更换3次。北方地区冬季严寒，可用石灰粉代替消毒液。设置喷雾装置，喷雾消毒液可采用0.1%百毒杀溶液、0.1%新洁尔灭或0.5%过氧乙酸。进入车辆经过车辆消毒池消毒车轮，使用喷雾装置喷雾车体等；进入管理区人员要填写入场记录表，更换衣服，强制消毒后方可进入。

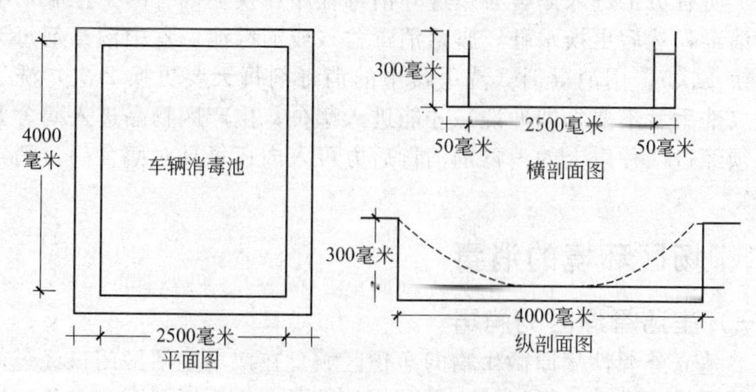

图3-1　养殖场大门车辆消毒池

（二）生产区入口的消毒

车辆严禁入内，必须进入的车辆待冲洗干净、消毒后，同时司机必须下车洗澡消毒后方可开车入内；进入的人员消毒程序：脱鞋进入外更衣室，脱掉衣服，淋浴10分钟以上，然后进入内更衣室换生产区衣服，进入生产区；非生产区物品不准进入生产区，必须进入的需经严格消毒后方可进入。生产区入口设置消毒室或淋浴消毒室（见图 3-2），供饲养管理人员进入消毒。

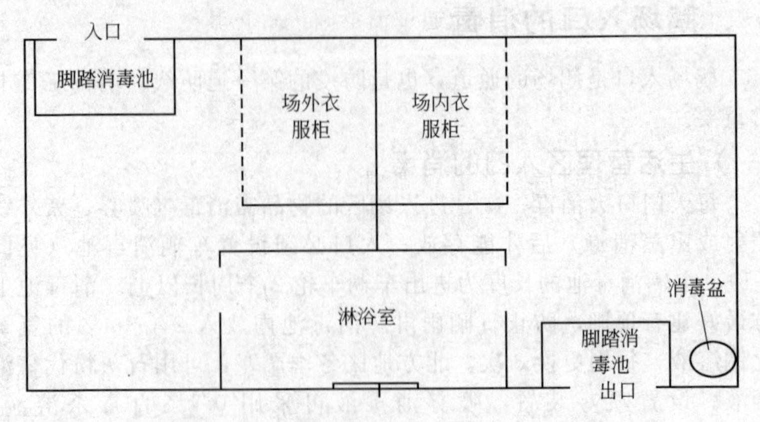

图 3-2 规模化鹅场淋浴消毒室布局图

（三）鹅舍门口的消毒

所有员工进入鹅舍必须遵守消毒程序：换上鹅舍的工作服，喷雾消毒，然后更换水鞋，脚踏消毒盆（或消毒池，盆中消毒剂每天更换 1 次），用消毒剂（洗手盆中的消毒剂每天要更换 2 次）洗手后（洗手后不要立即冲洗）才能进入鹅舍；生产区物品进入鹅舍要必须经过两种以上的消毒剂消毒后方可入内；每日对鹅舍门口消毒 1 次。

二、场区环境的消毒

（一）生活管理区的消毒

建立外源性病原微生物的净化区域。在鹅场生活区门口经过简单消毒后，进入生活区的人员和物品需要在生活区消毒和净化，所以生活区的消毒是控制疫病传播最有效的做法之一。生产区消毒的常规做法有：生活区的所有房间每天用消毒液喷洒消毒一次；每月对所有房间甲醛熏蒸消毒一次；对生活区的道路每周进行两次环境大消毒；外出归来的人员所带东西存放在外更衣柜内，必需带入者需经主管批准；所穿衣服，先熏蒸消毒，再在生活区清洗后存放在外更衣柜中；入场物品需经两种以上消毒液消毒；在生活区外面处理蔬菜，只把洁净的蔬菜带入生活区内处理，制定严格的伙房和餐厅消毒程序。仓库只有外面有门，每次进物品都需用甲醛熏蒸消毒一次。生活区与生产区只能通过消毒间进入，其他门口全部封闭。

（二）生产区的消毒

鹅场内消毒的目的是最大限度地消灭本场病原微生物的存在，制定场区内卫生防疫消毒制度，并严格按要求执行。同时要在大风、大雾、大雨过后对鹅舍和周围环境进行1～2次严格消毒。生产区内所有人员不准走土地面，以杜绝泥土中病原体的传播。

每天对生产区主干道、厕所消毒一次，可用火碱加生石灰水喷洒消毒；每天对鹅舍门口、操作间清扫消毒一次；每周对整个生产区进行2次消毒，减少杂草上的灰尘，确保鹅舍周围15米内无杂物和过高的杂草；定期灭鼠，每月1次，育雏期间每月2次；确保生产区内没有污水集中之处，任何人不能私自进入污区；鹅场要严格划分净区与污区，这是鹅场管理的硬性措施。

三、鹅舍消毒

鹅舍是鹅生活和生产的场所，由于环境和鹅本身的影响，舍内容易存在和滋生微生物。

（一）空舍消毒

鹅转入前或淘汰后，鹅舍空着，应进行彻底的清洁消毒，为下一批鹅创造洁净卫生的条件，有利于减少疾病和维持鹅体健康。

为了获得确实的消毒效果，鹅舍全面消毒应按鹅舍排空、清扫、洗净、干燥、消毒、干燥、再消毒的顺序进行。鹅群更新原则是“全进全出”，尤其是肉鹅，每批饲养结束后要有2～3周的空舍时间。将所有的鹅尽量在短期内全部清转，对不同日龄共存的，可将某一日龄的鹅舍及附近的舍排空。鹅舍消毒步骤如下。

1. 清理清扫

新建鹅舍，清扫干净；使用过的鹅舍，移出能够移出的设备和用具，如饲料器（或料槽）、饮水器（或水槽）、笼具、加温设备、育雏育成用的网具等，清理舍内杂物。然后将鹅舍各个部位、任何角落所有灰尘、垃圾及粪便清理、清扫干净。为了减少尘埃飞扬，清扫前用3%的火碱溶液喷洒地面、墙壁等。通过清扫，可使环境中的细菌含量减少21%左右。

2. 冲洗

经过清扫后，用动力喷雾器或高压水枪进行冲洗，按照从上至下、从里至外的顺序进行。对较脏的地方，可事先进行人工刮除，并注意对角落、缝隙、设施背面的冲洗，做到不留死角，不留一点污垢，真正达到清洁的目的。有些设备不能冲洗可以使用抹布擦净上面的污垢。清扫、洗净后，禽舍环境中的细菌可减少50%～60%。

3. 消毒药喷洒

鹅舍经彻底洗净、检修维护后即可进行消毒。鹅舍冲洗干燥后，用5%～8%的火碱溶液喷洒地面、墙壁、屋顶、笼具、饲槽等2～3次，用清水洗刷饲槽和饮水器。其他不易用水冲洗和火碱消毒的设备可以用其他消毒液涂擦。为了提高消毒效果，一般要求鹅舍消毒使用2种或3种不同类型的消毒药进行2～3次消毒。通常第1次使用碱性消毒药，第2次使用表面活性剂类、卤素类、酚类等消毒药。

4. 移出设备的消毒

鹅舍内移出的设备用具放到指定地点，先清洗再消毒。如果能够放入消毒池内浸泡，最好放在3%～5%的火碱溶液或3%～5%的福尔马林溶液中浸泡3～5小时；不能放入池内的，可以使用3%～5%的火碱溶液彻底全面喷洒。消毒2～3小时后，用清水清洗，放在阳光下暴晒备用。

5. 熏蒸消毒

能够密闭的鹅舍，特别是雏鹅舍，将移出的设备和或需要的设备用具移入舍内，密闭熏蒸。熏蒸常用的药物是福尔马林溶液和高锰酸钾，熏蒸时间为24～48小时，熏蒸后待用。经过甲醛熏蒸消毒后，舍内环境中的细菌减少90%。熏蒸操作方法如下。

（1）封闭鹅舍的窗和所有缝隙　如果使用的是能够关闭的玻璃窗，可以关闭窗户，用纸条把缝隙粘贴起来，防止漏气。如果窗户不能关闭，可以使用塑料布封闭整个窗户。

（2）准确计算药物用量　根据鹅舍的空间分别计算好福尔马林

和高锰酸钾的用量。参考用量见表3-13，可根据鹅舍的污浊程度选用。如新的没有使用过的鹅舍一般使用Ⅰ或Ⅱ浓度熏蒸；使用过的鹅舍可以选用Ⅱ或Ⅲ浓度熏蒸。如果一个鹅舍面积100米^2，高度3米，则体积为300米^3，用Ⅱ浓度，需要福尔马林8400毫升、高锰酸钾4200克。

表3-13 不同熏蒸浓度的药物使用量

药品名称	Ⅰ	Ⅱ	Ⅲ
福尔马林/(毫升/米^3)	14	28	42
高锰酸钾(克/米^3)	7	14	21

（3）熏蒸操作 选择的容器一般是瓦制的或陶瓷的，禁用塑料的（反应腐蚀性较大，温度较高，容易引起火灾）。容器容积是药液量的8～10倍（熏蒸时，两种药物反应剧烈，因此盛装药品的容器尽量大一些，否则药物流到容器外，反应不充分），鹅舍面积大时可以多放几个容器。把高锰酸钾放入容器内，将福尔马林溶液缓缓倒入，迅速撤离，封闭好门。熏蒸后可以检查药物反应情况。若残渣是一些微湿的褐色粉末，则表明反应良好。若残渣呈紫色，则表明福尔马林量不足或药效降低。若残渣太湿，则表明高锰酸钾量不足或药效降低。

（4）熏蒸的最佳条件 熏蒸效果最佳的环境温度是24℃以上，相对湿度75%～80%，熏蒸时间24～48小时。熏蒸后打开门窗通风换气1～2天，使其中的甲醛气体逸出。不立即使用的可以不打开门窗，待用前再打开门窗通风。

（5）停留指定时间后，打开通风器，如有必要，升温至15℃，先开出气阀后开进气阀。可喷洒25%的氨水溶液来中和残留的甲醛，而通过开门来逸净甲醛则有可能使不期望的物质进入。

（二）带鹅消毒

带鹅消毒是指鹅入舍后至出舍整个饲养期内定期使用有效的消毒剂对鹅舍环境及鹅体表喷雾，以杀死悬浮空中和附着在体表的病原菌。带鹅喷雾消毒是当代集约化养鹅综合防疫的重要组成部分，是控制鹅舍内环境污染和疫病传播的有效手段。鹅舍在进鹅之前，虽然经严格消毒处理，但在后来的饲养过程中，鹅群还会发生一些传染病，这是因为鹅体本身携带、排出、传播病原体，再加上外界的病原体也可以通过人员、设备、饲料和空气等的传播进入鹅舍。带鹅喷雾消毒能及时有效地净化空气，创造良好的鹅舍环境，抑制氨气的产生，有效地杀灭鹅舍内空气及生活环境中的病原微生物，消除疾病隐患，达到预防疾病的目的。

进雏时，应在雏鹅进入鹅舍之前，在舍外将运雏箱进行全面消毒，防止把附着在箱上的病原微生物带入舍内。遇到禽流感、小鹅瘟、鹅副黏病毒病、雏鹅新型传染性肠炎等流行时，需揭开箱盖连同雏鹅一并进行喷雾消毒。育雏育成期每天带鹅消毒1～2次，成鹅每周1次，发生疫情时可每天消毒1次。肉鹅每周带鹅消毒2～3次。

喷雾药物有新洁尔灭1000倍稀释液、10%百毒杀600倍稀释液、强力消毒王1000倍稀释液、益康400倍稀释液等。消毒液用量为100～240毫升/米^2，以地面、墙壁、天花板均匀湿润和鹅体表微湿的程度为止，最好每3～4周更换一种消毒药。喷雾时应将舍内温度比平时提高3～4℃，冬季寒冷不要把鹅体喷得太湿，也可使用温水稀释；夏季带鹅消毒有利于降温和减少热应激死亡。也可以使用过氧乙酸，每立方米空间用30毫升的纯过氧乙酸配成0.3%的溶液喷洒，选用大雾滴的喷头，喷洒鹅舍各部位、设备、鹅群。一般每周带鹅消毒1～2次，发生疫病期间每天带鹅消毒1次。防疫活疫苗时停止消毒，防疫弱毒苗前、中、后3天不消毒；防疫灭活苗当天不消毒即可。消毒剂按照说明书的比例稀释，按每立方米用消毒液60毫升计算，消毒前关闭风机，到消毒后10分钟再开风机通风。大风天气立即带鹅消毒，并在湿帘循环池中加入消毒剂。

为了减少带鹅消毒对鹅的应激，可以采取如下措施：一是消毒前12小时内给鹅群饮用0.1%维生素C或水溶性多维溶液；二是选择刺激性小、高效低毒的消毒剂，如0.02%百毒杀、0.2%抗毒威、0.1%新洁尔灭、0.3%～0.6%毒菌净、0.3%～0.5%过氧乙酸或0.2%～0.3%次氯酸钠等；三是冬季喷雾消毒前，鹅舍内温度应比常规标准高2～3℃，以防水分蒸发引起鹅只受凉而造成鹅群患病，消毒液温度应高于鹅舍内温度；四是进行喷雾时，雾滴要细，喷雾量以鹅体和笼网潮湿为宜，不要喷得太多太湿，一般喷雾量按每立方米60毫升计算，喷雾时应关闭门窗；五是滴露消毒时最好选在气温高的中午，而平养鹅则应将灯光调暗或关灯。

（三）鹅舍中设备用具消毒

（1）饲喂、饮水用具消毒　饲喂、饮水用具每周洗刷消毒一次，炎热季节应增加次数，饲喂雏鹅的开食盘或塑料布，正反两面都要清洗消毒。可移动的食槽和饮水器放入水中清洗，刮除食槽上的饲料结块，放在阳光下暴晒。固定的食槽和饮水器，应彻底水洗刮净、干燥，用常用阳离子清洁剂或两性清洁剂消毒，也可用高锰酸钾、过氧乙酸和漂白粉液等消毒，如可使用5%漂白粉溶液喷洒消毒。

（2）拌饲料的用具及工作服消毒　每天用紫外线照射一次，照射时间20～30分钟。

（3）其他用具消毒　如医疗器械必须先冲洗后再煮沸消毒。

四、饲养管理人员消毒

（一）饲养人员的消毒

饲养人员在接鹅前，均需洗澡、换洗随身穿着的衣服、鞋、袜等，并换上用过氧乙酸消毒的工作服和鞋、帽等；饲养员每次进舍前需换工作服、鞋，脚踏消毒池，并用紫外线照射消毒10～20分钟，手接触饲料和饮水前需要用过氧乙酸或次氯酸钠、碘制剂等溶液浸洗消毒；饲养人员要固定，不得窜舍；发生烈性传染病的鹅舍饲养人员必须严格隔离、按规定的制度解除封锁；本厂工作人员出去回来后应彻底消毒，如果去发生过传染病的地方，回场后进行彻底消毒，并经短期隔离确认安全后方能进场。

（二）管理人员消毒

管理人员进入禽场和禽舍也要严格消毒；由一栋鹅舍进入另一栋鹅舍前应严格消毒；进行某些生产环节需要较多人员进入鹅舍时，进入前必须进行严格消毒，待工作结束后方可离开鹅舍。

五、饮水消毒

鹅饮水应清洁无毒、无病原菌，符合人的饮用水标准，生产中使用干净的自来水或深井水，但进入鹅舍后，由于露在空气中，舍内空气、粉尘、饲料中的细菌可对饮用水造成污染。病鹅可通过饮水系统将病原体传给健康者，从而引发呼吸系统、消化系统疾病。在病鹅舍的饮水器中，能检出大量的支原体病、传染性鼻炎、传染性喉气管炎等疫病病原。如果在饮水中加入适量的消毒药物则可以杀死水中带的病原体。

临床上常见的饮水消毒剂多为氯制剂、碘制剂和复合季铵盐类等，但季铵盐类化合物只适用于 14 周龄以下禽饮用水的消毒，不能用于产蛋禽。消毒药可以直接加入水箱中，用药量应以最远端饮水器或水槽中的有效浓度达该类消毒药的最适饮水浓度为宜。家禽喝的是经过消毒的水而不是喝的消毒药水，任意加大水中消毒药物的浓度或长期使用，除可引起急性中毒外，还可杀死或抑制肠道内的正常菌群影响饲料的消化吸收，对家禽健康造成危害。另外，也可影响疫苗防疫效果。饮水消毒应该是预防性的，而不是治疗性的，因此消毒剂饮水要谨慎行事。在饮水免疫的前后 3 天，千万不要在饮水中加入消毒剂。

饲料和饮水中含有病原微生物，可以引起鹅群感染疾病。通过在饲料和饮水中添加消毒剂，抑制和杀死病原，减少鹅群发生疫病。二氧化氯（ClO_2）是一种广谱、高效、低毒和安全的消毒剂，目前广泛用于饮水处理、医疗卫生、食品保鲜、养殖和种植业等各个行业。

六、垫料消毒

使用碎草、稻壳或锯屑做垫料时，需在进雏前 3 天用消毒液（如博灭特 2000 倍液、10%百毒杀 400 倍液、新洁尔灭 1000 倍液、强力消毒王 500 倍液、过氧乙酸 2000 倍液）进行掺拌消毒。这不仅可以杀灭病原微生物，而且还能补充育雏器内的湿度，以维持适合育雏需要的湿度。垫料消毒的方法是取两根木椽子，相距一定距离，将农用塑料薄膜铺在上面，在薄膜上铺放垫料，掺拌消毒液，然后将其摊开（厚约 3 厘米）。采用这种方法，不仅可维持湿度，而且是一种物理性防治球虫病措施。同时也便于育雏结束后，将垫料和粪便无遗漏地清除至舍外。

进雏后，每天还需对垫料喷雾消毒1次。湿度小时，可以使用消毒液喷雾。如果只用水喷雾增加湿度，起不到消毒效果，并有危害。这是因为育雏器内的适宜温度和湿度，适合细菌和霉菌急剧增加，成为呼吸道疾病发生的原因。

清除的垫料和粪便应集中堆放，如无传染病可疑时，可用生物自热消毒法。如确认有某种传染病时，应将全部垫料和粪便深埋或焚烧。

七、防控球虫病的消毒

球虫是鹅肠内或肾内寄生的原虫，是一种比细菌稍高级的微生物。鹅球虫病的种类很多。国外记载能感染家鹅的球虫有3个属共16个种，其中只有一种寄生于鹅肾，其余的均寄生于鹅的小肠。引起肠型球虫病的球虫均寄生于肠道，每年5～9月为发病季节，且雏鹅、中鹅较易感染。

球虫病的原虫在鹅肠道内增殖，随粪便排出后可使其他鹅经口感染，再增殖排出，连续不断地增殖，扩大感染。这种病能给养鹅生产造成较大损失。球虫卵经发育后可形成卵囊，球虫卵囊的活力很强，在80℃水中1分钟死亡；在70℃水中15分钟死亡；在常温(14～38℃)下，可存活2年；在阴干的鹅粪中，可存活11个月；在不向阳的林荫土壤中，可存活18个月；在向阳的沙土中，可存活4个月。

(一) 杀灭球虫卵囊的消毒剂

球虫卵囊的表面有一层类似明胶样的硬质膜，所以多数消毒剂不能将其杀死。三氯异氰尿酸、强力消毒王及农福等消毒剂，对球虫卵囊有较强的杀灭作用。但是，也不如这类消毒剂对细菌和病毒等的杀灭能力强。原因是，球虫卵囊的抵抗力强，不仅需要较高浓度的消毒液，而且作用的时间也要长。

(二) 防控球虫病消毒的注意事项

由于上述原因，对防控球虫病的消毒，应注意以下事项。

(1) 要使用高浓度的消毒液进行消毒，否则难以杀灭球虫卵囊，达不到防控球虫病的目的。通常三氯异氰尿酸在每升水中需加入2～3克；强力消毒王在每升水中需加入3～5克；农福在每升水中需加入30～50毫升。

（2）消毒作用时间要长，需要达到6小时以上，才能收到消毒效果。

（3）不要只限于鹅舍床面的消毒，床面消毒不可能杀灭全部球虫卵囊，还要靠消毒液排放到排水沟后，继续发挥消毒作用。因此，在排水口附近，要重点泼洒高浓度的消毒液。

（4）用火焰消毒效果最好，可用火焰喷枪烧燎床面。但对进入水泥床面裂痕或小缝隙的球虫卵囊，火焰往往达不到，不能将其杀死。球虫卵囊在干热环境中（无水分状态）80℃时能存活5分钟，但在80℃水中1分钟即可死亡。所以，用火焰喷烧时，稍微加热是不够的，需分区段、小部分、逐个地充分喷烧才能奏效。

（5）处理好垫料和鹅粪，是决定鹅舍消灭球虫病成败的关键，所以焚烧垫料是最好的处理方法。用火干燥或发酵鹅粪，能把粪中的球虫卵囊完全杀死。在发酵处理时，要尽可能不使粪便撒落在鹅舍周围和道路上。

此外，常见在相同雏鹅、相同饲料、相同管理方式的情况下，有不发生球虫病的鹅舍，有常发生球虫病的鹅舍，后者多是由于床面凹陷、饮水器漏水、潮湿、换气不良等原因所造成的。因此，应注意改善鹅舍构造，去除球虫病发生的环境条件，这对防控球虫病是很重要的。

八、人工授精器械消毒

人工授精需要集精杯、储精器和授精器及其他用具，使用前需要进行彻底的清洁消毒，每次使用后也要清洁消毒干净以备后用。其消毒方法如下。

（一）新购器具消毒

新购的玻璃器具常附着有游离的碱性物质，可先用肥皂水浸泡和洗刷，然后用自来水洗干净，浸泡在1%～2%盐水溶液中4小时，再用自来水冲洗，后用蒸馏水洗2～3次，放在100～130℃的干燥箱内烘干备用。

（二）器具使用过程中的消毒

每次使用后的采精杯、储精器浸在清水中，然后用毛刷或大骨鹅毛细心刷洗，用自来水冲洗干净后放在干燥箱内高温消毒备用。或用蒸馏水煮沸 0.5 小时，晾干备用。

授精器应该反复吸水冲洗，然后再用自来水冲洗干净煮沸消毒，或浸在 0.1%的新洁尔灭溶液中过夜消毒，第二天再用蒸馏水冲洗，晾干备用。如果使用的是塑料微量吸液器，不能煮沸消毒。每授一只母鹅后使用 70%的酒精溶液擦拭授精器的头部，防止由于受精而相互污染。

九、种蛋消毒

种蛋产出后，经过泄殖腔会被泌尿和消化道的排泄物所污染，蛋壳表面存在有多种细菌，如沙门菌、巴氏杆菌、大肠杆菌等。随着时间的推移，细菌繁殖很快。虽然种蛋有胶质层、蛋壳和内膜等几道自然屏障，但它们都不具备抗菌性能，所以部分细菌可以通过一些气孔进入蛋内，严重影响种蛋的质量，对孵化极为不利。因此需要对种蛋进行认真消毒。

（一）种蛋的消毒时机

种蛋的细菌数量与种蛋产出的时间和种蛋的污浊程度呈高度的正相关。另外，气温高低和湿度大小也会影响种蛋的细菌数。所以种蛋的消毒时机应该在蛋产出后立即消毒，可以消灭附着在蛋壳上的绝大部分细菌，防止细菌侵入蛋内，但在生产中不易做到。生产中，种蛋的第一次消毒是在每次捡蛋完毕立即进行消毒。为缩短蛋产出到消毒的间隔时间，可以增加捡蛋次数，每天可以捡蛋 3～4 次。种蛋在入孵前和孵化过程中，还要进行多次消毒。

（二）消毒方法

1. 蛋产出后的消毒

蛋产出后，一般多采用熏蒸消毒法。

（1）福尔马林熏蒸消毒　在鹅舍内或其他合适的地方设置一个封闭的箱体，箱的前面留一个门，为方便开启和关闭箱体用塑料布封闭。箱体内距地面 30 厘米处设钢筋或木棍，下面放置消毒盆，上面放置蛋托。每立方米空间用福尔马林溶液 30 毫升、高锰酸钾 15 克。根据消毒容积称好高锰酸钾放入陶瓷或玻璃容器内（其容积比福尔马林溶液大 5～8 倍），再将所需福尔马林量好后倒入容器内，两者相遇发生剧烈化学反应，可产生大量甲醛气体杀死病原菌，密闭20～30分钟后排出余气。

（2）过氧乙酸消毒　过氧乙酸是一种高效、快速、光谱消毒剂，消毒种蛋每立方米用含16%的过氧乙酸溶液40～60毫升，加高锰酸钾4～6克熏蒸15分钟。过氧乙酸遇热不稳定，如40%以上浓度加热至50℃易引起爆炸，应在低温下保存。它无色透明、腐蚀性强，不能接触衣服、皮肤，消毒时可用陶瓷或搪瓷盆，现配现用。

2. 种蛋入孵前消毒

种蛋入孵前可以使用熏蒸消毒、浸泡消毒和喷雾消毒等。

（1）熏蒸消毒　将种蛋码盘装入蛋车后推入孵化箱内进行福尔马林或过氧乙酸熏蒸消毒。

（2）浸泡消毒　使用消毒液浸泡种蛋。常用的消毒剂有0.1%新洁尔灭溶液，或0.05%高锰酸钾溶液，或0.1%的碘溶液，或0.02%的季铵盐溶液等。浸泡时水温控制在43～50℃。适合孵化量少的小型孵化场的种蛋消毒。在消毒的同时，对入孵种蛋起到预热作用。平养鹅脏蛋较多时，常用此法。如取浓度为5%的新洁尔灭原液一份，加50倍40℃温水配制成0.1%的新洁尔灭溶液，把种蛋放入该溶液中浸泡5分钟，捞出沥干入孵。如果种蛋数量多，每消毒30分钟后再添加适量的药液以保证消毒效果。使用新洁尔灭时，不要与肥皂、高锰酸钾、碱等并用，以免药液失效。

（3）喷雾消毒　可用新洁尔灭药液喷雾。新洁尔灭原液浓度为5%，加水50倍配成0.1%的溶液，用喷雾器喷洒在种蛋的表面（注意上下蛋面均要喷到），经3～5分钟，药液干后即可入孵。或过氧乙酸溶液喷雾消毒。用10%的过氧乙酸原液，加水稀释200倍，用喷雾器喷于种蛋表面。过氧乙酸对金属及皮肤均有损害，用时应注意避免用金属容器盛药，勿与皮肤接触。或二氧化氯溶液喷雾消毒。用浓度为80微克/毫升微温二氧化氯溶液对蛋面进行喷雾消毒。或季铵盐溶液喷雾消毒。200毫克/千克季铵盐溶液，直接用喷雾器把药液喷洒在种蛋的表面消毒效果良好。

（4）温差浸蛋法　对于受到某些疫病污染，如败血型霉形体、滑液囊霉形体污染的种蛋可以采用温差浸蛋法。入孵前将种蛋在

37.8℃下预热3～6小时，当蛋温度升到32.2℃左右时，放入抗菌药（硫酸庆大霉素、泰乐菌素＋碘＋红霉素）中，浸泡15分钟取出，可杀死大部分霉形体。

（5）紫外线及臭氧发生器消毒法　紫外线消毒法是安装40瓦紫外线灯管，距离蛋面40厘米，照射1分钟，翻过种蛋的背面再照射一次即可。

臭氧发生器消毒是把臭氧发生器装在消毒柜或小房内，放入种蛋后关闭所有气孔，使室内的氧气（O_2）变成臭氧（O_3），达到消毒目的。

（三）注意事项

（1）种蛋保存前消毒（在种鹅舍内进行）一般不使用溶液法　因为使用溶液法，容易破坏蛋壳表面的胶质层。保护膜破坏后，蛋内水分容易蒸发，细菌也容易进入蛋内，不利于蛋的存放和孵化。

（2）熏蒸消毒的空间要密闭　要达到理想的消毒效果，要求消毒的环境温度24～27℃，相对湿度75％～80％更好，所以消毒空间要密闭。熏蒸消毒只能对外表清洁的种蛋有效，外表粘有粪土或垫料等的脏蛋，熏蒸消毒效果不好，因此，将种蛋中的脏蛋淘汰或用湿布擦洗干净再熏蒸消毒。

（3）使用浸泡法消毒时，溶液的温度要高于蛋温　如果消毒液的温度低于蛋温，种蛋内容物收缩，使蛋形成负压，这样反而会使少数蛋表面微生物或异物通过气孔进入蛋内，影响孵化效果。另外，溶液的温度高于蛋温可使种蛋预热。传统的热水浸蛋（不加消毒剂）只能预热种蛋，起不到消毒的作用。

（4）运载工具、种蛋的消毒　蛋箱、雏鹅箱和笼具等频繁出入禽舍，必须经过严格的消毒。所有运载工具应事先洗刷干净，干燥后进行熏蒸消毒后备用。种蛋收集后经熏蒸消毒后方可进入仓库或孵化室。

十、孵化场的消毒

孵化场是极易被污染的场所，特别是收购各地种蛋来孵化的孵化场（点），污染更为严重。许多疾病是通过孵化场的种蛋、雏鹅传播、扩散。污染严重的孵化场，孵化率也会降低。因此，孵化场地面、墙壁、孵化设备和空气的清洁卫生非常重要。

（一）工作人员的卫生消毒

要求孵化工作人员进场前先经过淋浴更衣，每人一个更衣柜，并定期消毒，孵化场工作人员与种鹅场饲养人员不能互串，更不允许外人进入孵化场区。运送种蛋和接送雏鹅的人员也不能进入孵化场，孵化场内仅设内部办公室，供本场工作人员使用。对外办公室和供销部门，应设在隔离区之外。

（二）出雏后的清洗消毒

每批出雏后都会对孵化出雏室带来严重的污染，所以在每批出雏结束后，应立刻对设备、用具和房间进行冲洗消毒。

（1）孵化机和孵化室的清洗消毒　拉出蛋架车和蛋盘，取出增湿水盘，先用水冲洗，再用新洁尔灭擦洗孵化机内外表面及顶部，用高压水冲刷孵化室地面，然后用甲醛熏蒸孵化机，每立方米用甲醛 40 毫升、高锰酸钾 20 克，在温度 27℃、湿度 75%以上的条件下密闭熏蒸 1 小时，然后打开机门和进出气孔，让其对流散尽甲醛蒸气。最后孵化室内甲醛 14 毫升、高锰酸钾 7 克，密闭熏蒸 1 小时，或者两者用量加大 1 倍，熏蒸 30 分钟。

（2）出雏机及出雏室的清洗消毒　拉出蛋架车及出雏盘，将死胎蛋、死弱雏及蛋壳打扫干净，出雏盘送洗涤室，浸泡在消毒液中，或送蛋、雏盘清洗机中冲洗消毒；清除出雏室地面、墙壁、天花板上的污物，冲洗出雏机内外表面，然后用新洁尔灭溶液擦洗，最后每立方米用 40 毫升甲醛和 20 克高锰酸钾熏蒸出雏机和出雏盘、蛋架车；用 0.3%～0.5%浓度的过氧乙酸（每立方米用量 30 毫升）喷洒出雏室的地面、墙壁和天花板。

（3）洗涤室和雏鹅存放室的清洗消毒　洗涤室是最大的污染源，是清洗消毒的重点，先将污物如绒毛、碎蛋壳等清扫装入塑料袋中，然后用水冲洗洗涤室和存雏室的地面、墙壁和天花板，洗涤室每立方米用甲醛 42 毫升、高锰酸钾 21 克，密闭熏蒸 1～2 小时。

（三）孵化场废弃物的处理

孵化场的废弃物要密封运送。把收集的废弃物装在容器内，按顺流不可逆转的原则，通过各室从废弃物出口装车送至远离孵化场的垃圾场焚烧。如果考虑到废物利用，可采用高温灭菌的方法处理后用作畜禽饲料，因为这些弃物中含蛋白质22%～32%、钙17%～24%、脂肪10%～18%，但不宜用作鹅的饲料，以防消毒不彻底，导致疾病传播。

十一、兽医器械及用品的消毒

兽医诊疗器械及用品是直接与畜禽接触的物品，用前和用后都必须按要求进行严格消毒。根据器械及用品的种类和使用范围不同，其消毒方法和要求也不一样。一般对进入畜禽体内或与黏膜接触的诊疗器械，如手术器械、注射器及针头、胃导管、导尿管等，必须经过严格的消毒灭菌；对不进入动物组织内也不与黏膜接触的器具，一般要求去除细菌的繁殖体及亲脂类病毒。各种诊疗器械及用品的消毒方法见表3-14。

表3-14　各种诊疗器械及用品的消毒方法

消毒对象	消毒药物及方法
体温计	先用1%过氧乙酸溶液浸泡5分钟，然后放入1%过氧乙酸溶液中浸泡30分钟
注射器	0.2%过氧乙酸溶液浸泡30分钟，清洗，煮沸或高压蒸汽灭菌。注意：针头用肥皂水煮沸消毒15分钟后，洗净，消毒后备用；煮沸时间从水沸腾时算起，消毒物应全部浸入水内
各种塑料接管	将各种接管分类浸入0.2%过氧乙酸溶液中，浸泡30分钟后用清水冲净；接管用肥皂水刷洗，清水冲净，烘干后分类高压灭菌
药杯、换药碗（搪瓷类）	将药杯用清水冲净残留药液，然后浸泡在1：1000倍新洁尔灭溶液中1小时；将换药碗用肥皂水煮沸消毒15分钟；然后将药杯与换药碗分别用清水刷洗冲净后，煮沸消毒15分钟或高压灭菌（如药杯系玻璃类或塑料类，可用0.2%过氧乙酸浸泡2次，每次30分钟，然后清洗烘干）。注意：药杯与换药碗不能放在同一容器内煮沸或浸泡。若用后的药碗染有各种药液颜色，应煮沸消毒后用去污粉擦净、清洗，揩干后再浸泡；冲洗药杯内残留药液的水需经处理后再弃去
托盘、方盘、弯盘（搪瓷类）	将其分别浸泡在1%漂白粉清液中1小时；再用肥皂水刷洗、清水冲净后备用；漂白粉清液每2周更换1次，夏季每周更换1次
污物敷料桶	将桶内污物倒出后，用0.2%过氧乙酸溶液喷雾消毒，放置30分钟；用碱水或肥皂水将桶刷洗干净，用清水洗净后备用。注意：污物敷料桶每周消毒1次；桶内倒出的污物、敷料需消毒处理后回收或焚烧处理

续表

消毒对象	消毒药物及方法
污染的镊子、止血钳等金属器材	放入1%肥皂水中煮沸消毒15分钟，用清水将其冲净后，再煮沸15分钟或高压灭菌后备用
锋利器械（刀片及剪、针头等）	浸泡在1∶1000倍新洁尔灭水溶液中1小时，再用肥皂水刷洗，清水冲净，揩干后浸泡于盛有1∶1000倍新洁尔灭溶液的消毒盒中备用；注意：被脓、血污染的镊子、钳子或锐利器械应先用清水刷洗干净，再进行消毒；洗刷下的脓、血水按每1000毫升加入过氧乙酸原液10毫升计算（即1%浓度），消毒30分钟后才能弃掉；器械使用前，应用灭菌0.85%生理盐水淋洗
开口器	将开口器浸入1%过氧乙酸溶液中，30分钟后用清水冲洗；再用肥皂水刷洗，清水冲净，揩干后，煮沸15分钟或高压灭菌后使用。注意：应全部浸入消毒液中
硅胶管	将硅胶管拆去针头，浸泡在0.2%过氧乙酸溶液中，30分钟后用清水冲净；再用肥皂水冲洗管腔后，用清水冲洗，揩干。注意：拆下的针头按注射器针头消毒处理
手套	将手套浸泡在0.2%过氧乙酸溶液中，30分钟后用清水冲洗；再将手套用肥皂水清洗，清水漂净后晾干。注意：手套应浸没在过氧乙酸溶液中，不能浮于药液表面
橡皮管、投药瓶	用浸有0.2%过氧乙酸的抹布擦洗物件表面，再用肥皂水将其刷洗、清水冲净后备用
导尿管、肛管胃、导管等	将物件分类浸入1%过氧乙酸溶液中，浸泡30分钟后用清水冲洗；再将上述物品用肥皂水刷洗，清水冲净后，分类煮沸15分钟或高压灭菌后备用。注意：物件上的胶布痕迹可用乙醚或乙醇擦除
输液、输血皮管	将皮管针头拆去后，用清水冲净皮管残留液体，再浸泡在清水中；再将皮管用肥皂水反复揉搓、清水冲净，揩干后，高压灭菌备用、拆下的针头按注射针头消毒处理
手术衣、帽、口罩等	将其分别浸泡在0.2%过氧乙酸溶液中30分钟，再用清水冲洗；肥皂水搓洗，清水洗净晒干，高压灭菌备用。注意：口罩应与其他物品分开洗涤
创巾、敷料等	污染血液的，先放在冷水或5%氨水内浸泡数小时，然后在肥皂水中搓洗，最后用清水漂净；污染碘酊的，用2%硫代硫酸钠溶液浸泡1小时，清水漂洗、拧干，浸于0.5%氨水中，再用清水漂净；经清洗后的创巾、敷料分包，高压灭菌备用。被传染性物质污染时，应先消毒后洗涤，再灭菌
运输车辆、其他工具车或小推车	每月定期用去污粉或肥皂粉将推车擦洗干净；污染的工具车类，应及时用浸有0.2%过氧乙酸的抹布擦洗；30分钟后再用清水冲净推车等工具类应经常保持整洁，清洁与污染的车辆应互相分开

十二、发生疫病期间的消毒

发生传染病后，养殖场病原数量大幅增加，疫病传播流行会更加迅速，为了控制疫病传播流行及危害，需要更加严格消毒。

疫病活动期间消毒是以消灭病鹅所散布的病原为目的而进行的消毒。病鹅所在的鹅舍、隔离场地、排泄物、分泌物及被病原微生物污染和可能被污染的一切场所、用具和物品等都是消毒的重点。在实施消毒过程中，应根据传染病病原体的种类和传播途径的区别，抓住重点，以保证消毒的实际效果。如肠道传染病消毒的重点是病鹅排出的粪便以及被污染的物品、场所等；呼吸道传染病则主要是消毒空气、分泌物及污染的物品等。

（一）一般消毒

养殖场的道路、鹅舍周围用5%氢氧化钠溶液或10%石灰乳溶液喷洒消毒，每天1次；鹅舍地面用15%漂白粉溶液、5%氢氧化钠溶液等喷洒，每天1次；带鹅消毒，用0.25%的益康溶液或0.25%的强力消杀灵溶液或0.3%农福或0.5%～1%的过氧乙酸溶液喷雾，每天1次，连用5～7天；粪便、粪池、垫草及其他污物用化学或生物热消毒；出入人员脚踏消毒液、紫外线等照射消毒。消毒池内放入5%氢氧化钠溶液，每周更换1～2次；其他用具、设备、车辆用15%漂白粉溶液、5%氢氧化钠溶液等喷洒消毒；疫情结束后，进行全面消毒1～2次。

（二）疫源地污染物的消毒

发生疫情后污染（或可能污染）的场所和污染物要进行严格消毒。消毒方法见表3-15。

表3-15　疫源地污染物消毒方法

消毒对象	消毒方法	
	细菌性传染病	病毒性传染病
空气	甲醛熏蒸，福尔马林25毫升，作用12小时（加热法）；2%过氧乙酸熏蒸，用量1克/米^3，20℃作用1小时；0.2%～0.5%过氧乙酸或3%来苏尔喷雾，30毫升/米^2，作用30～60分钟；红外线照射，0.06瓦/厘米^2	醛熏蒸法（同细菌性传染病）；2%过氧乙酸熏蒸，用量3克/米^3，作用90分钟（20℃）；0.5%过氧乙酸或5%漂白粉澄清液喷雾，作用1～2小时；乳酸熏蒸，用量10毫克/米^3，加水1～2倍，作用30～90分钟

续表

消毒对象	消毒方法	
	细菌性传染病	病毒性传染病
排泄物（粪、尿、呕吐物等）	成形粪便加2倍量的10%～20%漂白粉乳剂，作用2～4小时；对稀便，直接加粪便量1/5的漂白粉剂，作用2～4小时	成形粪便加2倍量的10%～20%漂白粉乳剂，充分搅拌，作用6小时；稀便，直接加粪便量1/5的漂白粉剂，作用6小时；尿液100毫升加漂白粉3克，充分搅匀，作用2小时
分泌物（鼻涕、唾液、穿刺脓液、乳汁）	加等量10%漂白粉或1/5量干粉，作用1小时；加等量0.5%过氧乙酸，作用30～60分钟；加等量3%～6%来苏尔液，作用1小时	加等量10%～20%漂白粉或1/5量干粉，作用2～4小时；加等量0.5%～1%过氧乙酸，作用30～60分钟
鹅舍、运动场及舍内用具	污染草料与粪便集中焚烧；鹅舍四壁用2%漂白粉澄清液喷雾（200毫升/米^3），作用1～2小时；运动场地面，喷洒漂白粉20～40克/米^2，作用2～4小时，或1%～2%氢氧化钠溶液、5%来苏尔溶液喷洒，1000毫升/米^3，作用6～12小时；甲醛熏蒸，福尔马林12.5～25毫升/米^3，作用12小时（加热法）；0.2%～0.5%过氧乙酸、3%来苏尔喷雾或擦拭，作用1～2小时；2%过氧乙酸熏蒸，用量1克/米^3，作用6小时	与细菌性传染病消毒方法相同，一般消毒剂作用时间和浓度稍大于细菌性传染病消毒用量
饲槽、水槽、饮水器等	0.5%过氧乙酸浸泡30～60分钟；1%～2%漂白粉澄清液浸泡30～60分钟；0.5%季铵盐类消毒剂浸泡30～60分钟；1%～2%氢氧化钠热溶液浸泡6～12小时	0.5%过氧乙酸液浸30～60分钟；3%～5%漂白粉澄清液浸泡50～60分钟；2%～4%氢氧化钠热溶液浸泡6～12小时
运输工具	0.2%～0.3%过氧乙酸或1%～2%漂白粉澄清液，喷雾或擦拭，作用30～60分钟；3%来苏尔或0.5%季铵盐喷雾擦拭，作用30～60分钟	0.5%～1%过氧乙酸、5%～10%漂白粉澄清液喷雾或擦拭，作用30～60分钟；5%来苏尔喷雾或擦拭，作用1～2小时；2%～4%氢氧化钠热溶液喷洒或擦拭，作用2～4小时

续表

消毒对象	消毒方法	
	细菌性传染病	病毒性传染病
工作服、被服、衣物织品等	高压蒸汽灭菌，121℃ 15～20分钟；煮沸15分钟（加0.5%肥皂水）；甲醛熏蒸，25毫升/米^3，作用12小时；环氧乙烷熏蒸，用量2.5克/升，作用2小时；过氧乙酸熏蒸，1克/米^3，在20℃条件下作用60分钟；2%漂白粉澄清液或0.3%过氧乙酸或3%来苏尔溶液浸泡30～60分钟；0.02%碘伏浸泡10分钟	高压蒸汽灭菌，121℃ 30～60分钟；煮沸15～20分钟（加0.5%肥皂水）；甲醛熏蒸，25毫升/米^3，作用12小时；环氧乙烷熏蒸，用量2.5克/升，作用2小时；过氧乙酸熏蒸，用量1克/米^3，作用90分钟；2%漂白粉澄清液浸泡1～2小时；0.3%过氧乙酸浸泡30～60分钟；0.03%碘伏浸泡15分钟
接触病禽人员手消毒	0.02%碘伏洗手2分钟，清水冲洗；0.2%过氧乙酸泡手2分钟；75%酒精棉球擦手5分钟；0.1%新洁尔灭浸手5分钟	0.5%过氧乙酸洗手，清水冲净；0.05%碘伏泡手2分钟，清水冲净
污染办公用品（书、文件）	环氧乙烷熏蒸，2.5克/升，作用2小时；甲醛熏蒸，福尔马林用量25毫升/米^3，作用12小时	与细菌性传染病相同
医疗器材、用具等	高压蒸汽灭菌，121℃ 30分钟；煮沸消毒15分钟；0.2%～0.3%过氧乙酸或1%～2%漂白粉澄清液浸泡60分钟；0.01%碘伏浸泡5分钟；甲醛熏蒸，50毫升/米^3，作用1小时	高压蒸汽灭菌，121℃ 30分钟；煮沸30分钟；0.5%过氧乙酸或5%漂白粉澄清液浸泡，作用60分钟；5%来苏尔浸泡1～2小时；0.05%碘伏浸泡10分钟

第五节 消毒效果的检测及提高消毒效果的措施

一、消毒效果的检测

消毒的效果如何需要进行检测，通过定期对鹅舍空间、地面墙壁及鹅场的设备用具、蛋壳表面等卫生检测，以保证消毒质量和鹅群安全。

（一）鹅舍空间消毒效果检测

消毒前后分别将 5 个营养琼脂培养基平皿分别放置在消毒空间的 5 个不同位置，每隔 1 分钟将平皿依次开盖，在空气中暴露 5 分钟，再依次盖好，然后放置于 37℃培养箱中，培养 24 小时，查清菌落数，计算杂菌清除率。

（二）地面墙壁等消毒效果的检测

消毒前后分别在预先画定的取样点（10 厘米×10 厘米）上，取无菌棉拭子在死角各涂擦 2 次，然后将棉签浸入 5 毫升的灭菌水中，挤压 10 次，吸取 0.2 毫升，向营养琼脂培养基平皿做倾注培养，37℃培养 24 小时后，查菌落数，计算杂菌清除率。也可多取几个采样点，计算平均值。

（三）蛋壳表面消毒效果的检测

在随机抽取蛋的表面画出取样点，用蘸有灭菌水的棉拭子反复涂擦 5 次，立即把棉拭子放入一定量的灭菌生理盐水中，挤压 10 次，吸取 0.2 毫升，向琼脂培养基平皿做倾注培养，37℃培养 24 小时后，查菌落数，计算杂菌率。一般情况下，以杂菌清除率的高低判断消毒效果的好坏。

杂菌清除率＝（消毒前菌落数－消毒后菌落数）/
消毒前菌落数×100％

二、提高消毒效果的措施

（一）正确选择消毒剂

市场上的消毒剂种类繁多，每一种消毒剂都有其优点及缺点，但没有一种消毒剂是十全十美的，介绍的广谱性也是相对的。所以，在选择消毒剂时，应充分了解各种消毒剂的特性和消毒对象。

（二）制订并严格执行消毒计划

鹅场应制订消毒计划，按照消毒计划严格实施。消毒计划包括：计划（消毒方法、消毒时间和次数、消毒场所和对象、消毒药物选择、配置和更换等）、执行（消毒对象的清洁卫生和清洁剂或消毒剂的使用）和控制（对消毒效果肉眼和微生物学的监测，以确定病原体的减少和杀灭情况）。

(三) 消毒表面清洁

清除消毒表面的污物（尤其是有机物），是提高消毒效果最重要的一步，否则不论是何种消毒剂都会降低其消毒效力。消毒表面不清洁会阻止消毒剂与细菌的接触，使杀菌效力降低。如鹅舍内有粪便、羽毛、饲料、蜘蛛网、污泥、脓液、油脂等存在时，常会降低所有消毒剂的效力。在许多情况下，表面的清洁甚至比消毒更重要。进行各种表面的清洗时，除了刷、刮、擦、扫外，还应用高压水冲洗，效果会更好，有利于有机物溶解与脱落。

在鹅场进行消毒时，不可避免地总会有些有机物存在。有机排泄物或分泌物存在时，所有消毒剂的作用都会人为减低甚至变成无效，其中以季铵盐、碘剂、甲醛所受影响较大，而石炭酸类与戊二醛所受的影响较小。有机物以粪尿、血、脓、伤口坏死组织、黏液和其他分泌物等最为常见。所以在消毒鹅场的用具、器械等时，将欲消毒的用具、器械先清洗后再施用消毒剂是最基本的要求，因此可以借助清洁剂与消毒剂的合剂来完成。

(四) 药物浓度应正确

这是决定消毒剂效力的首要因素，对黏度大的消毒剂在稀释时需搅拌成均匀的消毒液才行。药物浓度的表示方法有以下几种。

(1) 使用量以稀释倍数表示　这是制造厂商依其药剂浓度计算所得的稀释倍数，表示 1 份药剂以若干份水稀释而成，如稀释倍数为 1000 倍时，即在每 1 升水中添加 1 毫升药剂以配成消毒溶液。

(2) 使用量以%表示　消毒剂浓度以%表示时，表示每 100 克溶液中溶解有若干克或毫升的有效成分药品（重量百分率），但实际应用时有几种不同表示方法。如某消毒剂含 10%某有效成分，可能该溶液 100 克中有 10 克消毒剂，也可能该溶液 100 克中有 10 毫升消毒剂，也可能溶液 100 毫升中有 10 毫升消毒剂。如果把含 10%某有效成分的消毒剂配制成 2%溶液时，则每 1 升消毒溶液需 200 毫升消毒剂与 800 毫升水混合而成。其算法如下：

$$X(\text{毫升})(\text{消毒剂})\times 10\%(\text{消毒剂有效含量})=1000(\text{毫升})\times 2\%(\text{配好后的含量})$$

则：$X=200$（毫升）

(3) 使用量以 ppm 表示时　消毒剂浓度以 ppm 表示时，表示每 1000000 升溶液中添加若干克或毫升的有效成分药品。如某消毒剂含 10%某有效成分，如需配制 150ppm 溶液时则每升水中添加 1.50 毫升制剂。其算法如下：

$$X\text{(毫升)(消毒剂)} \times 10\%\text{(消毒剂有效含量)} = 1000\text{(毫升)} \times 150/1000000$$

则：$X=1.5$（毫升）

（五）药物的量充足

单位面积的药物使用量与消毒效果有很大的关系，因为消毒剂要发挥效力，需先使欲消毒表面充分浸湿，所以如果增加消毒剂浓度 2 倍，而将药液量减成 1/2 时，可能因物品无法充分湿润而不能达到消毒效果。通常鹅舍的水泥地面消毒 3.3 米^2 至少要 5 升的消毒液。

（六）接触时间充足

消毒时，至少应有 30 分钟的浸渍时间以确保消毒效果。有的人在消毒手时，用消毒液洗手后又立即用清水洗手，是起不到消毒效果的。在浸渍消毒鹅笼、蛋盘等器具时，不必浸渍 30 分钟，因在取出后至干燥前消毒作用仍在进行，所以浸渍约 20 秒即可。细菌与消毒剂接触时，不会立即被消灭。细菌的死亡，与接触时间、温度有关。消毒剂所需的杀菌时间，从数秒到几小时不等，如氧化剂作用快速、醛类则作用缓慢。检查在消毒作用的不同阶段的微生物存活数目，可以发现存活细菌数目与在单位时间内所杀死的细菌数目呈正比关系，因此，起初的杀菌速度非常快，但随着细菌数的减少杀菌速度逐步缓慢下来，到最后要完全杀死所有的菌体，必须要有较长的时间。此种现象在现场常会被忽略，因此必须要特别强调，消毒剂需要作用一段时间（通常指 24 小时）才能将微生物完全杀灭，另外需注意的是许多灵敏消毒剂在液相时才能有最大的杀菌作用。

（七）保持一定的温度

消毒作用也是一种化学反应，因此加温可增进消毒杀菌率。若加化学制剂于热水或沸水中，则其杀菌力大增。大部分消毒剂的消毒作用在温度上升时有显著增强，尤其是戊二醛类，卤素类的碘剂例外。对许多常用的温和消毒剂而言，在接近冰点的温度是毫无作用的。在用甲醛气体熏蒸消毒时，如将室温提高到24℃以上，会得到较佳的消毒效果。但需注意的是真正重要的是消毒物表面的温度，而非空气的温度，常见的错误是在使用消毒剂前极短时间内进行室内加温，如此不足以提高水泥地面的温度。

（八）勿与其他消毒剂或杀虫剂等混合使用

把两种以上消毒剂或杀虫剂混合使用可能很方便，却可能发生一些肉眼可见的沉淀、分离变化或肉眼见不到的变化，如pH值的变化，而使消毒剂或杀虫剂失去效力。但为了增大消毒药的杀菌范围，减少病原种类，可以选用几种消毒剂交替使用，使用一种消毒剂1～2周后再换用另一种消毒剂，能起到互补作用，因为不同的消毒剂虽然介绍是广谱的，但都有一定的局限性，不可能杀死所有的病原微生物。

（九）注意使用上的安全

许多消毒剂具有刺激性或腐蚀性，如强酸性的碘剂、强碱性的石炭酸等，因此切勿在调配药液时用手直接去搅拌，或在进行器具消毒时直接用手去搓洗。如不慎沾到皮肤时应立即用水洗干净。使用毒性或刺激性较强的消毒剂，或喷雾消毒时应穿着防护衣服并戴防护眼镜、口罩、手套。有些磷制剂、甲苯酚、过氧乙酸等，具可燃性和爆炸性，因此应提防火灾和爆炸的发生。

（十）消毒后的废水需处理

消毒后的废水不能随意排放到河川或下水道，必须进行处理。

第六节　消毒防护

无论采取哪种消毒方式，都要注意消毒人员的自身防护，特别是化学消毒，首先要严格遵守操作规程和注意事项，其次要注意消毒人员以及消毒区域内其他人员的防护。防护措施要根据消毒方法的原理和操作规程有针对性地进行。如进行喷雾消毒和熏蒸消毒就应穿上防护服，戴上眼镜和口罩（进行紫外线直接照射消毒，室内人员都应该离开，避免直接照射。如果进出鹅场人员通过消毒室进行紫外线照射消毒时，眼睛不能看紫外线灯，避免眼睛灼伤）。

常用的个人防护用品可以参照国家标准进行选购，防护服装应配帽子、口罩、鞋套，对防护服装的要求：一是防酸碱。防酸碱可以避免消毒中防护服装被腐蚀。工作完毕或离开疫区时，用消毒液高压喷淋、洗涤消毒防护服装，达到安全防疫的效果。二是防水。好的防护服装材料，一般每平方米的防水布料薄膜上就有 14 亿个微细孔，一颗水珠比这些微细孔大 2 万倍，因此水珠不能穿过薄膜层而润湿布料，不会被弄湿，可以保证操作中的防水效果。三是防寒、挡风、保暖。防护服装材料极小的微细孔应该呈不规则排列，可阻挡冷风及寒气的侵入。四是透气。材料微孔直径应大于汗液分子 700～800 倍，汗气可以从容穿透面料，即使在工作量大、体液蒸发较多时也感到干爽舒适。目前先进的防护服装已经在市场上销售，选购时可按照上述标准，参照防 SARS 时采用的标准。

第四章　规模化鹅场的免疫接种

传染性疾病是我国规模化鹅场的主要威胁，免疫接种仍是预防传染病的有效手段之一。免疫接种通常是使用疫苗和菌苗等生物制剂作为抗原接种于鹅体内，激发机体产生特异性免疫力。

第一节　鹅免疫力的获得

一、鹅的免疫系统

免疫是机体的一种特异性生理反应，通过识别和排除抗原性异物维持体内外环境的稳定。动物机体的免疫功能是在淋巴细胞、单核细胞和其他有关细胞及其产物的相互作用下完成的，这些具有免疫作用的细胞及其产物、相关组积和器官构成机体的免疫系统。鹅具有一个比较完善的免疫系统，这是获得免疫力的物质基础。

- 免疫系统
  - 免疫器官
    - 外周免疫器官：淋巴结、脾脏、骨髓、德氏腺、黏膜相关淋巴组织
    - 中枢免疫器官：骨髓、胸腺、腔上囊
  - 免疫细胞：T淋巴细胞、B淋巴细胞、自然杀伤性细胞和杀伤细胞、辅佐细胞、粒细胞和肥大细胞
  - 免疫分子：细胞因子、补体、抗体

二、免疫力的获得

鹅的免疫力是指对传染病的抵抗力，也就是对病原微生物感染的抵抗能力。免疫力可以分为先天性免疫和获得性免疫两种。前者是动物体在种进化过程中得到的非特异性天然的防御机能，后者是动物体在发育过程中受到病原体及其产物的刺激而产生的特异性免

疫。获得性免疫有主动免疫和被动免疫两种，两者又有天然和人工之分。

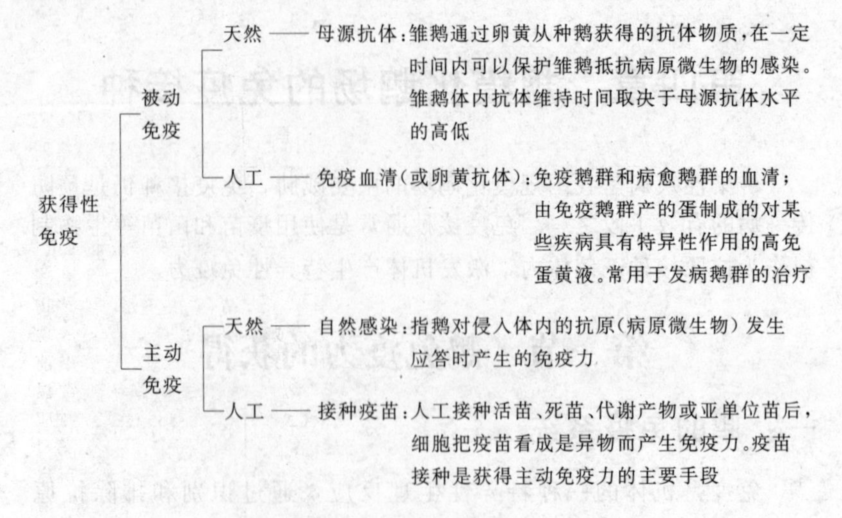

第二节　常用疫苗

疫苗是将病毒（或细菌）减弱或灭活，失去原有致病性而仍具有良好的抗原性，用于预防传染病的一类生物制剂，接种动物后能产生主动免疫，产生特异性免疫力，包括细菌性疫苗和病毒性疫苗。

一、疫苗的种类及特点

疫苗可分为活疫苗和死疫苗两大类。活疫苗多是弱毒苗，是由活的病毒或细菌致弱后形成的。当其接种后进入鹅体内可以繁殖或感染细胞，既能增加相应抗原量，又可延长和加强抗原刺激作用，具有产生免疫快、免疫效力好、免疫接种方法多、用量小且使用方便等优点，还可用于紧急预防。死疫苗是用强毒株病原微生物灭活后制成的，安全性好，不散毒，不受母源抗体影响，易保存，产生的免疫力时间长，适用于多毒株或多菌株制成的多价苗。但需免疫注射，成本高。

二、鹅场常用的疫苗

见表 4-1。

表 4-1　鹅场常用的疫苗

名称	性状	适应证	制剂与规格	用法与用量	药物相互作用（不良反应）及注意事项
重组禽流感病毒灭活疫苗（H5N1亚型，RE-5株或RE-1株）	乳白色乳状液	预防H5N1亚型禽流感病毒引起的鹅禽流感。接种后14日产生免疫力，鸭、鹅加强接种一次，免疫期为4个月	乳剂；250毫升/瓶、500毫升/瓶	颈部皮下或胸部肌内注射。鹅，0.5毫升/只；5周龄以上，鹅1.5毫升/只	一般无可见不良反应。禽流感感染禽或健康状况异常的禽切忌使用本品；严禁冻结；如出现破损、异物或破乳分层等异常现象，切勿使用；使用前应将疫苗恢复至常温并充分摇匀；接种时应及时更换针头，最好1只禽1个针头；疫苗启封后，限当日用完；屠宰前28日内禁止使用。2～8℃保存，有效期为12个月
鸭瘟活疫苗	淡红色海绵状疏松团块，易与瓶壁脱离，加稀释液后迅速溶解	用于预防鹅的鸭瘟。注射后3～4天产生免疫力	冻干剂，每瓶200羽份、400羽份、500羽份	肌内注射。按瓶签注明的羽份，用生理盐水稀释，种鹅每年注射2次，20～22日龄小鹅首次免疫，3月龄加强免疫一次	一般无可见的不良反应。疫苗稀释后应放冷暗处，必须在4小时内用完；接种时，应做局部消毒处理；用过的疫苗瓶、器具和未用完的疫苗等应进行消毒处理；－15℃以下有效期为24个月
小鹅瘟活疫苗（GD株）	微黄或微红色海绵状疏松团块，易与瓶壁脱离，加稀释液后迅速溶解	供产蛋前母鹅注射预防小鹅瘟。免疫后在21～270日内所产种蛋孵出的雏鹅具有抵抗小鹅瘟的免疫力	冻干剂；50羽份/瓶、100羽份/瓶	肌内注射。在母鹅产蛋前20～30日接种，按瓶签注明羽份，用灭菌生理盐水稀释，每只1毫升	一般无可见的不良反应。本疫苗雏鹅禁用；疫苗稀释后应放冷暗处保存，4小时内用完；应对用过的疫苗瓶、器具和稀释后剩余的疫苗进行消毒处理；－15℃以下保存，有效期为12个月

续表

名称	性状	适应证	制剂与规格	用法与用量	药物相互作用（不良反应）及注意事项
小鹅瘟活疫苗(SYG41-50株)	湿苗为无色或淡红色澄明液体，静置后，可能有少许沉淀物。冻干苗为淡黄色或淡红色海绵状疏松团块，易与瓶壁脱离，加稀释液后迅速溶解	用于预防雏鹅小鹅瘟	冻干剂；500羽份/瓶、1000羽份/瓶	皮下注射，每只0.1毫升(1羽份)。适用于未经免疫的种鹅所产雏鹅，或免疫后期(100日后)的种鹅所产雏鹅。按瓶签注明羽份用灭菌生理盐水稀释，在雏鹅出壳后48小时内进行接种	一般无可见的不良反应。疫苗稀释后应冷藏，并于当日用完；在疫区使用本疫苗时，雏鹅接种后需隔离饲养9日，防止在未产生免疫力之前感染小鹅瘟强毒而造成保护率下降；针头和注射器等用具，用前需经高压或煮沸消毒；用过的疫苗瓶、器具和稀释后剩余的疫苗等污染物必须消毒处理。在－15℃以下避光保存，冻干苗有效期为2年
小鹅瘟鹅胚化活疫苗(SYG26-35株)	湿苗为无色或淡红色澄明液体，静置后，可能有少许沉淀物。冻干苗为淡黄色或淡红色海绵状疏松团块，易与瓶壁脱离，加稀释液后迅速溶解	用于接种种鹅，预防其子代的小鹅瘟	冻干剂；每瓶200羽份、300羽份、500羽份	肌内注射，每只1.0毫升(1羽份)。按瓶签注明的羽份用灭菌生理盐水稀释，在产蛋前15日左右进行接种	一般无可见的不良反应。疫苗稀释后应冷藏，并于当日用完；在疫区使用时，雏鹅接种后需隔离饲养9日，防止在未产生免疫力之前感染小鹅瘟强毒而造成保护率下降；注射疫苗用的针头和注射器等用具，用前需经高压或煮沸消毒；用过的疫苗瓶、器具和稀释后剩余的疫苗等污染物必须消毒处理。在－15℃以下避光保存，冻干苗有效期为2年
鹅副黏病毒病油乳剂灭活苗	乳白色均匀乳剂	用于预防鹅副黏病毒病	乳剂；250毫升/瓶	14～16日龄雏鹅肌内注射0.3毫升/只。青年鹅和成年鹅肌内注射0.5毫升/只	有效期6个月；放置在4～20℃常温保存，勿冻结，保存期为1年

续表

名称	性状	适应证	制剂与规格	用法与用量	药物相互作用(不良反应)及注意事项
雏鹅新型病毒性肠炎-小鹅瘟二联弱毒疫苗	淡红色海绵状疏松固体，稀释后即溶解成均匀的混悬液。湿苗冻结后为淡黄色或淡红色固体	预防雏鹅新型病毒性肠炎和小鹅瘟。专供产蛋前母鹅免疫用，雏鹅一般不使用此疫苗	冻干苗	一般疫苗每瓶5毫升，稀释成500毫升，每只肌内注射1毫升。每只母鹅每年注射2次	在母鹅产蛋前15～30天内注射该疫苗，其后210天内所产的蛋孵出的雏鹅95%以上能获得抵抗小鹅瘟的能力；稀释后的疫苗放在阴暗处，限6小时内用完。雏鹅和不健康的鹅群不能注射该疫苗
禽多杀性巴氏杆菌病活疫苗(G190E40株)	乳白色海绵状疏松团块，易与瓶壁脱离	用于预防3月龄以上的鸡、鸭、鹅多杀性巴氏杆菌病	冻干剂；每瓶50羽份、100羽份、200羽份、400羽份、500羽份	肌内注射。按瓶签注明的羽份，用20%铝胶生理盐水稀释，每只接种0.5毫升(1羽份)	注射疫苗后，可能有不同程度的反应，表现减食，精神较差，一般2～3日后恢复。产蛋鹅只注射疫苗后产蛋略有减少，几日内即可恢复。病鹅、体弱和使用抗生素后未超过5天者，不宜接种本疫苗；疫苗稀释后放冷暗处，应在4小时内用完；在疫区接种前，应先做小群试验，无重反应时，再扩大使用；接种时，应执行常规无菌操作；严防散毒，使用过的疫苗瓶、器具和稀释后剩余的疫苗等应消毒处理
鹅蛋子瘟灭活苗	采用免疫原性良好的鹅体内分离的大肠杆菌菌株在培养基上培养，经甲醛溶液灭活后，加适量氢氧化铝胶制成	预防产蛋母鹅卵黄性腹膜炎，即蛋子瘟	乳剂，每瓶100毫升、200毫升、500毫升	种鹅产蛋前半个月注射本疫苗，每只胸部肌内注射1毫升	免疫有效期：4个月左右。放置在10～20℃阴冷干燥处保存，有效期为1年

三、疫苗的管理及使用

生产中，由于疫苗的运输、保管和使用不当引起免疫失败的情况时有发生，在使用过程中应注意以下方面。

（一）疫苗运输和保管得当

疫苗应低温保存和运输，避免高温和阳光直射，在夏季天气炎热时尤其重要；不同种类、不同血清型、不同毒株、不同有效期的疫苗应分开保存，先用有效期短的后用有效期长的。保存温度应适宜，弱毒苗在冷冻状态下保存，灭活苗应在冷藏状态下保存。

（二）疫苗剂量适当

疫苗的剂量不足，不足以刺激机体产生足够的免疫效应，剂量过大可能引起免疫麻痹或毒性反应，所以疫苗使用剂量应严格按产品说明书进行。目前很多人为保险而将剂量加大几倍使用，是完全没有必要甚至是有害的（紧急免疫接种时需要4～5倍量）。大群免疫或饮水免疫接种时为预备免疫等过程中的一些浪费，可以适当增加20%～30%的用量。过期或失效的疫苗不得使用，更不得用增加剂量来弥补。

（三）疫苗稀释科学

稀释疫苗之前应对使用的疫苗逐瓶检查，尤其是名称、有效期、剂量、封口是否严密、是否破损和吸湿等；对需要特殊稀释的疫苗，应用指定的稀释液，如马立克病疫苗有专用稀释液。而其他的疫苗一般可用生理盐水或蒸馏水稀释。大群饮水或气雾免疫时应使用蒸馏水或去离子水稀释，注意通常的自来水中含有消毒剂，不宜用于疫苗的稀释；稀释液应是清凉的，这在天气炎热时尤应注意。稀释液的用量在计算和称量时均应细心和准确；稀释过程应避光、避风尘和无菌操作，尤其是注射用的疫苗应严格无菌操作；稀释过程中一般应分级进行，对疫苗瓶一般应用稀释液冲洗2～3次，疫苗放入稀释器皿中要上下振摇，力求稀释均匀；稀释好的疫苗应尽快用完，尚未使用的疫苗也应放在冰箱或冰水桶中冷藏。

第三节　免疫接种途径

鹅群常用的免疫接种方法是注射法，有时也用滴眼滴鼻法，见表 4-2。

表 4-2　免疫接种方法及注意事项

方法	特点	注意事项
肌内或皮下注射	剂量准确、效果确实，但耗费劳力较多，应激较大	①疫苗稀释液应是经消毒而无菌的，一般不要随便加入抗菌药物。②疫苗的稀释和注射量应适当，量太小则操作时误差较大，量太大则操作麻烦，一般以每只 0.2～1 毫升为宜。③使用连续注射器注射时，应经常核对注射器刻度容量和实际容量之间的误差，以免实际注射量偏差太大。④注射器及针头用前均应消毒；⑤皮下注射部位一般选在颈部背侧，肌内注射部位一般选在胸肌或肩关节附近肌肉丰满处。⑥针头插入的方向和深度也应适当，在颈部皮下注射时，针头方向应向后向下，针头方向与颈部纵轴基本平行。对雏鹅的插入深度为 0.5～1 厘米，日龄较大的鹅可为 1～2 厘米。胸部肌内注射时，针头方向应与胸骨大致平行，插入深度在雏鹅为 0.5～1 厘米，日龄较大的鹅可为 1～1.5 厘米。⑦在将疫苗液推入后，针头应慢慢拔出，以免疫苗液漏出。⑧在注射过程中，应边注射边摇动疫苗瓶，力求疫苗均匀。⑨在接种过程中，应先注射健康群，再接种假定健康群，最后接种有病的鹅群。⑩关于是否一只鹅一个针头及注射部位是否消毒的问题，可根据实际情况而定。但吸取疫苗的针头和注射鹅的针头则应绝对分开，尽量注意卫生以防止经免疫注射而引起疾病的传播或引起接种部位的局部感染
点眼滴鼻	如操作得当，效果较确实，尤其是一些预防呼吸道疾病的疫苗。但需要较多的劳动力，对鹅会造成一定的应激	①稀释液最好用蒸馏水或生理盐水，也可用凉开水。不要随便加入抗生素。②稀释液的用量应尽量准确，根据自己所用的滴管或针头事先滴试，确定每毫升多少滴，然后再计算实际使用疫苗稀释液的用量。③为了操作准确无误，一手一次只能抓一只鹅，不能一手同时抓几只鹅。④在滴入疫苗之前，应把鹅的头颈摆成水平位置(一侧眼鼻朝天，一侧眼鼻朝地)，并用一只手指按住向地面一侧的鼻孔。⑤在将疫苗液滴加到眼和鼻上以后，应稍停片刻，待疫苗液确已吸入后再将鹅轻轻放回地面。⑥应注意做好已接种鹅和未接种鹅之间的隔离，以免走乱。⑦为减少应激，最好在晚上接种，如天气阴凉也可在白天适当关闭门窗后，在稍暗的光线下进行接种

第四节　免疫程序的制定

一、免疫程序

规模化鹅场根据本地区、本场疫病发生情况（疫病流行种类、季节、易感日龄）、疫苗性质（疫苗的种类、免疫方法、免疫期）和其他情况制定的适合本场的一个科学的免疫计划称作免疫程序。没有一个免疫程序是通用的，而生搬硬套别人现成的程序也不一定能获得最佳的免疫效果，唯一的办法是根据本场的实际情况，参考别人已成功的经验，结合免疫学的基本理论，制定适合本地或本场的免疫程序。

二、制定免疫程序应考虑的因素

制定免疫程序时，一要考虑本地或本场的疾病疫情，对本地和本场尚未证实发生的疾病，必须证明确实已受到严重威胁时才能计划接种，对强毒型的疫苗更应非常慎重，非不得以不引进使用。二要考虑母源抗体的影响，特别是雏鹅。三要考虑不同疫苗之间的干扰和接种时间的科学安排。四要考虑疫苗毒（菌）株的血清型、亚型或株的选择。疫苗剂型的选择，如活苗或灭活苗、湿苗或冻干苗、细胞结合型疫苗和非细胞结合型疫苗之间的选择等。五要考虑疫苗的产地、疫苗剂量和稀释量的确定、不同疫苗或同一种疫苗的不同接种途径的选择、某些疫苗的联合使用、同一种疫苗根据毒力先弱后强的安排及同一种疫苗先活苗后灭活油乳剂疫苗的安排。六要考虑根据免疫监测结果及突发疾病的发生所作的必要修改和补充等。

三、参考免疫程序

鹅的参考免疫程序见表 4-3。

表 4-3　鹅的参考免疫程序

日龄	病名	疫苗	接种方法	剂量/毫升
1 日龄	小鹅瘟	抗小鹅瘟病毒血清或精制抗体	肌内或皮下注射	0.5

续表

日龄	病名	疫苗	接种方法	剂量/毫升
7日龄	小鹅瘟	抗小鹅瘟病毒血清或精制抗体或小鹅瘟疫苗	肌内或皮下注射	0.5(0.1)
			胸肌注射	0.3～0.5
14日龄	鹅副黏病毒病	鹅副黏病毒蜂胶灭活疫苗	胸肌注射	0.5
20日龄	禽流感	高致病性禽流感灭活疫苗	肌内或皮下注射	0.5
25日龄	鹅鸭瘟	鸭瘟弱毒疫苗	胸肌注射	0.5
30日龄	禽霍乱、大肠杆菌	禽霍乱与大肠杆菌病多价蜂胶灭活疫苗	胸肌注射	0.5
60～70日龄	鹅副黏病毒病	鹅副黏病毒蜂胶灭活疫苗	胸肌注射	0.5
	禽流感	高致病性禽流感灭活疫苗	胸肌注射	0.5
150～160日龄	鹅副黏病毒病	鹅副黏病毒蜂胶灭活疫苗	胸肌注射	0.5
	禽流感	高效病性禽流感灭活疫苗	胸肌注射	1
160日龄	小鹅瘟	种鹅用小鹅瘟疫苗	胸肌注射	1
180日龄	大肠杆菌	鹅蛋子瘟蜂胶灭活疫苗	胸肌注射	1～2
190日龄	禽霍乱、大肠杆菌	禽霍乱与大肠杆菌病多价蜂胶灭活疫苗	胸肌注射	0.5
270～280日龄	鹅副黏病毒病	鹅副黏病毒蜂胶灭活疫苗	胸肌注射	0.5
	禽流感	高致病性禽流感灭活疫苗	胸肌注射	1
290日龄	小鹅瘟	种鹅用小鹅瘟疫苗	胸肌注射	1～2
320日龄	禽霍乱、大肠杆菌	禽霍乱与大肠杆菌病多价蜂胶灭活疫苗	胸肌注射	1
360日龄	大肠杆菌	鹅蛋子瘟蜂胶灭活疫苗	胸肌注射	1～2

注：1. 对于有鹅新型病毒性肠炎的地区，1～3日龄可以使用抗雏鹅新型病毒性肠炎病毒-小鹅瘟二联高免血清或高免抗体1～1.5毫升皮下注射。种鹅亦可于160日龄用雏鹅新型病毒性肠炎病毒-小鹅瘟二联弱毒疫苗肌内注射，280～290日龄加强免疫一次。

2. 不同品种鹅开产日龄不同，因此，免疫时间应进行适当调整。

3. 商品仔鹅90日龄左右出栏，一般只进行30日龄前的免疫。

第五节　免疫效果的检测

免疫效果可以通过免疫监测结果来评价。免疫检测一般采用血清学方法，必要时也可在实验室内用强毒攻击已免疫家禽的方法。常用的血清学方法有红细胞凝集抑制试验、琼脂扩散试验、中和试验和 ELISA 等。抽检家禽的样品数一般以一群（栏、舍）总数的2%计，但最少不得少于 30 份。监测时间和次数可根据实际而定，一般首次检测在接种后 14～21 天，以后每隔 1～3 个月检测一次。对于免疫后家禽抗体滴度的要求，目前尚未有一个统一公认的标准，禽场可根据资料及本场情况，确定几种主要传染病的最低抗体要求。对被检样品的抗体滴度，既要看几何平均值，也要看低于最低保护滴度以下的数量，即使平均滴度比较高，但仍有一定比例的被检血清滴度低于临界保护滴度时，则必须进行加强免疫接种。如采用实验室内攻毒保护试验监测免疫效果，必须送到禽场外相关实验室进行，被检测的家禽不得少于 10 只，最好应有 30 只以上。用半数致死量的强毒，通过最敏感的接种途径攻毒，攻毒后观察 10～14 天，统计发病数和死亡数，可比较准确地了解免疫效果。

第六节　提高免疫效果的措施

生产中鹅群接种了疫苗不一定能够产生足够的抗体来避免或阻止疾病的发生，因为影响免疫效果的因素很多。必须了解影响免疫效果的因素，有的放矢，提高免疫效果，避免和减少传染病的发生。

一、注重疫苗的选择和使用

（一）疫苗要优质

疫苗是国家专业定点生物制品厂严格按照农业部颁发的生制品规程进行生产，且符合质量标准的特殊产品，其质量直接影响免疫效果。如使用非 SPF 动物生产、病毒或细菌的含量不足、冻干或密封不佳、油乳剂疫苗水分层、氢氧化铝佐剂颗粒过粗、生产过程污染、生产程序出现错误及随疫苗提供的稀释剂质量差等都会影响免疫的效果。

（二）正确贮运疫苗

疫苗运输保存应有适宜的温度，如冻干苗要求低温保存运输，保存期限不同要求的温度不同，不同种类的冻干苗对温度也有不同要求；灭活苗要低温保存，不能冻结。如果疫苗在运输或保管中因温度过高或反复冻融，油佐剂疫苗被冻结、保存温度过高或已超过有效期等都可使疫苗减效或失效。从疫苗产出到接种的各个过程不能严格按规定进行，就会造成疫苗效价降低，甚至失效，影响免疫效果。

（三）科学选用疫苗

疫苗种类多，免疫同一疾病的疫苗也有多种，必须根据本地区、本场的具体情况选用疫苗，盲目选用疫苗可能造成免疫效果不好，甚至诱发疫病。如果在未发生过某种传染病的地区（或鹅场）或无进行基础免疫，幼龄鹅群使用强毒活苗可能引起发病。许多病原微生物有多个血清型、血清亚型或基因型，选择的疫苗毒株如与本场病原微生物存在太大差异时或不属于一个血清亚型，大多不能起到保护作用。存在强毒株或多个血清（亚）型时仍用常规疫苗，免疫效果不佳。

二、增强鹅体的免疫能力

鹅体是产生抗体的主体，动物机体对接种抗原的免疫应答在一定程度上会受到遗传控制，同时其他因素会影响抗体的生成，要提高免疫效果，必须考虑鹅体对疫苗的反应。

（一）减少应激

应激因素不仅影响鹅的生长发育、健康和生产性能，而且对鹅的免疫机能也会产生一定影响。免疫过程中强烈应激原的出现常常导致不能达到最佳的免疫效果，使鹅群的平均抗体水平低于正常。如果环境过冷或过热、通风不良、湿度过大、拥挤、抓提转群、震动噪声、饲料突变、营养不良、疫病或其他外部刺激等应激原作用于鹅导致鹅神经、体液和内分泌失调，肾上腺皮质激素分泌增加、胆固醇减少和淋巴器官退化等，免疫应答差。

（二）考虑母源抗体水平

母源抗体可保护雏鹅早期免受各种传染病的侵袭，但由于种种原因，如种蛋来自日龄、品种和免疫程序不同的种鹅群，种鹅群的抗体水平低或不整齐，母源抗体水平不同等，会干扰后天免疫，影响免疫效果，母源抗体过高时免疫，疫苗抗原会被母源抗体中和，不能产生免疫力。母源抗体过低时免疫，会产生一个免疫空白期，易受野毒感染而发病。

（三）注意潜在感染

由于鹅群内已感染了病原微生物，未表现明显的临床症状，接种后激发鹅群发病，鹅群接种后需要一段时间才能产生比较可靠的免疫力，这段时间是一个潜在危险期，一旦有野毒入侵，就有可能导致疾病发生。

（四）维持鹅群健康

鹅群体质健壮，健康无病，对疫苗应答强，产生抗体的水平高。如体质弱或处于疾病痊愈期时进行免疫接种，疫苗应答弱，免疫效果差。机体的组织屏障系统和黏膜被破坏，也影响机体免疫力。

（五）避免免疫抑制

鹅某些因素作用于机体，损害鹅体的免疫器官，造成免疫系统破坏和功能低下，影响正常免疫应答和抗体产生，形成免疫抑制。免疫抑制会影响体液免疫、细胞免疫和巨噬细胞的吞噬功能这三大免疫功能，从而造成免疫效果不良，甚至失效。免疫抑制的主要原因有以下几种。

（1）传染性因素　禽白血病、禽流感、网状内皮组织增生症、鹅副黏病毒病等疾病，由于都能不同程度地侵害禽类的免疫系统，故可以引起免疫抑制。如禽白血病病毒（ALV）感染导致淋巴样器官萎缩和再生障碍，抗体应答下降。同时，B淋巴细胞成熟过程被中止，抑制性T淋巴细胞发育受阻。网状内皮组织增生症病毒（REV）感染，机体的体液免疫和细胞应答常常降低。

（2）营养因素　日粮中的多种营养成分是维持家禽防御系统正

常发育和机能健全的基础，免疫系统的建立和运行需要一部分营养。机体的免疫器官和免疫组织在抗原物质刺激下，产生抗体和致敏淋巴细胞。如果日粮营养成分不全面，采食量过少或发生疾病，使营养物质的摄取量不足，特别是维生素、微量元素和氨基酸供给不足，可导致免疫功能低下。如断水断料，免疫器官重量减轻，脾脏内淋巴细胞数量减少，造成机体免疫力下降。蛋白质缺乏可导致机体组织屏障萎缩，黏膜分泌减少，补体、转铁蛋白和干扰素生成降低，免疫力和抗病力降低。蛋氨酸影响血液 IgG 的含量和淋巴细胞转化率，苏氨酸是 IgG 合成的第一限制性氨基酸，缬氨酸影响鹅的体液免疫。维生素 A 缺乏可减弱抗体反应，引起淋巴器官和组织中淋巴细胞耗竭，导致胸腺和法氏囊发育受阻。维生素 E 可通过视黄酸受体，增加细胞抗原特异性反应。缺锌导致胸腺、脾脏和淋巴系统皮质过早退化，对胸腺依赖性抗体应答急剧下降。缺硒时，动物巨噬细胞的吞噬能力和细胞免疫功能下降，并能抑制淋巴细胞的反应能力。铜、锰、镁、碘等缺乏都会导致免疫机能下降，影响抗体产生。另外，一些维生素和元素的过量也会影响免疫效果，甚至发生免疫抑制。

(3) 药物因素　如饲料中长期添加氨基苷类抗生素会削弱免疫抗体的生成。大剂量链霉素有抑制淋巴细胞转化的作用；饲料中长期使用四环素类抗生素，抑制体内抗体生成；新霉素气雾剂对家禽 ILV 的免疫有明显抑制作用；庆大霉素和卡那霉素对 T、B 淋巴细胞的转化有明显的抑制作用；另外，糖皮质类激素有明显的免疫抑制作用，地塞米松可激发法氏囊淋巴细胞死亡，减少淋巴细胞的产生。临床上使用剂量过大或长期使用，会造成难以觉察到的免疫抑制。

(4) 有毒有害物质　重金属元素，如镉、铅、汞、砷等可增加机体对病毒和细菌的易感性，一些微量元素过量也可以导致免疫抑制。黄曲霉毒素可以使胸腺、法氏囊、脾脏萎缩，抑制 IgG、IgA 的合成，导致免疫抑制。

(5) 应激因素　应激状态下，免疫器官对抗原的应答能力降低，同时，机体要调动一切力量来抵抗不良应激，使防御机能处于一种较弱的状态，这时接种疫苗就很难产生应有的坚强的免疫力。

三、正确的免疫操作

（一）合理安排免疫程序

安排免疫接种时要考虑疾病的流行季节、鹅对疾病的敏感性、当地或本场疾病威胁、鹅品种或品系之间的差异、母源抗体的影响、疫苗的联合或重复使用的影响及其他人为因素、社会因素、地理环境和气候条件等，以保证免疫接种效果。如当地流行严重的疾病没有列入免疫接种计划或没有进行确切免疫，在流行季节没有加强免疫就可能导致感染发病。

（二）确定恰当的接种途径

每一种疫苗均具有其最佳接种途径，如随便改变可能会影响免疫效果，鹅免疫接种常用的途径是注射法。

（三）正确稀释疫苗和免疫操作

（1）保持适宜的接种剂量　在一定限度内，抗体的产量随抗原的用量而增加，如果接种剂量（抗原量）不足，就不能有效刺激机体产生足够的抗体。但接种剂量（抗原量）过多，超过一定的限度，抗体的形成反而受到抑制，这种现象称为“免疫麻痹”。所以，必须严格按照疫苗说明或兽医指导接入适量的疫苗。有些养鹅场超剂量多次注射免疫，这样可能引起机体免疫麻痹，往往达不到预期的效果。

（2）科学安全地稀释疫苗　冻干疫苗使用前均需用稀释液进行稀释，除马立克苗使用专用稀释液和禽霍乱及其联苗（Ⅰ系霍乱、鸭瘟霍乱）用铝胶水稀释外，其他活苗均可用灭菌生理盐水、蒸馏水或冷开水稀释。稀释用水不得含有任何消毒剂及消毒离子；不得用自来水直接稀释疫苗，应通过去离子处理；不得用污染病原微生物的井水直接稀释疫苗，应煮沸后充分冷却再使用。

（3）准确的免疫操作　点眼滴鼻时放鹅过快，药液尚未完全吸入；注射免疫时剂量没调准确或注射过程中发生故障或其他原因，疫苗注入量不足或未注入体内等可导致免疫失败。

（4）保持免疫接种器具洁净　免疫器具如滴管、注射器和接种人员消毒不严，带入野毒引起鹅群在免疫空白期内发病。免疫后的废弃疫苗和剩余疫苗未及时处理，在鹅舍内外长期存放也可引起鹅群感染发病。

（四）注意疫苗之间的干扰作用

严格地说，多种疫苗同时使用或在相近时间接种时，疫苗病毒之间可能会产生干扰作用。

（五）避免药物干扰

如抗生素对弱毒活菌苗的作用，病毒灵等抗病毒药对疫苗的影响。一些人在接种弱毒活菌苗期间，如接种霍乱弱毒菌苗时使用抗生素，就会明显影响菌苗的免疫效果；在接种病毒疫苗期间使用抗病毒药物如病毒唑、病毒灵等也可能影响疫苗的免疫效果。

四、保持良好的环境条件

如果鹅场隔离条件差，卫生消毒不严格，病原污染严重等，都会影响免疫效果。如雏鹅舍在进鹅前清洁消毒不彻底，有些病毒在育雏舍内滋生繁殖，就可能导致免疫效果差。大肠杆菌严重污染的鹅场，卫生条件差，空气污浊，即使接种大肠杆菌疫苗，大肠杆菌病也可能发生。所以，必须保持良好的环境卫生条件，以提高免疫接种的效果。

第五章　规模化鹅场的药物使用

第一节　药物的概念、来源、剂型与剂量

一、药物的概念

药物（兽药）是用于预防、诊断和治疗畜禽疾病并提高畜禽生产的物质。它还包括能促进动物生长繁殖和提高生产性能的物质。

毒物指对动物机体能产生损害作用的物质。药物超过一定的剂量或长期使用也可对机体产生有害作用。某些小剂量毒物在特定条件下使用也起防治疾病的作用。所以药物和毒物没有绝对的界限。

药物有天然药物和人工合成药物两大类。如果选药不当、剂量过大、用法错误或用药时间过长等，对机体也能产生毒害作用。目前，市场上养鹅药物分为以下几类：用于预防、治疗和诊断鹅群疾病的生物制品类药物；用于鹅场环境及种蛋等的消毒防腐药物；用于构成饲料成分的饲料添加剂类药物；用于预防、治疗鹅只疾病的各种抗生素和其他化学合成药物；用于抗寄生虫及鹅场常用解毒急救药物等。饲料添加剂类在第二章有所提及，消毒防腐药和生物制品类药物在消毒技术和免疫接种技术的相关章节已经介绍，这里不再赘述。

二、药物的来源

药物的来源见表 5-1。

表 5-1　药物的来源

来源		特　　性
天然药物	植物性药物	利用植物的根、茎、叶、皮、花、果实和种子等经过加工而制成的。本类药物是天然药物中应用最广和历史最悠久的药物。如黄连、甘草、人参等

续表

来源		特性
天然药物	动物性药物	是利用动物的整体或部分组织器官或其排泄物，经过加工或提炼而制成的。如鳖甲、胃蛋白酶、牛黄等
	矿物性药物	是直接利用原矿物或经过加工而制成的。如碘、硫酸钠等
	抗生素类	是从生物(如微生物)产生或提取出来的一种化学物质。主要用来对抗致病微生物，如青霉素、链霉素、四环素、灰黄霉素等
	生物药品	是利用现代微生物学和免疫学技术制造出来的药物。本类药物在预防和治疗传染病方面起着重要作用。如疫苗、血清、抗毒素等
人工合成和半合成药物		人工化学合成的或是在天然化学物质的基础上加入某些化学基团后合成的。如磺胺类药物、敌百虫和半合成的新青霉素等

三、药物的剂型

根据药典、药品规范或处方手册等收载的处方制成具有一定浓度和规格的便于使用的制品，称为制剂。药物制剂的形态、类别称为剂型。兽医药物的剂型，按形态可分为液体剂型、半固体剂型和固体剂型（见表5-2)。

表5-2 药物的剂型及特征

剂型		特性
液体剂型	溶液剂	是不挥发性药物的澄明液体。药物在溶剂中完全溶解，不含任何沉淀物质。可供内服或外用。如氧氟沙星溶液、氯化钠溶液等
	注射剂(亦称针剂)	是指灌封于特制容器中的专供注射用的无菌溶液、混悬液、乳浊液或粉末(粉针)。如5%葡萄糖注射液、青霉素钠粉针等
	合剂	是两种或两种以上药物的澄明溶液或均匀混悬液。多供内服，如胃蛋白酶合剂
	煎剂	是指生药(中草药)加水煮沸所得的水溶液。如槟榔煎剂
	酊剂	指生药或化学药物用不同浓度的乙醇浸出或溶解而制成的液体剂型。如龙胆酊、碘酊
	醑剂	是挥发性药物的乙醇溶液。如樟脑醑
	搽剂	指刺激性药物的油性、皂性或醇性混悬液或乳状液。如松节油搽剂
	流浸膏剂	是将生药的醇或水浸出液经浓缩后的液体剂型。通常每毫升相当于原生药1克
	乳剂	指两种以上不相混合的液体，加入乳化剂后制成的均匀乳状液体。如外用磺胺乳

续表

剂型		特性
半固体剂型	软膏剂	是药物和适宜的基质均匀混合制成的具有适当稠度的膏状外用制剂，如鱼石脂软膏。供眼科用的灭菌软膏称眼膏剂，如四环素眼膏
	糊剂	是大量粉末状药物与脂肪性或水溶性基质混合制成的一种外用制剂。如氧化锌糊剂
	舔剂	由药物和赋形剂(如水或面粉等)混合制成的一种黏稠状或面团状制剂
	浸膏剂	是生药的浸出液经浓缩后的膏状或粉状的半固体或固体剂型。通常浸膏剂每克相当于原药材2～5克，如甘草浸膏等
固体剂型	散剂	是一种或一种以上的药物均匀混合而成的干燥粉末状剂型。如健胃散、消炎粉等
	片剂	指一种或一种以上药物与赋形剂混匀后，经压片机压制而成的含有一定药量的扁圆形制剂。如土霉素片
	丸剂	是药物与赋形剂制成的圆球状内服固体制剂。中药丸剂又分蜜丸、水丸等
	胶囊剂	指将药粉或药液装于空胶囊中制成的一种剂型。供内服或腔道塞用。如四氯化碳胶囊、消炎痛胶囊等
	预混剂	指一种或多种药物加适宜的基质均匀混合制成的供添加于饲料的粉末制剂。如氨丙啉预混剂等

四、药物的剂量

药物的剂量，是指药物产生防治疾病作用所需的用量。在一定范围内，剂量愈大，药物在体内的浓度愈高，作用也就愈强。如果剂量很小，达不到防治疾病的效果，称为无效量。药物达到开始出现治疗作用的剂量称为最小有效剂量或阈剂量。比最小有效剂量大，临床上常用于防治疾病，既可获得明显疗效而又比较安全的剂量称为治疗量或常用量。治疗量达到最大治疗作用但尚未引起毒性反应的剂量称为极量。超过极量，引起机体毒性反应的剂量，称为中毒量。引起毒性反应的最小剂量称为最小中毒量。超过中毒量，能引起死亡的剂量称为致死量。

在实验研究中，常测定半数有效量和半数致死量，以此评价药物的治疗作用与毒性反应。半数有效剂量是指在一群动物中引起50％的动物阳性反应或有效的剂量，用 ED_{50} 表示。半数致死量是指在一群动物中引起50%的动物死亡的剂量，用LD_{50}表示。LD_{50}/ED_{50}的比值称为药物治疗指数，从该指数的大小可以估算一个药物的安全程度。治疗指数越大，表示药物的安全程度越大。中西药物剂量和浓度的计量单位见表5-3。

表5-3　中西药物剂量和浓度的计量单位

类别	单位及表示方法	说明
重量单位	公斤或千克(kg)、克(g)、毫克(mg)、微克(μg)，为固体、半固体剂型药物的常用剂量单位。其中以"克"作为基本单位或主单位	1千克＝1000克 1克＝1000毫克 1毫克＝1000微克
容量单位	升(L)、毫升(ml)：为液体剂型药物的常用剂量单位。其中以"毫升"作为基本单位或主单位	1升＝1000毫升
浓度单位	100份液体或固体物质中所含药物的份数	100毫升溶液中含有药物若干克(g/100ml)
		100克制剂中含有药物若干克(g/100g)
		100毫升溶液中含有药物若干毫升(ml/100ml)
比例浓度	(1∶x)，指1克固体或1毫升液体药物加溶剂配成x毫升溶液。如1∶2000的洗必泰溶液	如溶剂的种类未指明时，都是指的蒸馏水
其他	单位(U)、国际单位(IU)：有些抗生素、激素、维生素、抗毒素(抗毒血清)、疫苗等的常用剂量单位	这些药物需经生物检定其作用强弱，同时与标准品比较，以确定检品药物一定量中含多少效价单位。凡是按国际协议的标准检品测得的效价单位，均称为国际单位(IU)

第二节　鹅的用药特点及用药方法

一、用药特点

鹅与哺乳类比较，在解剖生理、生化代谢、遗传繁殖等方面，有明显的差异。它们对药物的敏感性、反应性和药物的体内过程，既遵循共同的药理学规律，又存在着各自的种属差异。特别是在集约化饲养条件下，行为变化、群体生态和环境因素都对药物作用的发挥产生很大的影响。

（一）解剖生理方面

鹅没有牙齿，舌黏膜的味觉乳头较少，饲料又不在口腔停留，鹅对苦味药食品照食不误。因此消化不良时，不采用苦味健胃药而使用大蒜、醋酸等助消化药；服用具有苦味或其他异味药物时，不影响采食和饮水；对咸味也无鉴别能力，嗅觉功能也较差，常会无鉴别地挑食饲料中的盐粒而造成腹泻、脱水、血液浓稠等中毒症状，因此在饲料中添加氯化钠、乳酸钠、碳酸氢钠和丙酸钠等盐类时，要严格掌握添加比例和粒度，以防中毒。

鹅不会呕吐，饲料或药物中毒时用催吐药无效，可施切开术，或用盐类泻药，以促使毒物排泄。鹅的食管入胸部扩大成为纺锤形的食管扩大部，是饲料暂时停留的场所，可从嗉囊注射给药，但应注意对微生物区系的影响。

鹅的胃由腺胃和肌胃两部分组成。腺胃能分泌酸性胃液。肌胃中的沙砾是不可缺少的，有利于片剂的崩解。鹅胃液 pH 值为 3～4.5，胆汁亦为酸性，两者中和碱性的胰液和肠液（家禽肠液的 pH 值为 7.5～8.4），使小肠保持近于中性的环境（pH6～6.9），使那些易受酸碱破坏的药物也能经口给药。在生产实践中，常将青霉素给鹅混饮，以防治敏感菌消化道感染或继发感染，其原理也在于此。

鹅小肠的逆蠕动比哺乳动物强。在用硫酸镁、硫酸钠等盐类泻药解救有机化合物中毒时，其对这些盐类的浓度很敏感。盐类浓度在 8％时会增加肠的逆蠕动而导致肌胃痉挛，延缓泻下，甚至造成新的药物中毒，故浓度必须控制在 5％以下。

鹅大肠吸收维生素 K 的能力极差，在生产中添加磺胺类药物控制球虫病的同时，也使合成维生素 K 的微生物受到抑制。因此，鹅易发生维生素 K 缺乏症。治疗球虫病时添加维生素 K 能控制血痢。

鹅的肠道短，蠕动紧张，内容物在肠管停留时间短、通过速度快，较难吸收药物，药效维持时间短。

鹅的肝肾重量与体重比大（肝脏占体重的1.5%～3.6%），但肾小球结构简单，一般仅2～3个动脉袢，有效滤过面积小，药物在体内代谢较快，对以原型经肾脏排泄的药物（如链霉素、新霉素）较为敏感。对磺胺类药物的吸收率比其他动物要高，加之肾小球有效滤过面积小，当磺胺类药物的剂量偏大或用药时间较长时，特别是纯种鹅或雏鹅，会发生强烈的毒性反应。雏鹅出现脾脏肿大、出血、梗死。在用磺胺类药物治疗鹅肠炎、球虫病、霍乱、传染性鼻炎时，应选用乙酰化率低、蛋白结合率低、乙酰化溶解度高、容易排泄的品种。同时，合用碳酸氢钠能促进磺胺类药物的排泄。应用复方制剂还可减少单个磺胺类药物的分量，减低毒性反应。

鹅的呼吸系统有特殊的气囊结构（9个气囊），气体交换在呼吸性细支气管进行，呼吸膜薄，仅为人的1/5，有效交换面积大（鹅为18.3厘米^2/克），高于人类的10倍以上，在吸气和呼气时，都能进行气体交换。气囊结构可扩大药物吸收面积，增强药物吸收量，因此对鹅用气雾法给药，可获得比较理想的效果；鹅不会咳嗽，对呼吸道疾病，使用镇咳药不起作用，而应选用化痰药和抗菌消炎药。

雏禽的血脑屏障发育健全之前，有些药物（如氯化钠）较易通过该屏障进入脑组织而导致中毒。但鹅有排盐的鼻腺，故对氯化钠敏感性降低。鹅进入产卵期时，在骨髓腔形成特殊的骨髓骨，是钙的贮存库和蛋壳钙的供给源。

（二）生化代谢方面

（1）新陈代谢旺盛　鹅基础代谢强度很高，由于新陈代谢旺盛，药物在体内转运、转化速度较快，药效维持时间短，一般不易蓄积中毒。

（2）生长发育迅速　与家畜比较，鹅的生长速度更快，2月龄时的平均体重比初生重增加的倍数为27.7倍。说明鹅的生产性能极高，这是利用饲料添加剂的生理基础。

（3）某些功能特殊　鹅的盲肠发达，有微生物栖居，鹅的消化液能分解纤维素，在应用抗生素时应注意。家禽尿液在多数情况下呈酸性，雄禽尿液pH值为6.4，雌禽在产卵期间，当钙沉积形成蛋壳时，尿液 pH 值为 5.3，产蛋后钙停止沉积，尿液 pH 值为 7.6。所以，在应用磺胺类药物时，应佐以碳酸氢钠，以减少磺胺类药物及其代谢物乙酰化磺胺结晶对肾脏的损伤。换羽是家禽特有的生物学现象，新陈代谢紊乱、营养缺乏或不平衡等应激因素，可引发换羽。在集约化养禽业中，利用激素、饲喂高锌或低钙及低食盐饲粮，可实现强制换羽，有利于恢复母禽体质，改善蛋的品质，延长母禽的经济寿命。

（4）容易产生应激　鹅对环境因素的变化反应敏感，免疫接种、运输、称重、转群、更换饲料、噪声、高温等，都能引起应激反应。因此，应注意饲粮的全价性，当变更饲养制度、实施兽医或畜牧技术措施前，宜应用抗应激添加剂。

热应激时，鹅的呼吸频率很高，蒸发散热的作用也很微弱。应用氯丙嗪等镇静和降低体温的药物，虽能减少部分鹅只死亡，但可引起血压下降、血糖降低、排卵延迟，甚至造成大群停止产蛋等严重不良反应。同时，镇静药及其代谢产物的残留，对消费者危害甚大，也不得添加使用。高温时，鹅的甲状腺分泌活动降低而致产蛋量下降，应用甲状腺素制剂收效甚微，并且剂量不易掌握，常致停产、脱羽。因此，对于鹅的热应激，主要应采取通风、物理降温、维持食欲、补充维生素 C 和 B 族维生素等措施，必要时还可饮用利血平。

（5）缺乏某些酶　鹅血浆胆碱酯酶贮量很少，因此对有机磷类等抗胆碱酯酶药物非常敏感，容易中毒，驱除线虫时，最好选用左旋咪唑、苯并咪唑类和酚噻嗪；大剂量的维生素 B_1 也有抑制胆碱酯酶的作用。鹅体内缺乏羟化酶，许多主要经羟化代谢消除的药物常致鹅中毒。鹅以尿酸盐的形式排泄氨，因其缺乏形成尿素的酶，尿酸盐不易溶解，可沉积于关节、皮下、肾脏，导致痛风。饲粮蛋白质含量过高、维生素 A 缺乏及肾脏损伤时，都会出现尿酸盐在局部沉积。阿司匹林等抗痛风药物可缓解尿酸盐沉积症状。药酶也有种属差异，如鹅缺乏某些羟化酶，因此巴比妥类药物在鹅体能产生持久的中枢抑制效果。

（三）鹅对药物的敏感性

与哺乳动物比较，鹅对药物的敏感性存在较大的差异，在选用药物时应予注意。

(1) 对某些药物特别敏感　鹅对合成抗菌药物（磺胺类、硝基呋喃类、喹噁啉类）较哺乳类敏感，雏鹅尤为敏感。

(2) 对某些药物耐受性强　鹅对阿托品、士的宁、氯胺酮和左旋咪唑等有较强的耐受性。

二、用药方法

不同的药物、不同的剂量，可以产生不同的药理作用，但同样的药物，同样的剂量，如果用药方法不同也可产生不同的药理效应，甚至引起药物作用性质的改变。不同的给药方法直接影响药物的吸收速度、药效出现的时间、药物作用的程度以及药物在体内维持及排出的时间。因此，在用药时应根据机体的生理特点或病理状况，结合药物的性质，恰当地选择用药途径。

（一）拌料给药

这是现代集约化养禽业中最常用的一种给药途径，即将药物均匀地拌入料中，让鹅在采食时，同时吃进药物。该法简便易行，节省人力，减少应激，效果可靠。主要适用于预防性用药，尤其适于长期给药。但对于病重的鹅，当其食欲降低时，不宜应用。拌料给药应注意以下方面。

(1) 剂量准确　在进行混合料给药时应按照混合料给药剂量，准确、认真地计算所用药物剂量，若按鹅每千克体重给药，应严格按照鹅群鹅的体重，计算出总体重，再按照要求把药物拌进料内。这时应注意混合料是全天给药量，以免造成药量过小起不到作用或过大引起中毒现象的发生。

(2) 混料均匀　在药物与饲料混合时，必须搅拌均匀，尤其是一些安全范围较小的药物，以及用量较少的药物和毒性较大的药物（如喹乙醇），一定要均匀混合。为了保证药物混合均匀，通常采用分级混合法，即把全部用量的药物加到少量饲料中，充分混合后，再加到一定量饲料中，再充分混匀，然后再拌入到计算所需的全部饲料中。大批量饲料拌药则需更多次的逐步分级扩充，以达到充分混匀的目的。切忌把全部药量一次加入到所需饲料中，简单混合会造成部分鹅中毒而大部分鹅只吃不到药物，达不到防治疾病的目的或贻误病情。

(3) 注意不良作用　有些药物混入饲料后，可与饲料中的某些成分发生拮抗反应。这时应密切注意不良作用，尽量减少拌料后不良反应的发生，如饲料中长期使用磺胺类药物时应注意B族维生素和维生素K的补充。应用氨丙啉时应减少B族维生素的用量。

(二) 饮水给药

饮水给药也是比较常用的给药方法之一。它是指将药物溶解到鹅群的饮水中，让鹅群在饮水时饮入药物，发挥药理效应，这种方法常用于预防和治疗鹅病。尤其在鹅群发病，食欲降低而仍能饮水的情况下更为适用，但药物应该是水溶性，饮水给药应注意以下方面。

(1) 适当停水　为了保证鹅在一定时间内饮入定量的药物，起到预防和治疗效果，在用药前让鹅只停止饮水一段时间，具有一定渴感后，再放入含有药物的水让鹅在一定时间内充分喝到药水。特别是使用一些容易被破坏或失效的药物，如疫苗等。一般寒冷季节停饮3～4小时，气温较高季节停饮1～2小时。

(2) 适宜水量　为了保证全群内绝大部分鹅在一定时间内都喝到一定量的药物水，不至于由于剩水过多进入鹅体内的药物剂量不够，或加水不够，饮水不均，某些鹅缺水，而有些鹅饮水过多，所以应该严格掌握每只鹅一次饮水量，再计算全群水量，用一定系数加权后，确定全群给水量，然后按照药物浓度，准确计算用药剂量，把所需药物加到饮水中以保证药饮效果。因饮水量大小与鹅的品种，以及舍内温度、湿度、饲料性质、饲养方法等因素密切相关，所以不同鹅群，不同时期，饮水量不尽相同。

(3) 正确操作　一般来说，饮水给药主要适用于容易溶解在水中的药物，对于一些不易溶解的药物可以适当加热，加助溶剂或及时搅拌的方法，促进药物溶解，以达到饮水给药的目的；饮水免疫时，不应使用含有消毒剂的饮水和饮水用具，不宜用金属饮水器。为提高疫苗作用效果，可以在饮水加入0.5%脱脂奶粉或1%的经过煮沸的新鲜牛奶（去掉奶油）。

(三) 气雾给药

气雾给药是指使用能使药物气雾化的器械，将药物分散成一定直径的微粒，弥散到空间中，让鹅只通过呼吸道吸入体内或作用于鹅羽毛及皮肤黏膜的一种给药方法。也可用于鹅舍、孵化器以及种蛋等的消毒。使用这种方法时，药物吸收快，出现作用迅速，节省人力；但需要一定的气雾设备，且鹅舍应能密闭，用于鹅时不能使用刺激性药物。气雾给药时应注意以下方面。

（1）恰当选择药物　为了充分利用气雾给药的优点，应该恰当选择所用药物。并不是所有的药物都可通过气雾途径给药，可经气雾途径给药的药物应该无刺激性，容易溶解于水。对于有刺激性的药物不应通过气雾给药。同时还应根据用药目的不同，选用吸湿性不同的药物。若欲使药物作用于肺部，应选用吸湿性较差的药物，欲使药物主要作用于上呼吸道，就应该选用吸湿性较强的药物。

（2）准确掌握剂量　在应用气雾给药时，不可随意套用拌料或饮水给药浓度。为了确保用药效果，在使用气雾前应按照鹅舍空间情况，使用气雾设备要求，准确计算用药剂量，以免过大或过小，造成不应有的损失。

（3）控制雾粒大小　在气雾给药时，雾粒直径大小与用药效果有直接关系。气雾微粒越细，越容易进入肺泡内，但与肺泡表面的黏着力小，容易随呼气排出，影响药效。但若微粒越大，则不易进入肺部，容易落在空间或停留在鹅的上呼吸道黏膜，也不能产生良好的用药效果。同时微粒过大，还容易引起鹅的上呼吸道炎症。此外，还应根据用药目的，适当调节气雾微粒直径。如要使所用药物达到肺部，就应使用雾粒直径小的雾化器，反之，要使药物主要作用于上呼吸道，就应选用雾粒较大的雾化器。通过大量试验证实，进入肺部的微粒直径以0.5～5纳米最合适。雾粒直径大小主要是由雾化设备的设计功效和用药距离所决定。

（四）体外用药

体外用药主要指对鹅舍、鹅场环境、用具及设备、种蛋等的消毒，以及为杀灭鹅的体表寄生虫、微生物所进行的鹅体表用药。它包括喷洒、喷雾、熏蒸和药浴等不同方法。在使用外用药时应注意以下几点。

（1）注意选择药物　根据不同用药目的，选择不同的外用药物。目前常用于鹅场、鹅舍及用具消毒，以及杀灭鹅体表寄生虫的药物种类繁多，但不同的药物都具有其独特的作用特点，因此，在使用时应根据用药目的，选择一定品种药物。同时还应注意抗药性。适当调换药物，不可拘泥于某几种药物，既浪费药物，又起不到一定的作用，往往还贻误时机。如系紧急消毒，为杀灭病毒，可适当选用碱性消毒药，如氢氧化钠等，既经济又有效，而为了杀灭一些致病性芽孢菌，就应选用对芽孢作用较强的药物如甲醛等，而不应选用苯酚类药物。同样，如果是带鹅消毒，就应当选用对鹅刺激作用不大的一些消毒药，如过氧乙酸、百毒杀、抗毒威等，而不应选择刺激性较强的药物如甲醛等。使用体外杀虫药也是如此，应根据所要杀灭的寄生虫的特点，选择有关的药物。这样就能做到有的放矢，收到立竿见影的效果。

（2）注意用药浓度　按照不同的作用强度，选择最佳用药浓度。常用的消毒药及杀虫药除了具有杀灭寄生虫、微生物等作用外，一般对机体都有一定毒性，且其浓度与作用强度有直接关系。超过一定的浓度，就容易引起人或鹅群中毒，因此使用时应根据用药目的，严格按照不同药物要求，选择最佳用药浓度，以达到最佳用药效果。这在介绍具体药物时，还将逐一说明。

（3）注意用药方法　结合不同药物特性，采用适当的用药方法。不同的药物，有时尽管其作用相同，但其性质可能不同。有的易挥发，有的易吸湿，即使同一种药物，采用不同的用药方法，也可产生不同的药物效果，因此应该结合不同的药物性质特点，选择最能发挥该种药物特点的用药方法，以收到事半功倍的效果。如甲醛，易挥发，刺激性强，就可以利用这一特点，采用熏蒸法用于密闭鹅舍或孵化器的消毒，而百毒杀等药物刺激性小，就可以进行带鹅消毒，以便收到良好的用药效果。

（五）经口投服给药

经口投服给药法简便易行、容易掌握、剂量准确。但由于药物投服后易受消化道酶和酸碱度的影响，降低药物效果，同时其产生作用比较迟缓，因此口服给药剂量应大于注射给药，且一般适用于不太危急的病例。

常用于经口投服的药物包括片剂、粉剂、丸剂和胶囊剂及溶液剂等。在投溶液剂时药量不宜过多，必要时可用胶管直接插入食管，要严防药物进入气管，导致异物性肺炎或使鹅窒息而死。

（六）皮下注射给药

皮下注射给药法简单，药物容易吸收。可采用颈部皮下、胸部皮下和腿部皮下等部位注射，是预防接种时常用的方法之一。应用皮下注射时药物量不宜太大，且无刺激性。注射的具体方法是由助手抓鹅或术者左手抓鹅（成年鹅体型较大，最好两人操作），并用拇指、食指掐起注射部位的皮肤，右手持注射器沿皮肤皱褶处刺入针头，然后推入药液。

（七）肌内注射给药

肌内注射给药法药物吸收快，药物作用稳定，方法简便，安全有效，是最常用的注射用药方法之一，可在预防和治疗鹅的各种疾病时使用。肌内注射部位有大腿外侧肌肉、胸部肌肉和翼根内侧肌肉等。在采用肌内注射时要注意使针头与肌肉表面呈35°～50°进针，不可直刺，以免刺伤大血管或神经，特别是胸部肌内注射时更应谨慎操作，切记不要使针头刺入胸腔或肝脏，以致造成鹅死亡。在使用刺激性药物时，应采用深部肌内注射。

（八）静脉注射给药

静脉注射给药法是将药物直接送入血液循环中，因而药效产生迅速，用药剂量准确。适用于急性或危急、用药剂量较少且要求剂量准确的病例，同时也适用于一些有刺激性和必须进入血液才能发挥药效的药物，如解毒药、高渗溶液等。但该方法要求操作技术较高，一般人员不易掌握。静脉注射较常用的部位是鹅翅内侧的翼根静脉或翼下静脉。它们位于鹅翅膀内侧中部羽毛较少的凹陷处。注射时先用酒精棉球将注射部位消毒，左手中指和无名指拉鹅翅，暴露翼根静脉，用左手食指压紧静脉根部，使其充盈。拇指固定进针部位，右手持注射器，使针头沿血管壁刺入静脉血管内，然后缓慢注入药物。

（九）腹腔注射给药

腹腔注射给药法是将药物经腹腔吸收后产生药效，其药效产生迅速，可用于剂量较大、不易经静脉给药的药物。具体方法是由助手抓鹅，使鹅腹部面向术者，最好采用头低尾高位，使腹腔脏器向下挤压，术者左手拇、食指掐起腹壁，右手持注射器使针头穿过腹壁进入腹膜腔而又不刺入其他脏器或肠管内，然后将药物推入腹腔内。但该方法也要求一定的操作技术，使用不当容易伤及脏器造成鹅伤亡或使药物注入肠管，不能充分发挥药物效用。

（十）翼膜刺种法

翼膜刺种法适用于某些疫苗如禽痘疫苗的接种。按规定剂量稀释后用洁净的钢笔尖或大号缝针蘸取疫苗，刺种在鹅翅膀内侧皮下，每只鹅刺1～2次。在接种疫苗后1周左右，可见刺种处皮肤上产生绿豆大的小痘，以后逐渐干燥结痂而脱落。如果刺种部位不发生反应，应该重新接种疫苗。

（十一）种蛋或禽胚给药法

由于某些致病性细菌或病毒可以经种蛋由母禽直接传播给后代雏禽，或经蛋壳侵入而使禽胚或孵出的雏禽发病，因而在实际工作中经常使用给种蛋或禽胚直接用药的方法，进行消毒以杀灭病原微生物，用来预防某些传染性疾病或治疗一些胚胎病。常用的经种蛋或禽胚给药方法如下。

（1）熏蒸法　熏蒸法是最常用于种蛋的一种消毒方法。通常是将消毒药物加热或通过化学作用使其挥发于一定空间中，以杀死空间和种蛋蛋壳表面的病原微生物。消毒药物有甲醛、高锰酸钾、过氧乙酸等多种。使用时将种蛋放置于特定的消毒室、罩或孵化器内，按容积计算好用药量后，放置药物并加热、点燃或使其发生化学反应，使药物挥发到整个空间，从而达到消毒的目的。熏蒸时应关闭消毒室、罩或孵化器的所有门、窗以及气孔。熏蒸一定时间后再打开。否则，不能收到理想效果。

（2）浸泡法　浸泡法是指将种蛋放置到配制成一定浓度和适温的药液中，使药物经种蛋吸收或杀死种蛋表面的微生物。在浸泡前一般应用清水或温水洗涤蛋壳表面，否则不仅浪费药物，也不能收到预想的效果。

（3）注射法　将药物直接注射到禽胚的一定部位如气室、蛋白、尿囊腔、卵黄囊或尿膜绒毛膜等，可用于鹅胚疾病的预防和治疗，以及疫苗接种等。此外，还是实验室常用的经种蛋或禽胚的给药方法之一。

第三节　常用药物的合理使用

一、抗微生物药物的合理使用

抗微生物药物是一类能够抑制或杀灭微生物的药物，是由某些真菌、放线菌或细菌等微生物产生的，能以低微浓度抑制或杀灭其他微生物的代谢产物。一般是从微生物的培养液中提取的，有些抗生素能人工合成或半合成。抗生素一般属于低分子化合物，不仅能杀灭细菌、真菌、放线菌、螺旋体、立克次体、某些支原体、衣原体等微生物，有的还能抑杀动物的寄生虫（蠕虫、原虫）。其抗菌作用机理是：阻碍细菌的细胞壁合成，导致菌体变形、溶解而死亡；抗微生物蛋白质的合成，从而产生抑制和杀灭微生物的作用。抗微生物药物是对抗致病微生物的有力武器，在防治细菌感染和各种传染病方面，都有重要意义。

（一）抗微生物药物合理使用的注意事项

在自然界中，引起畜禽细菌性疾病的病原非常多，由其引起的疾病危害严重，如禽的沙门菌病、大肠杆菌病和葡萄球菌病等，给养禽业造成了巨大的损失。药物预防和治疗是预防和控制细菌病的有效措施之一，尤其是对尚无有效的疫苗可用或免疫效果不理想的细菌病，如沙门菌病、大肠杆菌病、巴氏杆菌病等，在一定条件下采用药物预防和治疗，可收到显著效果。在应用抗菌药物治疗禽病时，要综合考虑到病原菌、抗菌药物以及机体三者相互间对药物疗效的影响，科学合埋地使用抗菌药物。

(1) 严格掌握适应证，准确选药　正确诊断是临床选择药物的前提，有了正确的诊断，才能了解其致病菌，从而选择对致病菌高度敏感的药物。细菌学诊断针对性更强，通过细菌的药敏试验以及联合药敏试验，其结果与临床疗效的吻合度可达70%～80%，而且目前药品种类繁多，同类疾病的可选药物有多种，但对于一个特定的禽群来说效果会不大一样。因此，应做好药敏试验再用药，同时也要掌握禽群的用药史以及过去的用药经验。

(2) 把握用药时机　疾病感染初期用药通常效果较好，若出现明显临床症状或形成流行后再用药则往往效果欠佳。为此，要求饲养者随时掌握禽群健康动态，在发现异常时及时用药。

（3）注意用药的阶段性　某些疾病具有特定的易感日龄、发病季节或环境条件，根据这种规律应有针对性地用药，从而收到事半功倍的效果。如雏鹅（1～3周龄）容易发生沙门菌病，发病率高，危害严重，除了做好育雏前消毒卫生和育雏管理工作外，可以在饮水中添加恩诺沙星、强力霉素、氟苯尼考、磺胺类等抗菌药物预防；球虫病，鹅3周龄～3月龄易发，另外在气温较高、雨量较多的季节（常见于7～10月）更易发生，所以要根据鹅日龄和饲养季节适时使用磺胺类药物和抗球虫药物防治球虫病。

（4）正确用药　一要注意使用剂量要适当。剂量太小起不了治疗作用，剂量太大造成浪费并引起严重不良反应。开始应用时剂量稍大，对于急性传染病和严重感染时，剂量也宜稍大；而肝、肾功能不良时，按所用抗生素对肝、肾的影响程度而酌减用量。二要注意使用时间适宜。药物的治疗要视病情而确定用药时间。一般传染性和感染性疾病初期用药效果好，应连续用药3～5天，至症状消失后再用1～2天，切忌停药过早而导致疾病复发。三要注意给药途径恰当。严重感染时多采用注射给药，药物能够尽早发挥作用；一般感染和消化道感染以内服为宜，但严重消化道感染而引起菌血症或败血症的也要注射给药。四要注意联合用药。在一些严重的混合感染或病原未明的病例，当使用一种抗菌药物无法控制病情时，可以适当联合用药，以扩大抗菌谱、增强疗效、减少用量、降低或避免毒副作用、减少或延缓耐药菌株的产生。目前一般将抗菌药分为四大类：第一类为繁殖期或速效杀菌剂，如青霉素、头孢菌素类药物等；第二类为静止期杀菌剂，即慢效杀菌剂，如氨基糖苷类、多黏菌素类药物等；第三类为速效抑菌剂，如四环素类、大环内酯类、酰胺醇类药物等；第四类为慢效抑菌剂，如磺胺类药物等。第一类和第二类合用一般可获得增强作用，如青霉素和链霉素合用，前者破坏细菌细胞壁的完整性，使后者更易进入菌体内发挥作用。第一类与第三类合用则可出现拮抗作用，如青霉素与四环素合用，由于后者使细菌蛋白质合成受到抑制，细菌进入静止状态，因此青霉素便不能发挥抑制细胞壁合成的作用。第一类与第四类合用，可能无明显影响，第二类与第三类合用常表现为相加作用或协同作用。在联合用药时要注意可能出现毒性的协同或相加作用，而且也要注意药物之间理化性质、药物动力学和药效学之间的相互作用与配伍禁忌。抗菌药物的联合使用见表5-4。

表5-4　抗菌药物的联合使用

病原菌	抗菌药物的联合应用
一般革兰阳性菌和革兰阴性菌	青霉素G＋链霉素，红霉素＋氟苯尼考，磺胺间甲氧嘧啶(SMZ)或磺胺对二甲氧嘧啶(SDM)或磺胺二甲嘧啶(SM2)或磺胺嘧啶(SD)＋甲氧苄啶(TMP)或二甲氧苄啶(DVD)，卡那霉素或庆大霉素＋氨苄西林
金黄色葡萄球菌	红霉素＋氟苯尼考，苯唑青霉素＋卡那霉素或庆大霉素，红霉素或氟苯尼考＋庆大霉素或卡那霉素，红霉素＋利福平或杆菌肽，头孢霉素＋庆大霉素或卡那霉素，杆菌肽＋头孢霉素或苯唑青霉素
大肠杆菌	链霉素、卡那霉素或庆大霉素＋四环素类、氟苯尼考、氨苄西林、头孢霉素，多黏菌素＋四环素类、氟苯尼考、庆大霉素、卡那霉素、氨苄西林或头孢霉素类，磺胺二甲嘧啶(SM2)＋甲氧苄啶(TMP)或二甲氧苄啶(DVD)
变形杆菌	链霉素、卡那霉素或庆大霉素＋四环素类、氟苯尼考、氨苄西林，磺胺间甲氧嘧啶(SMZ)＋甲氧苄啶(TMP)
铜绿假单胞菌	多黏菌素B或多黏菌素E＋四环素类、庆大霉素、氨苄西林，庆大霉素＋四环素类

（5）注意配伍与禁忌　为了获得良好的药效，常将两种以上药物配伍使用，但如果配伍不当，则可能出现减弱疗效或增强毒性的变化，这种配伍变化属于禁忌，必须避免（见表5-5）。

（6）避免耐药性的产生　随着抗菌药物的广泛使用，细菌耐药性的问题也日益严重，为防止耐药菌株的产生，临床防治疾病用药时应做到：一要严格掌握用药指征，不滥用抗菌药物，所用药物用量充足，疗程适当；二要单一抗菌药物有效时就不采用联合用药；三要尽可能避免局部用药和滥作预防用药；四要病因不明者，切勿轻易使用抗菌药物；五要尽量减少长期用药；六要确定为耐药菌株感染，应改用对病原菌敏感的药物或采取联合用药。对于抗菌药物添加剂也需强调合理使用，要改善饲养管理条件，控制药物品种和浓度，尽可能不用医用抗生素作动物药物添加剂；按照使用条件，用于合适的靶动物；严格遵照休药期和应用限制，减少药物毒性作用和残留量。

表 5-5 常见的抗菌药物配伍结果

类别	药物	配伍药物	结果
青霉素类	氨苄西林钠、阿莫西林、舒巴坦钠	链霉素、新霉素、多黏霉素、喹诺酮类	疗效增强
		替米考星、罗红霉素、氟苯尼考、盐酸多西环素	疗效降低
		维生素 C-多聚磷酸酯、罗红霉素	沉淀、分解失效
		氨茶碱、磺胺类	沉淀、分解失效
头孢糖苷类	头孢拉定、头孢氨苄	新霉素、庆大霉素、喹诺酮类、硫酸黏杆菌	疗效增强
		氨茶碱、磺胺类、维生素 C、罗红霉素、四环素、氟苯尼考	沉淀、分解失效、疗效降低
	先锋霉素	强效利尿药	肾毒性增强
氨基糖苷类	硫酸新霉素、庆大霉素、卡那霉素、安普霉素	氨苄西林钠、头孢拉定、头孢氨苄、盐酸多西环素、TMP	疗效增强
		维生素 C	抗菌减弱
		氟苯尼考	疗效降低
		同类药物	毒性增强
大环内酯类	罗红霉素、阿奇霉素、替米考星	庆大霉素、新霉素、氟苯尼考	疗效增强
		盐酸林可霉素、链霉素	疗效降低
		氯化钠、氯化钙	沉淀析出游离碱
多黏菌素类	硫酸黏杆菌素	盐酸多西环素、氟苯尼考、头孢氨苄、罗红霉素、替米考星、喹诺酮类	疗效增强
		硫酸阿托品、先锋霉素、新霉素、庆大霉素	毒性增强
四环素类	盐酸多西环素、土霉素、金霉素	同类药物及泰乐菌素、泰妙菌素、TMP	疗效增强
		氨茶碱	分解失效
		三价阳离子	形成不溶性难以吸收的络合物
氯霉素类	氟苯尼考、甲砜霉素	新霉素、盐酸四环素、硫酸黏杆菌素	疗效增强
		氨苄西林钠、头孢拉定、头孢氨苄	疗效降低
		卡那霉素、喹诺酮类、磺胺类、呋喃类、链霉素	毒性增强

续表

类别	药物	配伍药物	结果
氯霉素类	氟苯尼考、甲砜霉素	叶酸、维生素 B_{12}	抑制红细胞生成
喹诺酮类	诺氟沙星、环丙沙星、恩诺沙星	头孢拉定、头孢氨苄、氨苄西林、链霉素、新霉素、庆大霉素、磺胺类	疗效增强
		四环素、盐酸多西环素、氟苯尼考、呋喃类、罗红霉素	疗效降低
		氨茶碱	析出沉淀
		金属阳离子	形成不溶性难以吸收的络合物
茶碱类	氨茶碱	盐酸多西环素、维生素 C、盐酸肾上腺素等酸性药物	浑浊，分解失效
		喹诺酮类	疗效降低
洁霉素类	盐酸林可霉素、磷酸克林霉素	甲硝唑	疗效增强
		罗红霉素、替米考星、磺胺类、氨茶碱	疗效降低，浑浊失效
磺胺类	磺胺喹噁啉钠(SMZ)	TMP、新霉素、庆大霉素、卡那霉素	疗效增强
		头孢拉定、头孢氨苄、氨苄西林	疗效降低
		氟苯尼考、罗红霉素	毒性增强

(7) 避免干扰免疫功能　某些抗生素在防治疾病时能抑制免疫功能，如庆大霉素、金霉素等。抗生素可以抑杀菌苗中的微生物，影响抗原含量，干扰某些活菌苗的主动免疫过程，导致体内抗体产生数量少或免疫失败，因此，在进行各种菌苗预防注射前后数天内，以不用抗生素为宜。

(二) 常用抗微生物药物

1. 抗生素

(1) 青霉素类

青霉素 G（苄青霉素、盘尼西林）

【性状】由青霉菌等的培养液中分离而得。白色结晶性粉末，无臭或微有特异性臭。极易溶解在水中，在脂肪油或液状石蜡中不溶。在乙醇中溶解，遇酸、碱或氧化剂等迅速失效。

【适应证】主要适用于敏感菌所致的各种禽病，如链球菌病、葡萄球菌病、螺旋体病、李氏杆菌病、丹毒病、坏死性肠炎、坏死性皮炎、禽霍乱、霉形体病、球虫病的并发感染以及各种呼吸道感染等。

【制剂、用法与用量】注射用青霉素G钾（钠），40万单位/瓶、80万单位/瓶、160万单位/瓶。肌内注射，青霉素G钠（钾），鹅5万国际单位，2～3次/天，连用2～3天。饮水，青霉素G钠（钾），雏鹅每只每次2000～4000国际单位，每天1～2次，连续使用3～5天。复方苄星青霉素粉针，120万单位/瓶（含苄星青霉素、普鲁卡因青霉素和青霉素G钾各30万单位），每千克体重1万～2万国际单位/次，隔2～3天1次。

【配伍与禁忌】丙磺舒、阿司匹林、保泰松、磺胺类药物对青霉素的排泄有阻滞作用，合用可升高青霉素类的血药浓度而起到增效作用；青霉素与庆大霉素等氨基糖苷类药物联用疗效增强，但与庆大霉素不宜混合静注，因青霉素可使庆大霉素部分失去活性，从而使庆大霉素的疗效显著降低，如需两药联用，应分别给药。

青霉素与氨苄西林不宜联用，因两者联用时会竞争同一结合位点而产生拮抗作用，甚至导致耐药菌株的产生；氟苯尼考、红霉素、四环素类等抑菌剂对青霉素的杀菌活性有干扰作用，不宜合用；重金属离子（尤其是铜、锌、汞）、醇类、酸、碘、氧化剂、还原剂、羟基化合物及呈酸性的葡萄糖注射液或四环素注射液都可破坏青霉素的活性；青霉素与氯丙嗪配伍可发生复分解反应，形成沉淀，不可混合应用；氨茶碱可使青霉素灭活失效。

【注意事项】青霉素毒性虽低，但少数家禽可发生变态反应，严重者出现过敏性休克。

氨苄西林（氨苄青霉素、安比西林）

【性状】白色结晶性粉末，味微苦。在水中易溶，在乙醇中略溶，在乙醚中不溶。

【适应证】主要用于防治敏感菌（链球菌、葡萄球菌、梭菌、棒状杆菌、梭杆菌、丹毒丝菌、布鲁氏菌、变形杆菌、巴氏杆菌、沙门菌、大肠杆菌、嗜血杆菌等）等所引起的消化道、呼吸道和泌尿道感染及禽伤寒等。

【制剂、用法与用量】5%氨苄西林可溶性粉，混饮（以氨苄西林计），每升水 60 毫克，每日 1 次，连用 2～3 天；内服，2～20 毫克，每天 1～2 次。注射用氨苄西林钠（以氨苄西林计，0.5 克/支、1 克/支、2 克/支），肌内或静脉注射（以氨苄西林计），10～20 毫克/千克体重，每日 2～3 次，连用 2～3 天。舒巴坦-氨苄西林，内服，5～20 毫克/千克体重，每天 1～2 次。

【配伍与禁忌】氨苄西林与庆大霉素等氨基糖苷类药物联用疗效增强；与头孢菌素类药物联用对耐药金黄色葡萄球菌引起的感染，可获得较好的协同作用；与苯唑西林钠联合用药可增强对肠球菌的抗菌活性；与氨基糖苷类药物有协同杀菌作用，但不宜混合静滴，如需联用时，应分别给药；丙磺舒、阿司匹林、吲哚美辛可提高氨苄西林的血药浓度并延长其半衰期；与甲硝唑联用治疗厌氧菌感染有协同作用，但不宜直接与氨苄西林钠溶液配伍（可发生混浊、变黄）。

本品溶液与琥珀氯霉素、琥乙红霉素、乳糖酸红霉素、盐酸土霉素、盐酸四环素、盐酸金霉素、硫酸卡那霉素、硫酸庆大霉素、硫酸链霉素、盐酸林可霉素、硫酸多黏菌素 B、氯化钙、葡萄糖酸钙、B 族维生素和维生素 C 等禁忌配伍。另外，氨苄西林能刺激雌激素的代谢或减少其肝肠循环，从而降低雌激素的效果。

【注意事项】本品毒性低，与青霉素 G 有交叉过敏反应。溶解后应立即使用。其稳定性随浓度和温度而异，即浓度和温度越高，稳定性越差。在 5℃条件下 1%氨苄西林钠溶液的效价能保持 7 天。

阿莫西林（羟氨苄青霉素）

【性状】白色或类白色结晶性粉末，味微苦。在水中微溶，在乙醇中几乎不溶。本品耐酸性比氨苄西林强。本品钠盐为白色或类白色粉末或结晶，无臭或微臭，味微苦。在水中易溶，在乙醇中略溶。

【适应证】本品的作用、用途、抗菌谱与氨苄西林基本相同，但杀菌作用快而强，内服吸收比较好，对呼吸道、泌尿道及肝、胆系统感染疗效显著。与氨苄西林有完全交叉耐药性。主要用于禽的细菌性呼吸道感染及其他感染，如传染性鼻炎、禽伤寒、禽霍乱、链球菌病、葡萄球菌病、大肠杆菌性肠炎、输卵管炎和腹膜炎等。

【制剂、用法与用量】10%阿莫西林可溶性粉，混饮，每升水禽 60 毫克，连用 3～7 天；复方阿莫西林粉（每 50 克中含阿莫西林 5 克、克拉维酸 1.25 克），混饮（以本品计），每升水 0.5 克，每日 2 次，连用 3～7 天；注射用阿莫西林粉，肌内或静脉注射，15～25 毫克/千克体重，每天 3 次；注射用阿莫西林钠克拉维酸钾（每 1.2 克中含阿莫西林 1 克、克拉维酸 0.2 克），皮下或肌内注射（以阿莫西林计），15～25 毫克/千克体重，每日 1 次，连用 3 天。

【配伍与禁忌】与克拉维酸联用可增强其抗菌作用，对产酶耐药金黄色葡萄球菌和阴性杆菌有效；与美西林联用，抗菌范围扩大。

大黄与阿莫西林结合可生成鞣酸盐沉淀物，降低其生物利用度。其他可参见氨苄西林。

【注意事项】同青霉素 G。

海他西林（缩酮氨苄青霉素）

【性状】白色或类白色粉末或结晶。在水、乙醇和乙醚中不溶，其钾盐易溶于水和乙醇。1.1 克海他西林钾相当于 1 克海他西林或 0.9 克氨苄西林。

【适应证】本身无抗菌活性，在体内外的稀释水溶液和中性液体中迅速水解为氨苄西林而发挥抗菌作用，口服的血药浓度比氨苄西林高，肌内注射时则远低于氨苄西林，常与氨苄西林配制成复方制剂，用于治疗敏感菌引起的感染。

【制剂、用法与用量】片剂，50 毫克/片、100 毫克/片、200 毫克/片。混饮（以氨苄西林计），每升水 60 毫克，每日 1 次，连用 2～3 天。

【配伍与禁忌】【注意事项】参见氨苄西林。

（2）头孢菌素类

头孢噻吩钠

【性状】白色或类白色结晶性粉末。受热易分解，易溶于水。粉末久置后颜色变黄，但不影响效力，也不增加毒性，然而溶液变黄色后不可使用。应遮光、密封，放置于阴凉干燥处。

【适应证】用于金黄色葡萄球菌及部分革兰阴性杆菌（沙门菌、巴氏杆菌、流感杆菌、肺炎杆菌等）引起的严重感染，如肺部感染、尿路感染、败血症、脑膜炎、腹膜炎及心内膜炎等。钩端螺旋体对本品较为敏感。胃肠道不吸收，临床应用时均为肌内或静脉注射给药。

【制剂、用法与用量】注射用头孢噻吩钠。临用时加适量注射用水溶解。肌内注射，一次量，10 毫克/千克体重，每天 4 次。

【配伍与禁忌】与氨基糖苷类有协同抗菌作用，但肾毒性相加。丙磺舒可抑制肾小管的排泄，提高血液中的药物浓度，应用时应减少头孢噻吩用量。与林可霉素联用治疗厌氧菌及需氧菌或兼性菌混合感染，有协同作用。

与红霉素、多黏菌素 B 及四环素类、维生素 C、氨茶碱、抗组胺药不能混合注射，以免效价降低或发生混浊沉淀。与硫酸镁、葡萄糖酸钙、氯化钙等含钙、镁离子的药物不宜混合注射，以免产生沉淀。与髓袢利尿药如呋塞米联用时，肾毒性增加，机制为阻碍头孢菌素经肾排出，使血清和组织中血药浓度升高。右旋糖酐-40 与头孢噻吩溶液配伍可增加毒性反应。与甘露醇等联用均可导致较强的肾功能损害，必须联用时应减少本品剂量。与林可霉素联用对需氧菌有拮抗作用。

【注意事项】可引起变态反应，如皮疹。肌内注射部位疼痛。偶有胃肠道反应。凡应用青霉素过敏的动物，在应用本品时应谨慎。

头孢氨苄（先锋霉素Ⅳ）

【性状】白色至灰黄色冻干粉末，微臭，味苦，在水中微溶。

【适应证】适用于沙门菌、大肠杆菌、巴氏杆菌、嗜血杆菌、链球菌、葡萄球菌、坏死梭菌、放线菌等引起的感染。

【制剂、用法与用量】胶囊或片剂，0.125 克/粒（片）、0.25 克/粒（片）。内服，一次量，35～50 毫克/千克体重，每天 3～4 次；或每 1000 千克饲料添加 80～100 克，连续使用 3～5 天。

【配伍与禁忌】与丙磺舒联用可延长半衰期、提高疗效。与甲氧苄啶配伍，抗菌性增强。其他参见头孢菌素类药物。

【注意事项】本品罕见肾毒性，但肾功能严重损害病禽或合用其他对肾有害的药物时则易于发生。用稀释液或注射用水现用现配，稀释后的溶液 2～8℃冷藏可保存 7 天，室温可保存 12 小时，冷冻保存 8 周，药效颜色变化和稀释后轻微混浊不影响效果。避光、阴冷处保存 2 年。

（3）氨基糖苷类

硫酸链霉素

【性状】由放线菌、灰链霉菌培养液中提取而得。白色或类白色的粉末，无臭或几乎无臭，味微苦。在水中易溶，在乙醇或氯仿中不溶。

【适应证】抗菌谱较青霉素广，主要用于各种敏感菌（对结核杆菌、巴氏杆菌、布氏杆菌、沙门菌和多种嗜血杆菌以及钩端螺旋体、放线菌等）所引起的急性感染，如禽霍乱、伤寒、副伤寒、霉形体病、传染性鼻炎、溃疡性肠炎和大肠杆菌病等。

【制剂、用法与用量】注射用粉针，0.5 克（50 万单位）/支、1 克（100 万单位）/支，肌内注射，成鹅 100～200 毫克/只，雏鹅 10～40 毫克/只，每天 2 次。片剂，0.1 克/片，内服，1 次量，50 毫克/只；混饮，每升水 30～120 毫克，连用 3～5 天；喷雾，每立方米空间为 20 万～30 万单位。

【配伍与禁忌】链霉素与头孢菌素类药物联用对某些病原菌起增效作用，但肾毒性亦增强；与青霉素类联用有协同作用，若混合在一起，可使活性降低，宜分开注射；链霉素与氨茶碱合用可增强抗菌活性，但毒性相应增强，必须联用时，需减少剂量；与利福平、北里霉素联用有协同作用；与喹诺酮类药物有协同抗菌作用（恩诺沙星除外），但毒性增加，需减少剂量或间隔给药；与甲氧苄啶、二甲氧苄啶等磺胺增效剂联用可增强链霉素的抗菌作用。

链霉素与其他氨基糖苷类药物同用，或先后在局部或全身应用，可能增加对耳、肾脏及神经肌肉接头等的毒性作用，使听力减退、肾功能降低、骨骼肌软弱、呼吸抑制等；钙、镁、钠、铵、钾等阳离子可抑制链霉素的抑菌活性；与多黏菌素类合用，或先后于局部或全身应用，可能增加对肾脏和神经肌肉接头的毒性作用；与酰胺醇类药物联用时有拮抗作用，且对神经系统的毒性也明显增加；与磺胺嘧啶钠水溶液配伍易发生混浊沉淀，应避免混用；葡萄糖酸钙不可与链霉素配伍联用；维生素 B_1、维生素 B_2 对链霉素有灭活作用，均不宜混合注射；维生素 C 可抑制链霉素的抗菌活性；链霉素能增强抗凝血剂的抗凝血作用，使维生素 K 的凝血效果降低，故不宜联用。

【注意事项】链霉素对耳、肾脏及神经肌肉接头等有毒性作用，能使听力减退、肾脏功能降低、骨骼肌软弱、呼吸抑制等。链霉素与其他氨基糖苷类药物有交叉过敏现象，对氨基糖苷类药物过敏的动物禁用本品。

硫酸庆大霉素

【性状】白色或类白色结晶性粉末，易溶于水，对温度和酸碱度的变化较稳定。

【适应证】为广谱杀菌性药物，是抗菌作用较强的氨基糖苷类药物之一。主要用于耐药金黄色葡萄球菌、铜绿假单胞菌、变形杆菌、大肠杆菌等所引起的各种严重感染，如呼吸道、泌尿道感染，以及败血症、乳腺炎等. 对禽慢性呼吸道病、坏死性皮炎和肉垂水肿等均有效，口服还可用于治疗肠炎和细菌性腹泻。

【制剂、用法与用量】注射液，4 万单位/毫升、8 万单位/2 毫升。肌内注射，小鹅每羽 5000 单位，成年鹅，每千克体重 3000 单位，每日 2～3 次。患慢性呼吸道病时，每羽 6000～8000 单位，连用 3 天。混饮，每升水 2 万～4 万单位。

【配伍与禁忌】庆大霉素与青霉素类药物联用具有协同作用(分别应用)；与喹诺酮类药物联用有协同作用，但毒性增加，需调整剂量；维生素 E 拮抗庆大霉素的肾毒性，联用可减轻对肾脏的损害；甲氧苄啶-磺胺复方制剂与庆大霉素合用有协同作用。

庆大霉素与青霉素类药物混合应用时存在配伍禁忌；与红霉素、四环素不宜联用，可能出现拮抗作用；与两性霉素B联用可加重肾毒性；异丙嗪可掩盖庆大霉素所致耳损害的早期症状；与头孢菌素类药物并用时肾毒性增加，不宜联用；其他氨基糖苷类药物均不宜与庆大霉素联用，不但疗效不增，且毒性增强；维生素C可抑制庆大霉素的抗菌活性；磺胺嘧啶钠、氢化可的松、肝素（抗凝血药）与庆大霉素混合静脉注射可产生沉淀、混浊或效价降低；甲硝唑不宜直接与庆大霉素注射液配伍。

【注意事项】庆大霉素的不良反应与链霉素相似，主要影响前庭功能，但较链霉素少见，对肾脏的影响较严重。

硫酸卡那霉素

【性状】白色或类白色粉末，无臭。在水中易溶，在氯仿或乙醚中几乎不溶。

【适应证】抗菌机制与链霉素相似，但抗菌活性稍强。主要用于敏感菌（如沙门菌、巴氏杆菌、结核杆菌、金黄色葡萄球菌）所引起的伤寒、副伤寒、禽霍乱、大肠杆菌病、传染性鼻炎、鹅卵黄性腹炎、坏死性肠炎和慢性呼吸道病等。

【制剂、用法与用量】注射液，0.5克/2毫升，肌内注射，30～40毫克/千克体重，每日2次，连用3天；混饮，每升水50～120毫克；混饲，每千克饲料150～250毫克。丁胺卡那霉素（硫酸阿米卡星），肌内注射，20～40毫克/羽，每天2次；混饮，每升水80～100毫克。

【配伍与禁忌】利福平与卡那霉素联用有协同作用；与喹诺酮类药物联用有协同作用，但毒性增加（恩诺沙星除外）；与四环素联用治疗革兰阴性菌感染有协同作用；与北里霉素联用有协同作用。

卡那霉素与同类抗菌药物及其他抗菌药物不宜联用，可使毒性增加；与土霉素有配伍禁忌，不宜联用；碱性药物如碳酸氢钠等可增强卡那霉素在泌尿系统的抗菌活性，但毒性亦增加，忌配伍应用，必须同用时，应减少卡那霉素剂量；与磺胺嘧啶钠、肝素有配伍禁忌，会产生混浊或沉淀，应避免混合注射；与林可霉素、泰乐菌素、螺旋霉素、金霉素、黄霉素、喹乙醇、恩拉霉素、杆菌肽锌、维吉尼霉素有配伍禁忌，不宜联用；与多肽类药物联用有导致肌无力和呼吸暂停的危险，且肾毒性增加；维生素 B_1、维生素 B_2 对卡那霉素有灭活作用，均不宜混合注射；维生素 C 可抑制卡那霉素的抗菌活性。

【注意事项】本品毒性与血药浓度密切相关，血药浓度突然升高时有呼吸抑制作用，故规定只作肌内注射，不宜大剂量静脉注射。

硫酸新霉素

【性状】白色或类白色粉末，无臭。水溶液呈右旋光性。在水中极易溶解，在乙醇中几乎不溶。

【适应证】对金黄色葡萄球菌和肠杆菌科细菌（大肠杆菌等）有良好抗菌作用。细菌对新霉素可产生耐药性，但较缓慢。口服可用于肠道感染，局部应用对葡萄球菌和革兰阴性杆菌引起的感染也有良好疗效。通过气雾法给药，可防止呼吸道感染。

【制剂、用法与用量】片剂，0.1 克/片、0.25 克/片，混饲，每千克饲料添加 70～140 毫克；可溶性粉，3.25 克/100 克、6.5 克/100 克、32.5 克/100 克，混饮（以硫酸新霉素计），每升水 35～75 毫克，连用 35 天。

【配伍与禁忌】新霉素与杆菌肽、多黏菌素联用治疗铜绿假单胞菌、大肠杆菌等引起的感染有协同作用，但不可混合应用；大环内酯类药物可与新霉素联用治疗革兰阳性菌所引起的感染。

口服本品可影响维生素 A、B 族维生素、维生素 D、维生素 E 的吸收；新霉素可减少铁剂在胃肠道内的吸收，铁剂亦可降低新霉素的活性；大黄与新霉素生成鞣酸盐沉淀物，可降低新霉素的生物利用度。

【注意事项】本品毒性反应比卡那霉素大，注射后可引起明显的肾毒性和耳毒性，已禁止注射给药。

硫酸安普霉素（阿普拉霉素）

【性状】白色结晶性粉末，易溶于水。

【适应证】抗菌谱较广，对大肠杆菌、沙门菌、巴氏杆菌、变形杆菌等多数革兰阴性菌、某些链球菌等部分革兰阳性菌、密螺旋体和支原体等有较强的抗菌活性。口服后吸收不良，适于治疗肠道感染。肌内注射后吸收迅速，生物利用度高。主要用于治疗雏禽的大肠杆菌、沙门菌感染，也可用于治疗禽的支原体病。

【制剂、用法与用量】可溶性粉，40 克/100 克、165 克/1000 克，混饮（以硫酸安普霉素计），每升水加入本品 250～500 毫克（25 万～50 万效价单位），连用 5 天。

【配伍与禁忌】微量元素能使硫酸安普霉素失效，禁止混合使用，其他可参见链霉素的临床配伍应用。

【注意事项】本品应密封贮存于阴凉干燥处，注意防潮。本品遇铁锈能失效，故饮水系统要注意防锈，饮水给药必须当天配制。产蛋期禁用。

大观霉素（壮观霉素）

【性状】其盐酸盐或硫酸盐为白色或类白色结晶性粉末，易溶于水。

【适应证】抗菌谱广，对革兰阴性菌、阳性菌都有效，主要适用于对青霉素、四环素耐药的病例，对霉形体也有效。内服后不吸收，在肠道发挥抗菌作用；肌内注射或皮下注射后吸收良好，全部从尿排泄。用于治疗禽的大肠杆菌感染、禽类各种霉形体感染和禽的多杀性巴氏杆菌、沙门菌引起的感染。

【制剂、用法与用量】50％盐酸大观霉素可溶性粉，0.1％浓度混饮，连用 3～5 天；盐酸大观霉素粉，混饮，每升水 1 克，治疗则连用 4～5 天，预防则连用 3 天。

【配伍与禁忌】盐酸大观霉素和盐酸林可霉素按 2∶1 比例配伍有一定程度的协同抗菌作用。

大观霉素与四环素同用呈拮抗作用；本品口服吸收较差，仅限用于肠道感染，对急性严重感染宜注射给药。注射钙剂可降低其毒性。

【注意事项】本品内服吸收较差，仅限于肠道感染。严重急性感染宜注射给药。

（4）四环素类药物

土 霉 素

【性状】为淡黄色至暗黄色结晶或无定形粉末，无臭，在日光下颜色变暗，在碱性溶液中易破坏失效。在乙醇中微溶，在水中极微溶解，在氢氧化钠溶液和稀盐酸中溶解。常用其盐酸盐，宜现用现配。

【适应证】主要用于防治霉形体引起的慢性呼吸道病，巴氏杆菌引起的禽霍乱，大肠杆菌或沙门杆菌引起的下痢等全身感染及原虫病等。

【制剂、用法与用量】片剂，0.05 克/片、0.125 克/片、0.25 克/片；口服，25～50 毫克/千克体重，每日 2～3 次，连用 3～5 天；混饮，每升水 100～400 毫克。注射用盐酸土霉素（0.1 克/1 毫升、0.2 克/1 毫升）、长效土霉素（特效米先）注射液（0.2 克/1 毫升）、长效盐酸土霉素（米先-10）注射液（0.1 克/1 毫升），肌内注射，15～20 毫克/千克体重，每日 2 次，连用 2～3 天。

【配伍与禁忌】土霉素与泰乐菌素等大环内酯类药物合用呈协同作用；多黏菌素与土霉素合用，由于增强细菌对本类药物的吸收而呈协同作用；土霉素与甲氧苄啶配伍联用有显著增效作用；黄连素与土霉素联用可产生相加性抗菌作用。

土霉素属快效抑菌药，可干扰青霉素类药物对细菌繁殖期的杀菌作用，应避免同用；与喹诺酮类药物不宜配伍联用，以免药效降低，副作用增加；与金霉素、卡那霉素、喹乙醇、恩拉霉素、北里霉素、维吉尼霉素和黄霉素有配伍禁忌；与甲硝唑联用可减弱甲硝唑的作用，影响疗效；与复合维生素 B 配伍应用可使土霉素作用降低；与杆菌肽有配伍禁忌，不宜合用；与碳酸氢钠同用可能升高胃 pH 值，而使土霉素吸收减少、活性降低；与钙盐、铁盐或含金属离子钙、镁、铝、铁等的药物（包括中药）同用时可与土霉素形成不溶性络合物，减少药物的吸收。

【注意事项】土霉素肌内注射对组织刺激性较大，剂量过大或长期应用可诱发耐药细菌和真菌的二重感染，严重者引起败血症。本品应避光密闭，在凉暗的干燥处保存，忌日光照射。忌与含氟量多的自来水和碱性溶液混合，不能用金属容器盛药。

盐酸四环素

【性状】黄色结晶性粉末，遇光色渐变深。易溶于水，其水溶液有较强的刺激性，不稳定，应现用现配。

【适应证】临床用途等与土霉素相似，但对大肠杆菌和变形杆菌的作用较好，口服吸收优于土霉素。

【制剂、用法与用量】盐酸四环素片或胶囊，0.05克（5万单位）/片（粒）、0.125克（12.5万单位）/片（粒）、0.25克（25万单位）/片（粒）。粉针，0.125克（12.5万单位）/支、0.25克（25万单位）/支、0.5（50万单位）/支。内服、混饲和混饮剂量同土霉素。

【配伍与禁忌】四环素与链霉素联用治疗革兰阴性菌感染有协同作用；与利福平联用对革兰阳性球菌、脑膜炎双球菌、耐药性金黄色葡萄球菌有协同抗菌作用；与氯喹（抗原虫药）联用可增强抗原虫作用；黄连素与四环素联用可产生相加性抗菌作用；氯化铵能酸化尿液，可增强四环素在泌尿系统中的抗菌作用。

四环素与β-内酰胺类药物联用有拮抗作用；与磺胺嘧啶钠联用可增加肝、肾毒性；氯化钙、葡萄糖酸钙、乳糖酸红霉素、多黏菌素B、卡那霉素、两性霉素B、肝素、维生素C和氨茶碱等均不宜与四环素配伍，以免产生沉淀或降效；硫酸锌可使四环素的吸收降低50%；碳酸氢钠会影响四环素的吸收而使其疗效降低；四环素与复合维生素B合用，将降低四环素的作用；四环素会降低维生素K_3的凝血效果；含鞣质的中药与四环素合用可产生化学变化，使四环素失去抗菌活性，所以不宜同服；与含碱性成分的中药联用会影响四环素的药效，降低疗效。

【注意事项】盐酸四环素水溶液为强酸性，刺激性大，不宜肌内注射，静脉注射时勿漏出血管外。产蛋期禁用。

盐酸金霉素（氯四环素）

【性状】金黄色或黄色结晶，遇光色渐变深，微溶于水，水溶液不稳定。

【适应证】多作为饲料添加剂以预防疾病、促进生长或提高饲料利用率，也用于敏感菌引起的各种感染，中高剂量可预防或治疗大肠杆菌病、滑膜炎和巴氏杆菌病等。

【制剂、用法与用量】粉剂，口服，每千克体重 10～20 毫克，每日 2～3 次，连用 3 天；混饲（高剂量），每千克饲料添加 100～200 毫克。

【配伍与禁忌】金霉素与氨丙啉可联合使用；泰妙菌素与金霉素以 1∶4 比例配伍混饲，可治疗禽细菌性肠炎、细菌性肺炎，对支原体性肺炎、支气管炎、败血波氏杆菌和多杀性巴氏杆菌混合感染引起的肺炎疗效显著。

金霉素与青霉素类药物、头孢菌素类药物有拮抗作用，不宜配伍；与喹乙醇、土霉素、螺旋霉素、卡那霉素、恩拉霉素、北里霉素、维吉尼霉素、黄霉素和杆菌肽有配伍禁忌，不宜合用；维生素 B_2 可降低金霉素的作用，故不宜混合应用；维生素 C 对金霉素有灭活作用，金霉素又可使维生素 C 在尿中的排泄变快，故不宜配伍；含钙、铁、铝、镁、锌等离子药物可阻滞金霉素的吸收，使其疗效降低。

【注意事项】饲料中钙含量为 0.4%～0.55%时，应用高剂量盐酸金霉素不能超过 5 天；钙含量为 0.8%时，连续应用不能超过 8 周。

盐酸多西环素（强力霉素、脱氧土霉素）

【性状】淡黄色或黄色结晶性粉末，易溶于水，水溶液较四环素、土霉素稳定。

【适应证】为高效、广谱、低毒的半合成四环素类药物，主要用于大肠杆菌病、沙门菌病、霉形体病等，对禽类的细菌与霉形体混合感染，亦有较好疗效。本品用量少，一般仅为四环素的1/10～1/5。对土霉素、四环素耐药的金黄色葡萄球菌仍然有效。口服吸收良好，有效血药浓度维持时间较长。

【制剂、用法与用量】片剂，0.05 克/片、0.1 克/片。口服，每千克体重 15～25 毫克，每日 1 次，连用 3～5 天。混饲，每千克饲料 100～200 毫克。混饮，每升水 50～100 毫克。可溶性粉针，

0.1 克/支、0.2 克/支。肌内注射，1 次量，每千克体重 15～25 毫克。

【配伍与禁忌】维生素 C 对盐酸多西环素有灭活作用，同时多西环素又可使维生素 C 在尿液中的排泄变快，故不宜配伍；盐酸多西环素与利福平联用时可降低盐酸多西环素的抗菌作用。其他配伍参见土霉素。

【注意事项】本品毒性在同类药物中相对较小，一般不会引起菌群失调，但亦不可长期大剂量使用。产蛋期禁用。

（5）酰胺醇类药物

甲砜霉素（甲砜氯霉素、硫霉素）

【性状】白色结晶粉末，无臭。在无水乙醇中略溶，在水中微溶。

【适应证】属广谱抗菌药物。主要用于敏感病原体引起的呼吸道感染、尿路感染和肝胆系统感染等，尤其是对大肠杆菌、沙门菌和巴氏杆菌引起的感染效果较好。

【制剂、用法与用量】粉剂，0.5 克/10 克、2.5 克/50 克、5 克/100 克。口服（以甲砜霉素计），每只 20～30 毫克，每日 2 次，连用 3～5 天。混饲，每千克饲料 200～300 毫克。

【配伍与禁忌】表面活性剂如吐温-80 可促进甲砜霉素的吸收。甲砜霉素与 β-内酰胺类药物如青霉素、头孢菌素合用有拮抗作用；与四环素类药物有部分交叉耐药；与大环内酯类药物如红霉素有拮抗作用；与氨基糖苷类药物如链霉素、卡那霉素呈拮抗效应，且增加耳、肾毒性；与氟喹诺酮类药物配伍联用，药效降低甚至可增加副作用；与维生素 K 有配伍禁忌，不宜联用；莫能菌素、盐霉素等聚醚类药物与甲砜霉素有配伍禁忌，不宜联用；与碱性药物不宜同用和配伍注射，以免甲砜霉素失效。

【注意事项】本品有血液系统毒性，主要为可逆性的红细胞生成抑制。有较强的免疫抑制作用，对疫苗接种期间的动物或免疫功能严重缺损的动物应禁用。长期口服可引起消化功能紊乱，出现维生素缺乏或二重感染症状。休药期 28 天。

氟苯尼考（氟甲砜霉素、氟洛芬）

【性状】白色或类白色结晶性粉末，无臭。极微溶于水，能溶于甲醇、乙醇。

【适应证】为动物专用的广谱抗菌药物，具有广谱、高效、低毒的特点，吸收良好、体内分布广泛。主要用于家禽多种细菌性疾病的治疗，如大肠杆菌病、禽霍乱、禽慢性呼吸道病和沙门菌感染等。

【制剂、用法与用量】粉剂，5 克/50 克。口服（以氟苯尼考计），每千克体重 20～30 毫克，每日 2 次，连用 3～5 天。混饮，每升水 80～100 毫克。

【配伍与禁忌】参见甲砜霉素。

【注意事项】具有胚胎毒性，产蛋期禁用。

（6）大环内酯类

红　霉　素

【性状】白色结晶性粉末，无臭，味苦，难溶于水，乳糖酸盐或硫氰酸盐则易溶于水。本品在碱性溶液中稳定且抗菌作用强，在酸性溶液中易失活。

【适应证】主要用于治疗耐青霉素的金黄色葡萄球菌感染和其他敏感菌（肺炎球菌、链球菌、炭疽杆菌、丹毒杆菌和梭状芽孢杆菌等）及支原体感染，如葡萄球菌病、链球菌病、禽丹毒、慢性呼吸道病、传染性滑膜炎、坏死性肠炎和家禽蓝冠病等。

【制剂、用法与用量】片剂，0.25 克/片；口服，每千克体重 10～40 毫克，每日分 2 次服用，连用 3～5 天；混饲，每千克饲料 20～50 毫克，连用 5 天。注射用乳糖酸红霉素，0.3 克/瓶，临用时先用注射用水溶解，再用 5%葡萄糖注射液稀释成 0.1%以下浓度，缓慢静脉注射或分点肌内注射，每千克体重 10～30 毫克，分 2 次注射。5%硫氰酸红霉素可溶性粉（罗红霉素），混饮（以硫氰酸红霉素计），每升水 100～125 毫克，连用 3～5 天。

【配伍与禁忌】碱性药物可减少红霉素在胃酸中的破坏，并增强抗菌效力；与糖皮质激素如地塞米松有协同免疫抑制作用，增强消炎效果；红霉素与维生素D有协同作用。

红霉素忌与酸性物质配伍；红霉素的水溶液遇铁、铜、铝、锡等离子可形成络合物而减效；红霉素对酰胺醇类和林可胺类药物的效应有拮抗作用，不宜同用；β-内酰胺类药物与红霉素联用时，可干扰前者的杀菌效能，故两者不宜同用；四环素与红霉素注射液配伍，溶液效价降低，并有混浊沉淀，且可加剧肝毒性；红霉素与恩诺沙星联用时药效降低；阿司匹林可使红霉素的抗菌作用降低，两药不宜同服；红霉素与喹乙醇联用毒性增强；红霉素与莫能菌素、盐霉素等不宜合用，有配伍禁忌；丙磺舒可降低红霉素的血药浓度；泰妙菌素与红霉素配伍联用可因竞争作用部位而减效；红霉素能抑制乳酸杆菌的活性，使乳酶生药效降低，同时也耗损了红霉素的有效浓度，不宜同时应用。

泰乐菌素（泰洛星）

【性状】白色至浅黄色粉末，在乙醇、丙酮、氯仿中溶解，在水中微溶。其盐类易溶于水。

【适应证】畜禽专用的抗生素。主要用于防治革兰阳性菌感染和鸡、火鸡支原体感染，如鸡的慢性呼吸道病，对敏感菌并发的支原体感染尤为有效，还可用于禽类预防球虫感染及浸泡种蛋。

【制剂、用法与用量】酒石酸泰乐菌素可溶性粉，5克/100克、10克/100克、20克/100克；混饮（以泰乐菌素计），预防量为0.05%，治疗量为0.1%～0.02%，连用3～5天，休药期5天。注射用酒石酸泰乐菌素，6.25克/支，肌内注射（以酒石酸泰乐菌素计），每千克体重25～50毫克，每天1次，连用3天。

【配伍与禁忌】与土霉素等四环素类药物合用呈协同作用。

泰乐菌素可使β-内酰胺类药物的抗菌作用降低；酰胺醇类药物与泰乐菌素联用会因竞争结合位置而出现拮抗作用，并加重肝脏损害，若必须联用需间隔3～4小时；喹诺酮类药物与泰乐菌素联用，药效降低，副作用增加；泰妙菌素与泰乐菌素配伍联用，会因竞争作用部位而减效；喹乙醇、杆菌肽锌、恩拉霉素、北里霉素、维吉尼霉素、黄霉素、螺旋霉素和卡那霉素等均不宜与泰乐菌素配伍；泰乐菌素可使聚醚类抗球虫药物如莫能菌素、盐霉素、拉沙洛西、海南霉素和马杜米星铵等的毒性增强。

【注意事项】产蛋期禁用。

螺旋霉素

【性状】白色至淡黄色粉末，味苦。微溶于水，易溶于多种有机溶剂。乙酰螺旋霉素，性质较稳定，抗菌效能亦明显提高。

【适应证】多用于禽类呼吸道感染，如肺炎、慢性呼吸道病及各种肠炎等，也用于耐青霉素、红霉素的葡萄球菌感染。

【制剂、用法与用量】螺旋霉素片、乙酰螺旋霉素片，0.2 克/片或 0.25 克/片；口服，每千克体重 50～100 毫克，每日 1 次，连用 3 天。可溶性粉，每升水 400 毫克，连用 3 天，预防量减半、注射剂，0.25 克/瓶，皮下和肌内注射，一次量，每千克体重 25～50 毫克，每日 1 次。

【配伍应用】螺旋霉素不影响茶碱等药物的体内代谢，但可使茶碱作用增强，联用时应减少茶碱用量；泰乐菌素、卡那霉素、喹乙醇、杆菌肽锌、恩拉霉素、北里霉素、维吉尼霉素和黄霉素均不宜与螺旋霉素配伍。其余配伍应用参见红霉素。

【注意事项】本品能损害肝脏和肾脏，故肝脏、肾脏功能不正常的动物慎用；由于排泄慢，对供人食用的动物，用药后需要较长的休药期方可屠宰上市。

替米考星

【性状】白色或类白色粉末，在水中不溶。

【适应证】为半合成畜禽专用抗生素，具有广谱抗菌作用，对革兰阳性菌和阴性菌、支原体、螺旋体均有抑制作用，对巴氏杆菌和支原体具有比泰乐菌素更强的抗菌活性。主要用于防治禽支原体病及敏感菌所引起的各种感染，如败血支原体病、气囊炎、腹膜炎等。

【制剂、用法与用量】25%磷酸替米考星溶液，混饮，每升水 100～200 毫克，连用 5 天。

【注意事项】产蛋期禁用。

（7）其他抗菌药物

硫酸多黏菌素

【性状】白色或微黄色结晶性粉末，易溶于水。是由多黏芽孢菌产生的一组碱性多肽类药物，包括多黏菌素 A、多黏菌素 B、多黏菌素 C、多黏菌素 D 和多黏菌素 E 五种成分，兽医临床常用多黏菌素 B 和多黏菌素 E 2 种。

【适应证】主要敏感菌有大肠杆菌、沙门菌、巴氏杆菌、布氏杆菌、弧菌、痢疾杆菌和铜绿假单胞菌等。用于防治禽类革兰阴性杆菌如大肠杆菌等引起的肠道感染。

【制剂、用法与用量】硫酸多黏菌素 E（硫酸抗敌素、硫酸黏菌素）片，12.5 万单位/片、25 万单位（6.5 万单位相当于 10 毫克）/片。硫酸黏菌素可溶性粉，每 100 克含 2 克（6000 万单位）。内服，一次量，每千克体重 3 万～8 万单位，1 日 1～2 次。硫酸黏菌素预混剂，2 克（6000 万单位）/100 克、4 克（12000 万单位）/100 克、10 克（30000 万单位）/100 克，混饲（用于促生长），每 1000 千克饲料 2～20 克（以多黏菌素计）。

【配伍与禁忌】磺胺类药物、利福平会增强多黏菌素对大肠杆菌、肠杆菌、肺炎杆菌、铜绿假单胞菌的抗菌作用，对耐多黏菌素的革兰阴性杆菌呈协同抗菌作用，但不可混合应用；多黏菌素能增强两性霉素 B 对球孢子菌属的抗菌作用，但不可混合应用；多黏菌素与青霉素、氨苄西林、氯唑西林钠联用对肺炎杆菌有协同作用，但不宜混合注射；甲氧苄啶等磺胺增效剂可使多黏菌素增效 2～32 倍，对治疗铜绿假单胞菌感染有协同作用；金霉素、土霉素、四环素与多黏菌素联用，由于增强细菌对前者的吸收而呈协同作用；与左氧氟沙星联用的治疗效果比单用效果好，且内毒素水平有所降低。

肾毒性药物如庆大霉素、新霉素、杆菌肽与多黏菌素交替或联用治疗铜绿假单胞菌、大肠杆菌等引起的感染虽有协同作用，但肾毒性增加并产生神经肌肉阻滞作用，故一般不联用；对神经系统有一定毒性的药物如链霉素、卡那霉素与多黏菌素联用有导致肌无力和呼吸暂停的危险，因后者干扰神经肌肉接头的神经传递；与头孢菌素类药物联用时可增强多黏菌素对肾脏的毒性；与红霉素、万古霉素联用毒性增强；与维生素 B_{12} 联用，多黏菌素阻碍维生素 B_{12} 的胃肠道吸收；金属离子如镁、铁、钴、锌等可使多黏菌素失去抗菌活性；复合维生素 B 注射液对多黏菌素有灭活作用，故不可混合注射；肝素、氢化可的松、氨茶碱和碳酸氢钠等不可与多黏菌素配伍联用，以免产生毒性、沉淀或降效；与聚醚类药物联用毒性增强，禁止联用；维生素 C 对多黏菌素有灭活作用，不宜配伍联用。

【注意事项】肌内注射慎用，一般不做静脉注射，因注射过快可引起呼吸抑制。易引起对肾脏和神经系统的毒性反应。产蛋期禁用。内服不吸收，故不能用于全身感染性疾病的治疗。

盐酸林可霉素（洁霉素）

【性状】白色结晶性粉末，有微臭或特殊臭，味苦。易溶于水和甲醇。

【适应证】主要用于治疗革兰阳性菌特别是耐青霉素的革兰阳性菌所引起的各种感染，支原体所引起的家禽慢性呼吸道病，厌氧菌感染如坏死性肠炎等。

【制剂、用法与用量】片剂，0.25 克（25 万单位）/片、5 克（50 万单位）/片，内服，每千克体重 15～30 毫克，每口 2 次，饮水，31.5 毫克/升。注射液，0.12 克/2 毫升、0.6 克/10 毫升、0.6 克/2 毫升、3 克/10 毫升；肌内注射，每千克体重 20～40 毫克，每日 2 次，连用 3～5 天。治疗坏死性肠炎，每升水中加入 16.9 毫克，连用 3～5 天，效果良好（以盐酸林可霉素计）。

【配伍与禁忌】本品与大观霉素合用，对支原体病和大肠杆菌病呈协同作用；与氟喹诺酮类药物联用能产生协同作用，并可减少耐药菌株的产生，但不可混合应用；庆大霉素与林可霉素联用可增强抗链球菌的作用；林可霉素可增强氨茶碱作用，联用时应减少氨茶碱用量。

本品不宜与红霉素合用，以免相互拮抗；与磺胺嘧啶钠、氨苄西林钠、青霉素钠（钾）配伍产生沉淀，不可联用；卡那霉素、新生霉素与林可霉素混合静脉注射，可发生配伍禁忌；氟苯尼考等酰胺醇类药物可与林可霉素竞争结合位置而产生拮抗作用；复合维生素 B 对林可霉素有灭活作用，故不宜混合注射；大黄可与林可霉素生成鞣酸盐沉淀物，降低林可霉素的生物利用度。

【注意事项】产蛋期禁用。

2. 化学合成抗菌药物

（1）氟诺酮类药物

诺氟沙星（氟哌酸、淋克星）

【性状】为类白色至淡黄色结晶性粉末，无臭，味微苦。在空气中能吸收水分，遇光色渐变深。在水或乙醇中极微溶解。

【适应证】具有抗菌谱广、作用强、不易产生耐药性的特点，尤其对革兰阴性菌如大肠杆菌、沙门菌、变形杆菌、痢疾杆菌和伤寒杆菌等有强大的抗菌作用；对金黄色葡萄球菌、炭疽杆菌的抗菌作用也较羧苄西林、庆大霉素强。主要用于防治禽大肠杆菌病、伤寒、禽霍乱和禽的各种支原体病。

【制剂、用法与用量】诺氟沙星胶囊，0.1克/粒，混饲（以诺氟沙星计），100毫克/千克饲料；诺氟沙星预混剂，每袋或瓶50克（含诺氟沙星2.5克），混饲（以诺氟沙星计），100毫克/千克饲料；乳酸诺氟沙星可溶性粉、烟酸诺氟沙星可溶性粉，每袋或瓶50克（含诺氟沙星1.25克或8.5克），混饮（以诺氟沙星计），每升水50毫克；乳酸诺氟沙星注射液，0.1克/2毫升、0.1克/10毫升、0.2克/10毫升，肌内注射，每千克体重10毫克，每日1～2次。

【配伍与禁忌】与氨基糖苷类药物联用可增强对铜绿假单胞菌、大肠杆菌、变形杆菌的抗菌作用，但不影响对肠球菌、金黄色葡萄球菌的抗菌作用；与青霉素联用对金黄色葡萄球菌具有协同作用；与麦迪霉素联用有协同作用；丙磺舒可抑制诺氟沙星在肾小管的分泌，使其血药浓度升高。

诺氟沙星与利福平联用可产生拮抗作用，使诺氟沙星完全失去抗菌活性；与万古霉素联用可降低对肠球菌的抗菌作用；与红霉素、多西环素联用可降低对金黄色葡萄球菌的抗菌作用；含金属阳离子的药物与诺氟沙星可形成络合物，从而减少其吸收而降低抗菌作用；抗酸药如氢氧化铝、三硅酸镁会影响诺氟沙星的吸收，导致诺氟沙星的最高血药浓度明显降低（90%），达血峰浓度所需时间明显延长，所以应避免同时应用；与呋喃妥因联用可拮抗诺氟沙星在尿道的抗菌作用，属配伍禁忌；诺氟沙星可抑制茶碱在肝脏中的代谢，两者合用可使茶碱血药浓度升高1～2倍和消除半衰期延长，从而出现茶碱的毒性反应。

【注意事项】氟诺酮类药物药物可促使高尿酸血症的发生，家禽使用后容易发生高尿酸血症（痛风）、肾脏肿大等症状。解毒方法是碱化尿液，促进药物从肾脏排出，并促进尿酸的排泄；本类药物注射，雏鹅较敏感，故注射时要严格掌握用量。

环丙沙星（环丙氟哌酸）

【性状】为白色或微黄色结晶性粉末，几乎无臭，味微苦。在水或乙醇中极微溶解。

【适应证】是目前广泛应用的喹诺酮类药物中作用最强的一种。临床用途也较诺氟沙星广，除用于泌尿生殖系统和肠道、胆道感染外，尚可用于治疗流感杆菌、大肠杆菌、肺炎杆菌、变形杆菌和铜绿假单胞菌等革兰阴性杆菌及葡萄球菌属引起的骨和关节感染、腹腔感染、皮肤软组织感染、支原体感染和肺炎、败血症等。

【制剂、用法与用量】盐酸环丙沙星片（胶囊），0.25克/片（粒）。口服，每千克体重5～10毫克，每日3次；混饲，每千克饲料100毫克。盐酸环丙沙星可溶性粉，每袋（瓶）50克（含环丙沙星0.625克）。混饮（以环丙沙星计），每升水50毫克，连用3～5天为1个疗程。乳酸环丙沙星注射液，0.1克/50毫升、0.2克/100毫升。肌内注射，每千克体重2.5～5毫克，每日2次。

【配伍与禁忌】与β-内酰胺类药物（如青霉素、头孢菌素）、氨基糖苷类药物（如卡那霉素等）联用对革兰阳性菌、肠杆菌及部分铜绿假单胞菌有协同作用；与氨基糖苷类药物和头孢菌素类药物联用时，因肾毒性增强，宜调整剂量，分别给药。

酰胺醇类药物、多西环素、大环内酯类药物与环丙沙星联用时可导致环丙沙星抗菌活性降低，增加造血系统、神经系统的不良反应；环丙沙星可使茶碱清除率下降20%～30%，使茶碱血药浓度增加1～2倍，易出现毒副作用，联用时需调整剂量；环丙沙星与含金属离子的药物联用可显著降低其抗菌活性，尤其是与含镁离子和铝离子的药物联用，几乎完全失去抗菌活性；与地塞米松、呋塞米、肝素、硫酸镁、甲泼尼龙配伍即产生沉淀。

【注意事项】本品大剂量或长期使用，易致肝脏损害，且较其他氟喹诺酮类药物严重。长期并重复用药，可引起二重感染。用药期间应多饮水，且注意保持尿液的 pH 值低于 6.8，以免产生结晶尿。本品遇光易变质分解，应避光保存。

氧氟沙星（氟嗪酸、奥复星）

【性状】为白色或微黄色结晶性粉末，无臭，味苦，遇光渐变色。

【适应证】具有广谱、高效、低毒和耐受性好等优点。主要适用于防治禽大肠杆菌病、慢性呼吸道病、禽霍乱、禽传染性鼻炎、葡萄球菌病等。尚有抗结核杆菌的作用，可与异烟肼、利福平并用治疗结核病。本品口服吸收较完全，血药浓度维持时间长且稳定，无蓄积性，主要经尿液排泄。

【制剂、用法与用量】氧氟沙星片，0.1 克/片；口服，5～10 毫克/千克体重，每日 2 次。氧氟沙星注射液，有 0.1 克/100 毫升和 0.2 克/100 毫升 2 种剂型；肌内或静脉注射，3～5 毫克/千克体重，每日 2 次，连用 3～5 天。氧氟沙星可溶性粉，每袋（瓶）50 克（含氧氟沙星 1 克）；混饮，（以氧氟沙星计），0.05～0.1 克/升，每日 2 次，连用 3～5 天。氧氟沙星溶液，有酸性和碱性 2 种溶液，每瓶 100 毫升（含氧氟沙星 4 克）；混饮（以氧氟沙星计），0.05～0.1 克/升，每日 2 次，连用 3～5 天。

【配伍与禁忌】配伍参见诺氟沙星的合理配伍。与含金属离子的药物联用可降低氧氟沙星的抗菌作用；避免与制酸剂、碱性药物同时服用。

盐酸二氟沙星

【性状】为类白色或白色粉末，无臭，味微苦，遇光色变深。在水中微溶，在乙醇中极微溶解，在冰醋酸中微溶解。

【适应证】为畜禽专用的氟喹诺酮类药物。主要用于防治禽葡萄球菌病、大肠杆菌病、禽霍乱和慢性呼吸道病等。

【制剂、用法与用量】可溶性粉，混饮（以盐酸二氟沙星计），每升水50～100毫克，连用3～5天；溶液，混饮（以盐酸二氟沙星计），每升水50～100毫升，连用3～5天。

【配伍与禁忌】与青霉素类、头孢菌素类药物能产生协同作用；与甲氧苄啶等磺胺增效剂配伍联用可增强抗菌作用，减少耐药性。

与氨基糖苷类药物联用抗菌作用及毒性均增强；酰胺醇类药物、利福平可导致二氟沙星抗菌活性降低，增加不良反应；与大环内酯类、四环素类、林可胺类药物联用药效降低；与金属阳离子可发生整合反应，影响吸收，降低疗效；抗胆碱药、抗酸剂可影响二氟沙星在肠道内的吸收。

恩诺沙星（乙基环丙沙星）

【性状】微黄色或淡橙黄色结晶性粉末，无臭，味微苦，遇光渐变为橙红色。在水中极微溶解。

【适应证】本品为畜禽专用广谱抗菌药物。对革兰阴性菌如大肠杆菌、沙门菌、克雷伯菌、变形杆菌、嗜血杆菌和巴氏杆菌等有很强的抗菌作用，对败血支原体的效果尤为显著，其抗菌活性优于青霉素、头孢菌素和氨基糖苷类药物。对革兰阳性菌、肺炎败血支原体也有良好的抗菌作用，其抗菌活性明显优于诺氟沙星。主要用于防治大肠杆菌病、沙门菌病、禽霍乱和慢性呼吸道病等。

【制剂、用法与用量】溶液，10克/100毫升、5克/100毫升、2.5克/100毫升；混饮，每升水50毫克，连用3～5天。片剂，2.5毫克/片、5毫克/片；口服，5毫克/千克体重，每日2次，连用3～5天。可溶性粉，每袋（瓶）100克（含恩诺沙星2.5克或5克）；混饮（以恩诺沙星计），每升水25～75毫克；混饲，100毫克/千克体重，每日2次，连用3～5天。针剂，50毫克/10毫升、250毫克/10毫升，0.5克/100毫升、1克/100毫升、2.5克/100毫升、5克/100毫升；肌内注射（以恩诺沙星计），2.5～5毫克/千克体重，每日2次，连用3天，必要时停药2天后再连用3天。

【配伍与禁忌】与安普霉素联用抗菌活性增强，呈协同作用；丙磺舒可降低肾清除率，使恩诺沙星的血药浓度升高；与甲氧苄啶等磺胺增效剂配伍联用可使恩诺沙星抗菌活性增强，且减少耐药性产生。

恩诺沙星有抑制肝药酶作用，与在肝脏中代谢的药物如红霉素、林可霉素等合用，可使其清除率降低，血药浓度升高；氟苯尼考、甲砜霉素可拮抗恩诺沙星的抗菌活性，使其疗效降低；制酸药降低恩诺沙星在胃肠道中的吸收，不宜同用；与利福平联用可使恩诺沙星作用降低；与含金属阳离子如铝离子、镁离子的药物合用可形成不溶性难吸收的络合物。

达氟沙星（单诺沙星、达诺沙星）

【性状】淡黄色结晶性粉末，无臭，味苦。在水中极微溶。

【适应证】为畜禽专用广谱抗菌药物，对禽大肠杆菌、巴氏杆菌及支原体等有强大的抗菌活性。其特点是在肺脏、支气管上皮细胞中的浓度较高，可达血浆浓度的5～7倍，是治疗禽呼吸系统细菌性感染的理想药物。主要用于防治禽霍乱、沙门菌感染、慢性呼吸道病和禽大肠杆菌病等。

【制剂、用法与用量】甲磺酸达氟沙星注射液，肌内或皮下注射，1.25毫克/千克体重；混饮（以达氟沙星计），每升水25～50毫克，连用3～5天。甲磺酸达氟沙星溶液，混饮（以达氟沙星计），每升水25～50毫克，连用3～5天。达氟沙星可溶性粉，混饮（以达氟沙星计），每升水25～50毫克，连用3～5天。

【配伍与禁忌】与青霉素类药物有协同抗菌作用；与头孢菌素类、氨基糖苷类药物有协同抗菌作用，但因肾毒性亦增强，需减少剂量并分别给药。

与大环内酯类、四环素类药物联用药效降低；与利福平、酰胺醇类药物联用可导致达氟沙星作用降低甚至失效；钙、镁、氯离子可使本品吸收减少；本品有抑制茶碱代谢作用，联用可提高茶碱血药浓度，延长半衰期，导致茶碱中毒。

沙拉沙星（苯氟沙星）

【性状】难溶于水，略溶于氢氧化钠溶液，其盐酸盐微溶于水。

【适应证】对支原体、革兰阳性菌和阴性菌都有显著作用。适用于敏感菌所引起的各种感染，特别是在育雏前期使用，能有效防治种鹅垂直传播带来的支原体病和沙门菌病。

【制剂、用法与用量】盐酸沙拉沙星可溶性粉，混饮（以沙拉沙星计），每升水25～50毫克，每日1～2次，连用3～5天；盐酸沙拉沙星溶液，混饮（以沙拉沙星计），每升水25～50毫克，每日1～2次，连用3～5天。

【注意事项】产蛋期禁用。

氟甲喹

【性状】白色粉末，味微苦，有烧灼感，几乎不溶于水。

【适应证】主要用于革兰阴性菌（如大肠杆菌、沙门菌、克雷伯菌、巴氏杆菌、葡萄球菌、变形杆菌和假单胞菌等）所引起的畜禽消化道和呼吸道感染，也用于慢性呼吸道病。

【制剂、用法与用量】10%氟甲喹可溶性粉，混饮（以氟甲喹计），每升水30～60毫克，连用3～4天。

【注意事项】弃蛋期为6天。

（2）磺胺类药物

磺胺嘧啶（大安、SD）

【性状】白色或类白色结晶或粉末，无臭，无味，遇光色渐变深。在水中几乎不溶。

【适应证】常用于脑部细菌性感染（本品吸收快而排泄较慢，血浆蛋白结合率低，血中浓度高，易扩散进入组织和脑脊液，是本类药物中治疗脑部细菌性感染的首选药物）、出血性败血症、禽霍乱、禽伤寒、卡氏住白细胞原虫病，以及呼吸道、消化道和泌尿道感染。

【制剂、用法与用量】磺胺嘧啶片，每片0.5克；口服，0.14～0.2克/千克体重（首次量），以后按0.07～0.1克/千克体重（维持量）给药，每日2次。磺胺嘧啶混悬液，含10%的磺胺嘧啶，口服量同磺胺嘧啶片。磺胺嘧啶钠注射液，0.4克/2毫升、1克/5毫升、1克/10毫升；静脉或深部肌内注射，0.05～0.1克/千克体重，每日2次。复方磺胺嘧啶片（双嘧啶片），每片含磺胺嘧啶25毫克、甲氧苄啶5毫克；口服，30毫克/千克体重，每日2

次，复方磺胺嘧啶钠注射液，每支10毫升（含磺胺嘧啶钠1克、甲氧苄啶0.2克）；肌内注射，0.17～0.2毫升/千克体重，每日1～2次；混饮，每升水0.2毫升。

【配伍与禁忌】薄荷醇和冰片具有促进磺胺嘧啶透过血脑屏障的作用，可减少对血脑屏障结构的损伤。其他配伍见磺胺类药物（磺胺类药物的合理配伍：与黏菌素配伍用于耐药性铜绿假单胞菌感染有协同作用，但不可置于同一容器内。抗菌增效剂与磺胺类药物配伍联用，可使作用显著增强，甚至从抑菌变为杀菌。与制霉菌素可产生协同作用。喹啉类药物与磺胺类药物联用可提高抗原虫效果。黄连素与磺胺类药物联用可产生相加性抗菌作用）。

磺胺嘧啶钠的注射液或水溶液呈碱性，因此不可与酸性较强的药物如维生素C等合用；不可与阿米卡星、庆大霉素、卡那霉素、林可霉素、链霉素、四环素、碳酸氢钠、氢化可的松、青霉素G、氯化钾、氯化钙、葡萄糖酸钙、维生素C、维生素B_2、酚磺乙胺、阿托品和红霉素等配伍联用。其他参见磺胺类药物的配伍禁忌（磺胺类药物的配伍禁忌：遇氨基糖苷类将产生混浊或沉淀，与四环素类配伍联用可增加肝、肾毒性；可使四环素类药物发生解离而造成溶解度下降、吸收减少、药效降低；磺胺类药物可降低头孢菌素类药物的抗菌作用并使其肾毒性增强；磺胺类药物使青霉素类药物作用减弱，但联用治疗放线菌有协同作用，需间隔给药；与喹诺酮类配伍联用肾毒性增加；普鲁卡因、苯佐卡因、丁卡因含有对氨苯甲酰基，对氨苯甲酸能减弱磺胺类药的抑菌效力，故不宜与磺胺药合用。抗酸剂、矿物油可阻碍磺胺药的吸收且使其减效；与乳酶生、酵母等活菌制剂合用，将显著减弱磺胺类药物的抗菌作用；磺胺类药物可使苯妥英钠血药浓度增高，而致苯妥英钠中毒；可使硫喷妥钠麻醉及呼吸抑制加强；可使香豆素类血药浓度提高而加强抗凝血作用和出血；与重酒石酸去甲肾上腺素配伍，易析出结晶。也不宜用5%或10%的葡萄糖注射液稀释后滴注。与硫酸镁等各种泻药配伍，可减弱或清除磺胺类药的作用。尿酸化剂与酸性药物如氯化铵、乌洛托品，可使磺胺类药物的尿结晶发生率增多。氨茶碱可与磺胺类药物竞争蛋白结合部位，两药联用时氨茶碱血药浓度增高，应注意调整剂量。核酸、氨基酸、叶酸等均可使对氨苯甲酸含量增加，从而减弱磺胺类药的抗菌作用。对氨基水杨酸钠可拮抗磺胺类药物的抗菌活性。维生素 C 可使磺胺类药物总排泄量减少，易造成磺胺类药物在肾脏中形成结晶（小剂量维生素 C 无影响）。与莫能霉素、盐霉素联用可引起中毒。磺胺类药物影响维生素 K 的吸收而出现贫血、出血症等。与两性霉素 B 配伍联用，肾毒性增加；氯化钙使磺胺类药物的作用减弱，毒性增强。硼砂可降低磺胺类药物的吸收，使其降低疗效；神曲可拮抗磺胺类药的抑菌作用。麦芽与磺胺类药物并用可降低后者的抗菌活性。山楂、乌梅、山萸肉、五味子、川芎等含有机酸的中药，可使尿酸化，减少了磺胺类药物的排泄，降低了其溶解度，增加了磺胺结晶的形成。含鞣质较多的中药，如白芍、赤芍，可影响磺胺类药物代谢速度，加重肝脏损伤，发生中毒性肝病。

【注意事项】参见磺胺类药物（磺胺类药物注意事项：首次量要加倍；如有中毒应立即停药，并供给充足饮水，在饮水中添加0.5%～1%的碳酸氢钠或5%的葡萄糖；防止耐药性的产生）。

磺胺二甲嘧啶（SM2）

【性状】白色或微黄色结晶性粉末，无臭，味苦。在水中几乎不溶，在乙醇中略溶。

【适应证】主要用于治疗敏感菌所引起的各种感染，如禽霍乱、禽伤寒、禽副伤寒、传染性鼻炎、葡萄球菌病和链球菌病等，也可用于防治禽球虫病。

【制剂、用法与用量】磺胺二甲嘧啶片，每片 0.5 克。口服，0.14～0.2 克/千克体重（首次量），以后按 0.07～0.1 克/千克体重（维持量）给药，每日 2 次。混饲，4～5 克/千克饲料。

【配伍与禁忌】参见磺胺类药物。

【注意事项】本品应用可以不加碳酸氢钠。其他参见磺胺类药物。

磺胺甲噁唑（新诺明、SMZ）

【性状】白色结晶性粉末，无臭，味微苦。在水中几乎不溶。

【适应证】抗菌谱与磺胺嘧啶相近，但抗菌作用较强、排泄较慢、作用维持时间长，适用于尿路感染、呼吸道感染、皮肤化脓性感染等。与磺胺增效剂甲氧苄啶合用，其抗菌作用明显增强，疗效与四环素、氨苄西林相近，临床应用范围也相应扩大，主要用于治疗呼吸道、泌尿道感染，如葡萄球菌病、大肠杆菌病、禽霍乱、禽副伤寒、禽慢性呼吸道病和细菌性痢疾等。

【制剂、用法与用量】复方磺胺甲噁唑片（复方新诺明片，每片含磺胺甲噁唑 0.4 克、甲氧苄啶 0.08 克），口服（以磺胺甲噁唑计），20～30 毫克/千克体重，每日 2 次，连用 3～5 天；混饲，1000～2000 毫克/千克饲料；或混饮，每升水 600～1000 毫克。增效联磺片（每片含磺胺嘧啶 0.2 克、磺胺甲噁唑 0.2 克、甲氧苄啶 0.08 克），口服（以磺胺甲噁唑计），20～25 毫克/千克体重，每日 1～2 次，连用 3～5 天。磺胺甲噁唑注射液，2 克/5 毫升；静脉或深部肌内注射（以磺胺甲噁唑计），0.05 克/千克体重，每日 2 次。

【配伍与禁忌】咪康唑与复方磺胺甲噁唑联用，可增强体外抗白色念珠菌的效力；左旋咪唑与复方磺胺甲噁唑配伍联用治疗弓形虫病，可破坏虫体，减少抗原刺激，改善症状。其他参见磺胺类药物配伍。

对乙酰氨基酚（扑热息痛）可加强或延长复方磺胺甲噁唑的作用，使血药浓度升高，增强药效和不良反应；磺胺甲噁唑可使茶碱血浓度明显增高。其他参见磺胺类药物配伍禁忌。

【注意事项】本品肾毒性较大，应用时宜与碳酸氢钠同服，并供给充足饮水。其他参见磺胺类药物。

磺胺对甲氧嘧啶（磺胺-5-甲氧嘧啶、消炎磺、长效磺胺、SMD）

【性状】白色或微黄色结晶性粉末，在水中几乎不溶。

【适应证】主要用于敏感菌如化脓性链球菌、沙门菌、肺炎球菌和伤寒杆菌等所引起的生殖道、呼吸道、泌尿道、肠道和皮肤软组织感染，也可用于球虫病的治疗。与磺胺增效剂甲氧苄啶合用，其增效作用较其他磺胺类药物显著。

【制剂、用法与用量】片剂，0.5 克/片；口服，50～100 毫克/千克体重，每日 1～2 次，连用 3～5 天；混饲，治疗时 1000～

2000毫克/千克饲料，预防时500～10000毫克/千克饲料，每日1～2次，连用3～5天；混饮，每升水150～1000毫克。复方磺胺对甲氧嘧啶片（每片含磺胺对甲氧嘧啶0.4克、甲氧苄啶0.08克），口服（以磺胺对甲氧嘧啶计），20～25毫克/千克体重，连用3～5天，休药期28天。复方敌菌净片（每片含磺胺对甲氧嘧啶30毫克、二甲氧苄啶6毫克），口服（以磺胺对甲氧嘧啶计），30毫克/千克体重，每日1～2次，连用3～5天。复方磺胺对甲氧嘧啶钠注射液，每支5毫升（含磺胺对甲氧嘧啶钠0.5克、甲氧苄啶0.1克）或10毫升（含磺胺对甲氧嘧啶钠1克、甲氧苄啶0.2克）；肌内注射，0.1～0.2毫升/千克体重，每日1～2次；混饮，每升水0.2毫升。磺胺对甲氧嘧啶、二甲氧苄啶预混剂，每500克中含磺胺对甲氧嘧啶100克、二甲氧苄啶20克；混饲（以磺胺对甲氧嘧啶计），1克/千克饲料，休药期28天。

【配伍与禁忌】与甲氧苄啶按5∶1比例配合，对金黄色葡萄球菌、大肠杆菌、变形杆菌等的抗菌活性可增强10～30倍；与二甲氧苄啶合用后的增效较其他磺胺类药物显著。其他参见磺胺类药物。

【注意事项】复方制剂饲喂鹅不得超过10天，产蛋期禁用。其他参见磺胺类药物。

磺胺间甲氧嘧啶（磺胺-6-甲氧嘧啶、制菌磺、泰灭净、SMM、DS-36）

【性状】白色至微黄色结晶，在水中几乎不溶。

【适应证】用于治疗敏感菌所引起的各种感染，如肺炎、细菌性痢疾、肠炎及泌尿道感染，对球虫病、住白细胞原虫病等疗效较高。

【制剂、用法与用量】片剂，0.5克/片；口服（磺胺间甲氧嘧啶计），50～100毫克/千克体重，每日1～2次，连用3～5天；混饲，治疗1000～2000毫克/千克饲料，预防时用500～10000毫克/千克饲料，每日1～2次，连用3～5天；混饮，每升水150～1000毫克。复方磺胺间甲氧嘧啶片（每片含磺胺间甲氧嘧啶0.4克、甲氧苄啶0.08克）。口服（以磺胺间甲氧嘧啶计），20～25毫克/千克体重，每日 1～2 次，连用 3～5 天。

【配伍与禁忌】【注意事项】参见磺胺类药物。

（3）二胺嘧啶类抗菌增效剂

甲氧苄啶（甲氧苄胺嘧啶、三甲氧苄胺嘧啶、TMP）

【性状】白色或类白色结晶性粉末，无臭，味苦。在水中几乎不溶，在乙醇中微溶。

【适应证】抗菌范围广，口服或注射均吸收迅速，用药后 1～4 小时血中可达有效抑菌浓度。高敏感菌有大肠杆菌、沙门菌、梭菌、巴氏杆菌、链球菌、流感嗜血杆菌和炭疽杆菌等；敏感菌有布氏杆菌、葡萄球菌、肠道球菌、放线菌、脑膜炎链球菌、变形杆菌和棒状杆菌属等。

【制剂、用法与用量】甲氧苄啶片，每片 0.1 克；口服，20 毫克/千克体重，每日 2 次，连用 3～5 天；混饲，0.2～0.4 克/千克饲料。甲氧苄啶注射液，0.1 克/2 毫升；肌内注射，10 毫克/千克体重，每日 2 次，连用 3～5 天。

本品还常与各种磺胺类药物制成复方（增效）制剂，如片剂、注射液、预混剂等，可参见各磺胺类药物的介绍。

【配伍与禁忌】与磺胺类药物配伍联用可增强疗效且不易产生耐药性；与氨基糖苷类药物、利福平、黄连素联用有协同抗菌作用；与大环内酯类药物如红霉素、麦迪霉素等合用在体外试验发现有增效作用；与青霉素、土霉素联用有显著增效作用；与林可霉素有协同作用，可增强抗菌效力，提高疗效，减少药物不良反应；与多西环素联用对部分菌株有协同和累加抗菌作用，对大部分菌株无增效作用；与黏菌素类药物联用增效作用达 2～32 倍，且对铜绿假单胞菌有协同作用；与喹诺酮类药物联用增效作用显著，药物副作用亦低于单独用药。

与四环素联用体外试验无增效作用；与大剂量对乙酰氨基酚长期联用，可引起贫血、血小板降低或白细胞减少。

【注意事项】细菌对本品易产生耐药性，一般不单独应用，常与磺胺类药物（如磺胺嘧啶和磺胺甲噁唑、磺胺间甲氧嘧啶、磺胺对甲氧嘧啶）等按 1∶5 比例联合用于呼吸道、消化道、泌尿生殖道等器官感染。

二甲氧苄啶（二甲氧苄胺嘧啶、敌菌净、DVD）

【性状】白色或类微黄色结晶性粉末，几乎无臭。在水、乙醇或乙醚中微溶。

【适应证】抗菌作用与甲氧苄啶相似，但抗菌效力稍弱。口服后吸收差，血中最高浓度仅为甲氧苄啶的1/5，在胃肠道内可保持较高浓度。因此，用作肠道磺胺增效剂比甲氧苄啶优越。若与磺胺类药物或某些抗生素合用，增效作用明显。对禽球虫也有抑制作用。主要用于防治球虫病、沙门菌病、禽霍乱。

【制剂、用法与用量】本品常与各种磺胺类药物制成复方（增效）制剂，如片剂、预混剂等，可参见各磺胺类药物的介绍。

【配伍与禁忌】【注意事项】参见甲氧苄啶。

（4）其他合成类抗菌药物

乙酰甲喹（痢菌净、MAQO）

【性状】鲜黄色微细结晶，无臭，味苦，遇光颜色变深，可溶于水。

【适应证】为广谱抗菌药物，对革兰阴性菌作用尤强，对密螺旋体有特效。主要用于治疗禽大肠杆菌病和沙门杆菌病。

【制剂、用法与用量】乙酰甲喹片，每片0.1克或0.5克。口服，5～10毫克/千克体重，每日2次，连用3天。0.5%乙酰甲喹注射液，肌内注射，5毫克/千克体重，每日2次，连用3天。

【注意事项】家禽对本品较为敏感，正常治疗量无不良影响，剂量高于临床治疗量3～5倍或长时间应用，会引起不良反应，甚至死亡。

甲硝唑（甲硝咪唑、灭滴灵）

【性状】白色或微黄色结晶或结晶性粉末，有微臭，味苦而略咸。在水中微溶，在乙醇中略溶。遇光易变黑。

【适应证】本品对毛滴虫有较强的杀灭作用，对球虫和阿米巴原虫也有效，对革兰阳性厌氧菌有良好的抗菌作用。临床上主要用于治疗禽毛滴虫病和厌氧菌所致的各种感染（如腹膜炎等），也可用于治疗球虫病、组织滴虫病等。

【制剂、用法与用量】甲硝唑片（胶囊），每片（粒）0.2克；混饲（以甲硝唑计），250克/1000千克饲料，5～7天为1个疗程，0.2%或0.5%甲硝唑注射液，混饮，每升水0.5克，连用7天。

【配伍与禁忌】与蜂蜜、蜂胶配伍，有协同性抗菌和抗原虫作用；与抗生素配伍，可增强抗感染范围和作用，提高疗效。

不宜与庆大霉素、氨苄西林钠直接配伍，以免药液混浊、变黄；与土霉素合用，可减弱甲硝唑的抗滴虫效应；与氯喹联用，可出现急性肌张力障碍，两药交替应用，可治疗阿米巴肝脓肿；与西咪替丁合用，可减少甲硝唑从体内排泄；糖皮质激素可使甲硝唑血药浓度下降，联用时需加大甲硝唑剂量。

【注意事项】用量过大可出现震颤、运动失调等不良反应；产蛋禽禁用。

地美硝唑（二甲硝唑）

【性状】类白色或微黄色粉末。在乙醇中溶解，在水中微溶。

【适应证】具有广谱抗菌和抗原虫作用，不仅能对抗大肠弧菌、多型性杆菌、链球菌、葡萄球菌和密螺旋体，且能抗组织滴虫、纤毛虫、阿米巴原虫和六鞭毛虫等。临床上主要用于禽的厌氧菌感染、组织滴虫病和六鞭毛虫病。

【制剂、用法与用量】地美硝唑预混剂，每袋100克（含地美硝唑20克）或500克（含地美硝唑100克）。混饲（以地美硝唑计），每千克饲料200毫克。

【配伍与禁忌】同甲硝唑。

【注意事项】产蛋禽禁用；鹅对本品甚为敏感，剂量大会引起平衡失调等神经症状。

3. 抗真菌药物

制霉菌素

【性状】淡黄色粉末，有吸湿性，不溶于水。

【适应证】广谱抗真菌药。对念珠菌、曲霉菌、毛癣菌、表皮癣菌、小孢子菌、组织胞浆菌、皮炎芽生菌、球孢子菌等均有抑菌或杀菌作用。主要用于防治曲霉菌病、念珠菌病、冠癣及长期服用广谱抗生素所致的真菌性二重感染。气雾吸入对肺部霉菌感染效果好。

【制剂、用法与用量】片剂，每片含 10 万单位、20 万单位和 50 万单位；每千克饲料添加 50 万～100 万单位，混饲连用 1～3 周；气雾用药，每立方米 50 万单位，吸入 30～40 分钟；内服，雏鹅 5000～10000 单位，每日 2 次，连用 3～5 天、成年禽，每千克体重 1 万～2 万单位，每日 2 次。软膏、粉剂、混悬液，每克（或每毫升）含 10 万单位，供外用。

【配伍与禁忌】与磺胺类药物可产生协同作用；不宜与其他药物配伍联用。

【注意事项】内服不易吸收，常规剂量内服或混饲，对全身性真菌感染无明显疗效。

克霉唑（三苯甲咪唑）

【性状】白色结晶性粉末。难溶于水。

【适应证】广谱抗真菌药。内服适用于治疗各种深部真菌感染，外用治疗各种浅表真菌病也有良效。

【制剂、用法与用量】片剂，每片 0.25 克、0.5 克；内服，一次量，雏鹅 5～10 克/只，1 日 2 次（混饲投药）。软膏（1%、3%）和癣药水［8 毫升（0.12 克)］；供外用，前者每天 1 次，后者每天 2～3 次。

【配伍与禁忌】禁与维生素 D_2、克霉唑联用。

【注意事项】内服对胃肠道有刺激性。弱碱性环境中抗菌效果好，酸性介质中则缓慢失效。

伊曲康唑（依他康唑）

【性状】白色结晶性粉末。难溶于水。

【适应证】对浅部和深部真菌均有明显抑制作用。内服吸收良好，因脂溶性高，在肺、肾等脏器中浓度较高。治疗禽白色念珠菌病及曲霉菌病。

【制剂、用法与用量】片剂，每片 0.1 克、0.2 克。混饲，每千克饲料，20～40 毫克。内服，1 次量，2～5 毫克/千克体重，1 日 2 次，连用 7～10 天。

4. 抗病毒药物

黄芪注射液

【性状】棕红色或棕褐色液体。

【适应证】黄芪具有多种功能，可以提高机体免疫力和抗病力。主要用于病毒病、流行性感冒、病毒性肝炎等的预防和治疗。

【制剂、用法与用量】注射液，20 毫升（含 4 克原生药）/支。内服，1～2 克/次。肌内或皮下注射，一次量，100～200 毫克/千克体重，每天 1 次，连用 3～5 天。

【配伍与禁忌】与强心苷、利尿剂、干扰素、人参、苦参、金银花、麻黄、防风、党参、益母草、生地黄、当归、山豆根、柴胡等联用有协同作用；不宜与青霉素、黄连、玄参等配伍。

【注意事项】不宜与其他药物在同一容器内混合使用。药液出现混浊、沉淀、变色等现象时不能使用。

双 黄 连

【性状】棕红色液体。

【适应证】用于病毒病所致的呼吸道、消化道感染，脑炎、心肌炎、腮腺炎以及高热等。

【制剂、用法与用量】注射液、口服液、片剂等。混饮，60～120 毫克/升水，每天 1 次，连用 3～5 天；皮下注射，每天，30～60 毫克/千克体重，每天 1～2 次。

【配伍与禁忌】与青霉素类、头孢菌素类、林可霉素类有协同作用；不宜与氨基糖苷类、大环内酯类配伍。

【注意事项】稀释后出现混浊、沉淀、变色等现象时不能使用。

禽用干扰素

【性状】无色透明或微混浊液体。

【适应证】本品采用真核和原核双重表达，具有广谱抗病毒、提高免疫力的作用，同时对细菌性疾病也有很好的治疗效果。

【制剂、用法与用量】液体，10 毫升/瓶。肌注或滴口，成禽 200 毫升生理盐水稀释，0.2 毫升/只；雏禽 0.1 毫升/只，每天 1 次，连用 3 天（一个疗程）。饮水，雏禽 2500 羽/瓶，成禽 1500 羽/瓶，每天 1 次，连用 3～5 天。病重或饮水使用时可以酌情加量。

【配伍与禁忌】本品可同其他药物混合使用，无任何配伍禁忌；在使用本品的前后各 36 小时内严禁使用活菌苗及活病毒疫苗。但可以与灭活疫苗分别同时注射或同时从不同途径给药。根据病情配合抗生素联合使用效果更佳。

【注意事项】本品在运输保存时，避免反复冻融；饮水给药时，水温不得超过 25℃；开瓶后应一次性用完。

免疫核糖核酸（禽康）

【性状】无色或微黄色液体。

【适应证】广谱抗病毒，能预防和治疗因免疫缺陷和免疫功能紊乱引起的各种疾病。用于流行性感冒、禽痘、减蛋综合征、脑脊髓炎、鸭瘟、病毒性肝炎等的治疗以及霉菌毒素中毒等免疫抑制病的预防和治疗。配合禽基因工程干扰素、禽多联抗体、禽免疫肽注射液使用效果更好。

【制剂、用法与用量】液体，10 毫升（含 RNA 不低于 180 毫克）/瓶，混饮或注射。每瓶供 1500 羽成禽或 3000 羽雏禽使用，每天 1 次，连用 2～3 天，重症加倍。

【配伍与禁忌】本品可同其他药物混合使用，无任何配伍禁忌；在使用本品的前后各 36 小时内严禁使用活菌苗及活病毒疫苗。但可以与灭活疫苗分别同时注射或同时从不同途径给药。

【注意事项】本品无免疫抑制性，故长期使用不会产生耐药性；根据病情配合抗生素联合使用效果更佳；避光 2～8℃，有效期 2 年，－15℃以下，有效期 3 年。

二、抗寄生虫药物的合理使用

抗寄生虫药物是指驱除或杀灭体内外寄生虫的药物。抗寄生虫药种类繁多，主要有抗原虫药、抗蠕虫药和杀虫药。

（一）抗寄生虫药物合理使用的注意事项

（1）准确选择药物　理想的抗寄生虫药应具备安全、高效、价廉、适口性好、使用方便等特点。目前，虽然尚无完全符合以上条件的抗寄生虫药，但仍可根据药品的供应情况、经济条件及发病情况等，选用比较理想的药物来防治寄生虫病。在应用过程中，不仅要了解寄生虫的种类、发育阶段、寄生部位、季节动态、感染强度和范围，而且还要了解药物的理化性状，体内过程，毒、副作用，以及鹅的品种、性别、日龄、营养和体质状况等，总之，必须注意掌握药物、寄生虫和宿主三者之间的关系，根据鹅群、鹅体状况和寄生虫病的特点，危害程度及本地区、本鹅场的具体条件，合理选择和使用适宜的抗寄生虫药物，采用适宜的剂型、剂量、给药方法和疗程，才能收到最佳的防治效果。

（2）选择适宜的剂型、给药途径和剂量　由于抗虫药毒性较大，为提高驱虫效果，减轻毒性和便于使用，应根据动物的年龄、身体状况确定适宜的给药剂量，兼顾既能有效驱杀虫体，又不引起宿主动物中毒这两方面。如消化道寄生虫可选用内服剂型，消化道外寄生虫可选择注射剂，体表寄生虫可选外用剂型。

一般来说，抗寄生虫药物对宿主机体都有一定的毒性，如果用药不当，便可能引起中毒，甚至死亡。因此，在使用抗寄生虫药物时，必须十分注意药物剂量不能过大，疗程不可过长。尤其是使用毒性较大、安全范围较小的药物时，更需准确掌握混入饲料或饮水中的药物浓度，确保药物混合均匀，以免部分禽只食入或饮入药物过多而引起中毒和死亡。即使对安全范围较大的药物或在多种现场应用后认为安全的常规用药，在进行大规模驱虫前，也需在禽群中选出少数禽先做驱虫试验，观察用药安全效果，以防止大批禽只用药后中毒或死亡。

（3）做好相应准备工作　驱虫前做好药物、投药器械（注射器、喷雾器等）及栏舍的清理等准备工作；在对大批禽只进行驱虫治疗或使用数种药物混合感染之前，应先少数禽只预试，注意观察反应和药效，确保安全有效后再全面使用。此外，无论是大批投药，还是预试驱虫，均应了解驱虫药物特性，备好相应解毒药品。

在使用驱虫药的前后，应加强对禽只的护理观察，一旦发现体弱、患病的禽只，应立即隔离、暂停驱虫；投药后发现有异常或中毒的禽只应及时抢救；要加强对禽粪便的无害化处理，以防病源扩散；搞好禽舍清洁、消毒工作，对用具、饲槽、饮水器等设施定期进行清洁和消毒。

（4）适时投药　禽的寄生虫主要有原虫（危害严重的是球虫病，另外有各种住白细胞病、隐孢子病、毛滴虫病等）、蠕虫病（线虫病、绦虫病）和体外寄生虫。如几乎所有抗球虫药物的作用峰期都在球虫发育的第一或第二无性繁殖周期，极少有药物是主要抑制有性周期的。待禽只出现血便等症状时，球虫基本完成了无性生殖而开始进入有性生殖阶段，此时用药只能保护未出现明显症状或未感染的禽，而对出现严重症状的病禽，却很难收到效果。所以，为了避免球虫病的发生，应该在育雏育成阶段使用抗球虫药物进行预防；住白细胞病的发生，具有一定的季节性，在炎热季节到来之前做好药物预防；抗蠕虫病药物使用可分为治疗性驱虫和预防性驱虫。当发生寄生虫病时可以使用药物进行紧急驱虫，为防止发生，每年在一定时间内进行1～2次驱虫。

（5）避免抗寄生虫药物产生耐约性　小剂量或低浓度反复使用或长期使用某种抗寄生虫药物，虫体对该药产生耐药性，甚至对药物结构相似或作用机制相同的同类药物产生交义耐药性，使驱虫、杀虫效果降低或无效。因此，在防治禽寄生虫病的实际工作中，除精确计算用药剂量或浓度外，应经常更换或交替使用不同类型的抗寄生虫药物，以避免或减少产生耐药虫株或寄生虫耐药性的产生。如球虫对所有的抗球虫药物均可产生耐药性，有些还发生交叉耐药现象。在具体应用中，为了防止耐药性的产生，可以采用以下几种给药方案：一是轮换用药。即季节性地或定期地合理变换用药，即每隔3～6个月或在一个肉鹅的饲养期结束后，改换一种抗球虫药。二是穿梭用药。即在同一个饲养期内，反复更换抗球虫药，至少每6个月更换抗球虫药1次。在轮换或穿梭用药时，一般先使用作用于第一代裂殖体的药物，再换用作用于第二代裂殖体的药物，这样不仅可减少或避免耐药性的产生，而且可提高药物的防治效果。在更换药物时，不能换用属于同一化学结构类型的抗球虫药，也不要换用作用峰期相同的药物。此外，在换用磺胺类药物时，必须慎重，因为从不含磺胺的饲料换用含磺胺的饲料时，经常发生中毒现象。三是联合用药。即在同一个饲养期内合用2种或2种以上抗球虫药物，通过药物间的协同作用，既可延缓耐药虫株的产生，又可增强药效和减少用量。

(6) 注意药物的配伍　有些抗寄生虫药物与其他药物存在配伍禁忌，如莫能霉素、盐霉素禁止与泰妙菌素、竹桃霉素并用，否则会造成禽只生长发育受阻，甚至中毒死亡。

(7) 严格控制休药期，密切注意药物在肉、蛋中的“残留量”　鹅生产的产品是为人们提供肉、蛋食品，但有些抗寄生虫药物残留于肉、蛋中，或使肉、蛋产品产生异味，不宜食用，或残留、蓄积于肉、蛋中的药物被人摄入后，危害人体健康，造成严重公害。因此，为了保证人体健康，不少国家已制定允许残留标准和休药期。虽然不同抗寄生虫药在禽体内的分布和在肉、蛋产品中的残留量及其维持时间长短不同，我国目前虽然尚无有关规定，但本着对人民健康负责和今后养禽业的发展需要，对应用抗寄生虫药物的禽群，严格按照休药期要求停止用药；产蛋禽应投喂安全的、最低药量的药物，禁用的药物一定不能使用。

(二) 常用抗寄生虫药物的合理使用

1. 化学合成抗球虫药物

磺胺喹噁啉（磺胺喹沙啉）

【性状】淡黄色粉末，无臭，在水中不溶；其钠盐为类白色或淡黄色粉末，在水中易溶。

【适应证】本品具有抗菌和抗虫的双重作用，但主要用作禽球虫病。其作用峰期是在第二代裂殖体（球虫感染第4天），不影响禽对球虫的免疫力，加之还具有一定的抑菌作用，从而更增强了其对球虫病的治疗效果。

【制剂、用法与用量】预混剂（含磺胺喹噁啉20%、二甲氧苄啶4%），混饲（以本预混剂计），500克/吨饲料；混饮，65毫克/升，连用2～3天，停药3天，再用3天。可溶性粉，混饮（以本可溶性粉计），每升水3～5克。复方磺胺喹噁啉钠可溶性粉（每

100 克中含磺胺喹噁啉钠 53.65 克，甲氧苄啶 16.5 克），混饮（以本可溶性粉计），每升水 0.4 克，连用 3～5 天。

【配伍与禁忌】本品与乙氧酰胺苯甲酯、氨丙啉、二胺嘧啶类、洛克沙胂或氨苯胂酸合用时，抗球虫作用增强。与盐霉素、尼卡巴嗪不宜联用。其他参见磺胺类药物的临床配伍应用。本品与其他磺胺类药物之间容易产生交叉耐药性。

【注意事项】本品可致产蛋率下降，蛋壳变薄，产蛋期禁用。连续饲喂不得超过 5 天，可引起与维生素 K 缺乏有关的出血和组织坏死现象。出现中毒症状后，应立即停药，2 周后可恢复正常。

磺胺氯吡嗪钠（三字球虫粉）

【性状】白色或淡黄色粉末，无味，难溶于水。其钠盐在水中易溶。

【适应证】作用与磺胺喹噁啉相同，但具有更强的抗菌作用。主要用于禽、兔球虫病，多在暴发时应用，亦可用于控制禽霍乱和伤寒。

【制剂、用法与用量】磺胺氯吡嗪钠，混饮，每升水 300 毫克，连用 3 天；磺胺氯吡嗪钠可溶性粉（30 克/100 克），混饮（以本可溶性粉计），每升水 1000 毫克。

【配伍与禁忌】与抗菌增效剂如 DVD、TMP 联用增强抗菌、抗球虫作用且不易产生耐药性。与乙氧酰胺苯甲酯联用可增强抗球虫疗效。与氨丙啉联用可扩大抗虫谱及增强抗球虫效应，可用于盲肠和小肠同时感染。与衣索巴、氨丙啉或 TMP、甲硝唑配伍，用于防治禽球虫病效果好。

禁止与酸性药物同时作饮水使用，以免发生沉淀。与盐霉素联用可引起中毒。与尼卡巴嗪有配伍禁忌，不宜联用。其他参见磺胺类药物。

【注意事项】按推荐饮水浓度连续饮用不得超过 5 天，不得作为饲料添加剂长期使用。禁用于 16 周龄以上禽群和产蛋禽群。禁止与酸性药物混饮。

盐酸氨丙啉（安保乐）

【性状】白色粉末，无臭，易溶于水。

【适应证】为广谱抗球虫药物，对柔嫩艾美耳球虫、堆型艾美耳球虫作用最强，对毒害艾美耳球虫、布氏艾美耳球虫、巨型艾美耳球虫和马氏艾美耳球虫作用稍差。其作用峰期在感染后第3天。

【制剂、用法与用量】盐酸氨丙啉可溶性粉剂（6克/30克），混饮（以本可溶性粉计），预防量100毫克/升，治疗量250毫克/升；混饲，预防量100～125毫克/千克，连用2～4周；治疗量，250毫克/千克，连用5～7天。复方盐酸氨丙啉可溶性粉（内含20%盐酸氨丙啉、20%磺胺喹噁啉和0.38%维生素K_3），混饮（以本可溶性粉计），每升水0.5克，治疗时连用3天，停药2～3天，再用2～3天，预防时连用2～4周。盐酸氨丙啉、乙氧酰胺苯甲酯预混剂（内含25%盐酸氨丙啉和1.6%乙氧酰胺苯甲酯），混饲（以本预混剂计），500克/1000千克饲料。盐酸氨丙啉、乙氧酰胺苯甲酯、磺胺喹噁啉预混剂（内含20%盐酸氨丙啉、1%乙氧酰胺苯甲酯和12%磺胺喹噁啉），混饲（以本预混剂计），500克/1000千克饲料。

【配伍与禁忌】与尼卡巴嗪及聚醚类抗生素如海南霉素、拉沙洛西等禁止联用。本品多与乙氧酰胺苯甲酯、磺胺喹噁啉等并用，可增强疗效。与其他抗球虫药物合用效果较好。可与促生长药物如杆菌肽锌、金霉素、潮霉素B等可联合应用；与硫胺素有拮抗作用。

【注意事项】应用本药期间，应控制每千克饲料中维生素B_1的含量不超过10毫克，以免降低药效。产蛋期禁用。

氯苯胍（罗苯尼丁）

【性状】白色或淡黄色结晶性粉末，无臭，味苦，遇光颜色变深，难溶于水。

【适应证】对鹅各种球虫均有效，对急性或慢性球虫病均有良好效果，且对其他抗球虫药物产生耐药性的球虫仍有效。不影响鹅对球虫产生免疫力。主要用于禽各种球虫病及弓形体病的预防。

【制剂、用法与用量】盐酸氯苯胍片（10毫克/片），口服，10～15毫克/千克体重；盐酸氯苯胍预混剂（10克/100克、50克/500克），混饲（以本预混剂计），预防用量为300克/吨饲料，治疗用量为600克/吨饲料，预防时连用1～2个月，治疗时连用3～7天，以后改预防量予以控制。

【配伍与禁忌】本品与尼卡巴嗪及聚醚类抗生素如海南霉素、拉沙洛西等禁止联用。配伍马杜霉素，预防球虫的效果优于单用。

【注意事项】本品毒性小，但长期或高浓度（60毫克/千克饲料）使用本品，可使部分禽肉和蛋有异味，故产蛋期禁用。另外，应用本品防治某些球虫病期间，球虫仍能存活2周，因此停药过早，常导致球虫病复发。球虫对本品易产生耐药性。

二硝托胺（球痢灵，化学名为二硝苯酰胺）

【性状】淡黄褐色结晶性粉末，无臭，无味，不溶于水。

【适应证】本品具有预防和治疗作用，对多种球虫有良好的防治效果，特别是对毒害艾美耳球虫、柔嫩艾美耳球虫作用最佳。其作用峰期在感染后第3天，主要是抑制球虫第二个无性周期裂殖芽孢的增殖。球虫对其不易产生耐药性，不影响机体对球虫产生免疫力。代谢迅速、残留极少。

【制剂、用法与用量】二硝托胺预混剂（25克/100克、125克/500克），混饲（以本预混剂计），预防量500克/吨饲料，治疗量1000克/吨饲料。

【配伍与禁忌】禁止与尼卡巴嗪及聚醚类抗生素如海南霉素、拉沙洛西等联用。

【注意事项】停药5～6天，常导致球虫病复发，故必须连续应用。二硝托胺粉末颗粒的大小会影响抗球虫作用，应为极微细粉末。以0.125%浓度（5～10倍治疗浓度）连续饲喂1周，会出现以神经症状为主的中毒现象。饲料中添加量超过250毫克/千克（以二硝托胺计）时，若连续饲喂15天以上可抑制雏禽增重。产蛋期禁用。

尼卡巴嗪（球虫净）

【性状】黄色或黄粉色粉末，几乎无味和不溶于水。

【适应证】对柔嫩艾美耳球虫、毒害艾美耳球虫、堆型艾美耳球虫、巨型艾美耳球和布氏艾美耳球虫均有良好的防治效果。主要可抑制球虫第二个无性周期裂殖体的生长繁殖，作用峰期在感染后第4天。球虫对本品不易产生耐药性，故常用于更换给药方案。此外，对其他抗球虫药物耐药的球虫，换用本品仍然有效。

【制剂、用法与用量】尼卡巴嗪预混剂（20克/100克），混饲（以本预混剂计），500～625克/吨饲料；尼卡巴嗪、乙氧酰胺苯甲酯预混剂（每100克中含尼卡巴嗪25克，乙氧酰胺苯甲酯1.6克），混饲（以本预混剂计），500克/吨饲料。

【配伍与禁忌】本品与乙氧酰胺苯甲酯联用可增强疗效；与甲基盐霉素联用，可提高热应激时鹅的死亡率。与二甲硫胺、氨丙啉、常山酮、磺胺喹噁啉、二硝托胺、氯羟吡啶、氯苯胍和聚醚类抗生素如海南霉素、拉沙洛西等药物存在配伍禁忌。

【注意事项】本品对球虫的免疫力很少或没有抑制作用，毒性小，安全范围大；气温高达40℃时，应用尼卡巴嗪能增加雏禽死亡率，故夏天高温季节应慎用。本品能使产蛋率、受精率、蛋品质量下降和蛋壳色泽变浅，故产蛋期及种禽禁用。本品对雏禽有潜在的生长抑制效应，不足5周龄雏禽不用为好。预防用药过程中，若暴发球虫病，应及时改用其他抗球虫药。

地克珠利（杀虫灵）

【性状】类白色或淡黄色粉末，几乎无臭和不溶于水。

【适应证】本品为广谱、高效、低毒的抗球虫药物，具有杀球虫作用，是目前作用最强的一种抗球虫药物，对球虫发育的各个阶段均有作用。对柔嫩艾美耳球虫、堆型艾美耳球虫、毒害艾美耳球虫、布氏艾美耳球虫和巨型艾美耳球虫等均有良好效果。作用峰期是在子孢子和第一代裂殖体的早期阶段，主要用于预防家禽球虫病。

【制剂、用法与用量】地克珠利预混剂（0.2克/100克、0.5

克/100克)，混饲（以地克珠利计)，1克/1000千克饲料。

【配伍与禁忌】与氨丙啉或马杜霉素配伍，可增强对球虫病的防治效果，与维吉尼霉素配伍预防肉禽的球虫病和细菌病。与新霉素、维生素配伍可以预防球虫及肠道细菌混合感染。

【注意事项】本品药效较短，停药1天抗球虫作用明显减弱，2天后作用基本消失，因此必须连续应用，以防球虫病再度暴发。长期用药易出现耐药性，故应穿梭用药或短期使用。用药浓度极低，使用时药物必须充分拌匀。产蛋期禁用。

托曲珠利（甲苯三嗪酮、百球清）

【性状】类白色或淡黄色粉末，几乎无臭和不溶于水。

【适应证】最新人工合成的广谱高效抗球虫药，主要作用于球虫裂殖生殖和配子生殖阶段，能有效杀灭各种艾美耳球虫。对堆型艾美耳球虫、布氏艾美耳球虫、巨型艾美耳球虫、和缓艾美耳球虫、毒害艾美耳球虫和柔嫩艾美耳球虫等艾美耳球虫及火鸡腺艾美耳球虫、大艾美耳球虫、小艾美耳球虫均有杀灭作用，对其他抗球虫药物耐药的虫株亦敏感，能控制各种球虫的细胞内发育阶段及各种抗药虫株。不影响机体对球虫产生免疫力，并可激发机体的免疫系统，无耐药性。但托曲珠利在禽可食用组织中的残留时间很长，停药24天后在胸肌中仍能测出残留药物。对禽各种球虫均有杀灭作用，对哺乳动物球虫、住内孢子虫和弓形虫也有效。

【制剂、用法与用量】2.5%托曲珠利溶液，混饮（以托曲珠利计)，25毫克/升，连用2天。

【配伍与禁忌】可与马杜霉素配伍；不与其他药物配伍。

【注意事项】本品在饮水中48小时仍可保持稳定，但稀释48小时后的药液不宜饮用。药液若不慎溅入眼或皮肤，应及时冲洗。安全性高，过量10倍无任何不良反应。可以发挥最佳效果而不影响生长和饲料利用率。

氯羟吡啶

【性状】白色粉末，无臭，不溶于水。

【适应证】为广谱抗球虫药物，特别是对柔嫩艾美耳球虫作用最强。其作用峰期在感染后第1天，即主要作用于球虫无性繁殖初期，在感染前或感染同时用药作为预防或早期治疗，才能充分发挥其抗球虫作用。本品亦可用于治疗住白细胞原虫病、鹅的疟原虫病及血变形虫病等。也用于预防禽球虫病。

【制剂、用法与用量】氯羟吡啶预混剂（2.5克/10克、25克/100克、125克/500克），混饲（以本预混剂计），禽500克/吨饲料；复方氯羟吡啶预混剂（复方氯羟吡啶粉23%，内含89%的氯羟吡啶与7.3%苄氧喹甲酯），混饲（以本预混剂计），禽500克/吨饲料。

【注意事项】球虫对本品易产生耐药性，对本品产生耐药性的禽场，不能换用喹啉类抗球虫药物，如丁氧喹酯、癸氧喹酯和苄氧喹甲酯等。肉禽应用后的药物残留是影响出口的主要原因，应予以注意。产蛋期禁用。

2. 聚醚类抗生素

莫能菌素（莫能辛）

【性状】钠盐为微白色至微黄色粉末，不溶于水。

【适应证】为广谱抗球虫药物，对多种艾美耳球虫均有抑制作用。本品还有较强的抗菌作用，并能促进动物的生长发育，提高饲料利用率。

【制剂、用法与用量】莫能菌素钠预混剂（5克/100克、10克/100克、20克/100克），混饲（以莫能菌素计），90～110克/吨饲料。

【配伍与禁忌】本品与酰胺醇类（氯霉素类）、磺胺类、多黏菌素、亚硒酸钠等药物有配伍禁忌，不能联用。禁止与地美硝唑、泰乐菌素、泰牧霉素和竹桃霉素同时使用，否则有中毒危险。也不宜与其他抗球虫药物合用，因合用后常使毒性增强。

【注意事项】产蛋禽群禁用。搅拌配料时，防止与皮肤、眼睛接触。

盐霉素（沙利霉素）

【性状】白色或淡黄色结晶性粉末，微有特异异臭，不溶于水。

【适应证】本品作用与莫能菌素相似，对毒害艾美耳球虫、柔嫩艾美耳球虫、巨型艾美耳球虫、和缓艾美耳球虫、堆型艾美耳球虫和布氏艾美耳球虫等艾美耳球虫均有作用，尤其对巨型艾美耳球虫和布氏艾美耳球虫效果最强。本品还能促进生长，增加体重，且能缓解热应激。主要用于防治禽类的球虫病。耐药性产生较慢，与化学合成抗球虫药物无交叉耐药性。

【制剂、用法与用量】盐霉素钠预混剂或优素精（10 克/100 克、50 克/100 克），混饲（以本预混剂计），600 克/1000 千克饲料。休药期为 5 天。

【配伍与禁忌】本品与亚硒酸钠-维生素 E、维生素 AD_3、维生素 B_1、维生素 B_{12}、维生素 C 联用可降低毒性。与酰胺醇类（氯霉素类）、磺胺类、多黏菌素、大环内酯类（如红霉素）等药物有配伍禁忌，不能联用。禁与其他抗球虫药物联用。禁与泰妙菌素、泰乐菌素和竹桃霉素合用。必须应用时，至少应间隔 7 天。

【注意事项】本品安全范围较窄，应严格限制用药浓度。使用本品时间过长或混饲浓度超过 0.01%时，可明显抑制免疫功能，并出现毒性作用，表现为共济失调、两腿无力、采食量下降、体重减轻、蛋壳质量和产蛋量下降，故产蛋期禁用本品。

拉沙洛西（拉沙里菌素、拉沙霉素）

【性状】白色或类白色粉末，不溶于水。

【适应证】作用与莫能菌素相似，具有广谱、高效抗球虫活性，除对堆型艾美耳球虫作用稍差外，对柔嫩艾美耳球虫、毒害艾美耳球虫、巨型艾美耳球虫和变位艾美耳球虫的作用超过莫能菌素。对球虫子孢子，第一、第二代裂殖子均有抑杀作用。作用峰期在感染后的第 2 天。应用本品还能明显改善饲料报酬和增重率。

【制剂、用法与用量】拉沙洛西钠预混剂（15 克/100 克、45 克/100 克），混饲（以拉沙洛西计），75～125 克/吨饲料。

【配伍与禁忌】可与泰妙菌素、红霉素、竹桃霉素和磺胺类药物联合应用，具有协同作用。与亚硒酸钠-维生素 E、维生素 AD_3、维生素 B_1、维生素 B_{12}和维生素 C 联用可降低毒性。禁与其他抗球虫药物联用。

【注意事项】本品在所有抗球虫药物中免疫抑制作用最强，药物浓度为75毫克/千克饲料时即对机体球虫免疫力产生严重抑制作用，贸然停药常导致球虫病暴发。饲料中药物浓度超过150毫克/千克（以拉沙洛西计），会导致生长抑制和中毒。本品可引起机体水分排泄量增加；禁用于产蛋群。拌料时应注意防护，避免本品与眼、皮肤接触。严格按规定浓度使用。

3. 抗其他原虫药物

引起家禽疾病的原虫除球虫外，还包括侵害禽类的各种住白细胞原虫、隐孢子虫、毛滴虫、组织滴虫、疟原虫、六鞭毛虫和住肉孢子虫等。

乙胺嘧啶（息疟定）

【性状】白色结晶性粉末；无臭，无味。本品在乙醇或氯仿中微溶，在水中几乎不溶。

【适应证】多用于防治球虫病、住白细胞原虫病以及鹅的疟原虫病。

【制剂、用法与用量】乙胺嘧啶片（6.25毫克/片）。预防用量，鹅1毫克/升水混饮，或2.5毫克/千克饲料混饲；治疗用量，鹅5～50毫克/千克饲料混饲。

【配伍与禁忌】与其他磺胺类药物配伍防治鸡住白细胞原虫病有协同作用。预防用量，每千克饲料加本品1毫克，配合磺胺地索辛25～75毫克；治疗用量，每千克饲料加本品4毫克，配合磺胺间甲氧嘧啶25～75毫克，连用3天，以后改用本品2毫克配伍125毫克磺胺间甲氧嘧啶混饲，连用7天。

【注意事项】特点是排泄缓慢，作用维持时间较长。毒性小，口服较安全。产蛋期禁用。

阿的平（疟涤平、盐酸米帕林）

【性状】鲜黄色粉末，味苦，能溶于水，溶液为中性，呈黄色并带有荧光，易变质。

【适应证】本品能控制鹅的球虫，用药后第3天粪便内即不见球虫卵囊。国外试验证明，本品具有抗绦虫、抗疟原虫、抗血变形虫等作用。由于本品在禽体中排泄较慢，所以其作用持久。

【制剂、用法与用量】阿的平片（0.1 克/片），口服，鹅 0.05～0.1 克/千克体重。

【注意事项】鹅的中毒量为 1 克/千克体重。

替硝唑

【性状】系甲硝唑的衍生物，为无色结晶，味微苦。

【适应证】与甲硝唑相比，本品内服吸收好，生物利用度高，起效快，半衰期稍长。它是预防和治疗厌氧菌及原虫感染性疾病的安全有效新药，对所有的致病厌氧菌和滴虫、鞭毛虫、阿米巴等原虫都有较强的杀灭作用，其杀灭作用较甲硝唑强。主要用于动物生殖道滴虫病、肠道及肠外阿米巴原虫病及禽的组织滴虫病和球虫病。亦用于由梭状芽孢杆菌、消化链球菌等引起的腹膜炎、溃疡性肠炎、外科手术后感染等。

【配伍与禁忌】与庆大霉素和硫糖铝合用（内服给药）治疗消化道溃疡病，疗效显著。与抗生素联用可增强抗感染的范围和作用，提高疗效，但不要混合使用。

本品可抑制乙醇的代谢，应避免与含乙醇的药物联用。土霉素能干扰清除生殖道滴虫。注射液不宜直接与庆大霉素、氨苄西林钠配伍，否则可出现混浊、变黄，药效降低。

【制剂、用法与用量】内服，一日量，每千克体重 35～45 毫克，每日 1 次，连用 3 天。

4. 抗线虫药物

左旋咪唑（左咪唑）

【性状】白色晶粉，易溶于水，在酸性溶液中性质稳定。

【适应证】广谱驱虫药。对畜禽的多数线虫有效，也有明显的免疫增强功能。

【制剂、用法与用量】盐酸左旋咪唑片（25 毫克/片、50 毫克/片）、磷酸左旋咪唑片（25 毫克/片、50 毫克/片），口服，25 毫克/千克体重；盐酸左旋咪唑注射液（0.1 克/2 毫升、0.25 克/5 毫升、0.5 克/10 毫升），皮下或肌内注射，25 毫克/千克体重；磷酸左旋咪唑注射液（0.25 克/5 毫升、0.5 克/10 毫升、1 克/20 毫升），皮下注射，25 毫克/千克体重。

【配伍与禁忌】本品与环丙沙星合用，可提高后者体内抗菌活性。小剂量口服本品，可提高疫苗的免疫效果。抗真菌药物与本品联用，可增强疗效。本品与含乙醇的药物合用，会导致严重的不良反应。

【注意事项】本品口服对禽类安全范围较大，给予 10 倍治疗量未见死亡。但局部注射时，对组织有较强的刺激性。中毒症状与有机磷农药中毒相似，中毒后可用阿托品解救。

伊维菌素

【性状】白色或淡黄色结晶性粉末，难溶于水，易溶于多数有机溶剂。

【适应证】一种新型高效、广谱、低毒的抗蠕虫药物，对体内外寄生虫特别是节肢动物和体内线虫具有良好的驱杀作用，但对吸虫、绦虫无效。对禽类线虫及寄生在家禽体表的节肢动物如皮刺螨、羽虱等均有高效（对鸡异刺线虫无效）。主要用于禽胃肠线虫病和体外寄生虫病的治疗。

【制剂、用法与用量】伊维菌素预混剂（每 100 克含伊维菌素 B_1 0.6 克），口服（以伊维菌素 B_1 计），0.2～0.3 毫克/千克体重；伊维菌素注射液（0.01 克/1 毫升、0.02 克/2 毫升、0.05 克/5 毫升、0.5 克/50 毫升、1 克/100 毫升），皮下注射（以伊维菌素 B_1 计），家禽 0.2 毫克/千克体重。

【配伍与禁忌】与苯并咪唑类如阿苯达唑、芬苯达唑配伍，可以拓宽寄生虫应用范围。与乙胺嗪联用，可能产生严重或致死性脑病。

【注意事项】本品毒性小，使用安全，但在禽类可见死亡、昏睡或食欲减退。剂量过大引起中毒时无特效解毒药，阿托品能缓解症状。

阿苯达唑（丙硫苯咪唑、肠虫清、抗蠕敏）

【性状】白色或类白色结晶粉末，无臭、无味，不溶于水。

【适应证】广谱驱虫药，对线虫、绦虫和吸虫有效。本品主要用于动物线虫病、绦虫病和吸虫病的治疗。

【制剂、用法与用量】阿苯达唑片（25 毫克/片、50 毫克/片、200 毫克/片、500 毫克/片），口服，10～20 毫克/千克体重。家禽休药期为 4 天。

【配伍与禁忌】吡喹酮与本品联用，可增加本品在血浆中的浓度。高脂饲料可提高本品的吸收率。

【注意事项】连续长期使用本品，能使蠕虫产生耐药性，并且有可能产生交叉耐药性。

甲苯达唑（甲苯咪唑、甲苯唑）

【性状】白色至淡黄色粉末，无臭，无味，不溶于水。

【适应证】其抗虫谱与抗虫作用与阿苯达唑相似，对禽蛔虫、毛细线虫、异刺线虫、比翼线虫、裂口线虫、类圆线虫及绦虫等有较好的驱虫效果。临床上用于治疗家禽的线虫病和绦虫病，不良反应较少。

【制剂、用法与用量】甲苯达唑片（50 毫克/片）。口服，50 毫克/千克体重，或 50～125 毫克/1000 千克饲料混饲，连用 3 天。家禽休药期为 14 天。

【配伍与禁忌】脂肪、油性物质可提高本品的吸收率而使本品毒性增强。

【注意事项】长期大剂量使用本品对动物具有致癌、致畸、致突变作用。肝脏、肾脏功能不良的禽禁用。连续长期使用本品，能使蠕虫产生耐药性，并且有交叉耐药性。本品的颗粒大小影响其抗蠕虫作用，微细颗粒（直径＜10.62 微米）比粗颗粒（直径＜21.2 微米）驱虫作用强，但毒性也增强。

氟苯达唑（氟甲苯咪唑）

【性状】白色或类白色结晶性粉末，无臭、无味，在水中不溶。

【适应证】抗虫谱和抗虫作用与甲苯达唑相似。对蛔虫、毛细线虫、异刺线虫及气管比翼线虫的成虫和未成熟虫体均有效。临床上主要用于驱除胃肠道线虫和绦虫。

【制剂、用法与用量】氟苯达唑预混剂（5 克/100 克、50 克/100 克）。混饲（以氟苯达唑计），30～40 毫克/千克饲料，连用4～7 天。

【配伍应用】【注意事项】参见甲苯达唑。

芬苯达唑（硫苯咪唑或苯硫苯咪胺酯）

【性状】白色或类白色结晶粉末，无臭、无味，不溶于水。

【适应证】本品口服仅少量吸收，为广谱、高效、低毒抗寄生虫药，可有效驱除家禽胃肠道和呼吸道寄生虫，如蛔虫、毛细线虫等。

【制剂、用法与用量】芬苯达唑片（0.1 克/片），口服，10～50 毫克/千克体重，每日 1 次，连用 6 天；芬苯达唑粉（5 克/100 克），口服（以芬苯达唑计），10～50 毫克/千克体重。

【配伍与禁忌】配伍见阿苯达唑。与辛硫磷联用，毒性增强。

【注意事项】常规剂量下，芬苯达唑一般不会产生不良反应。但由于死亡的寄生虫释放抗原，可继发产生变态反应（特别是在高剂量时）。连续长期使用，能使蠕虫产生耐药性。

氧苯达唑（奥苯达唑、丙氧苯咪唑）

【性状】白色或类白色结晶粉末，无臭、无味，不溶于水。

【适应证】为高效、低毒、窄谱的苯并咪唑类驱虫药，主要对胃肠道线虫有高效，但对钩状唇旋线虫、毛细线虫无效。临床上用于防治家禽胃肠道线虫病。

【制剂、用法与用量】氧苯达唑片（25 毫克/片、50 毫克/片、100 毫克/片），口服，35～40 毫克/千克体重。

【配伍应用】参见阿苯达唑。

【注意事项】对噻苯达唑耐药的蠕虫，可能对本品存在交叉耐药性。

哌嗪（枸橼酸哌嗪、驱蛔灵）

【性状】白色结晶性粉末或半透明结晶性颗粒，无臭、味酸。在水中易溶。

【适应证】为窄谱驱线虫药物，对禽类蛔虫有效，主要用于治疗禽类蛔虫病。

【制剂、用法与用量】磷酸哌嗪片（0.2 克/片、0.5 克/片），口服，200～500 毫克/千克体重，隔 10～14 天应再次给药；枸橼酸哌嗪片（0.2 克/片、0.5 克/片），口服，250 毫克/千克体重。

【配伍与禁忌】硫双二氯酚、左旋咪唑与本品联用有协同作用。与吩噻嗪类药物连用能使药物毒性增强，不能与氯丙嗪、亚硝酸盐（有致癌作用）以及硫酸镁等泻剂联用，与噻嘧啶、甲噻嘧啶有拮抗作用。

【注意事项】哌嗪的各种盐制剂给动物混饮或混饲时，必须在 8～12 小时内用完。休药期，家禽为 14 天。

5. 抗绦虫药物与抗吸虫药物

吡 喹 酮

【性状】白色或类白色结晶粉末，味苦，难溶于水。

【适应证】为广谱、高效、低毒的驱虫药，对绦虫的成虫和幼虫均有效，对禽的多种前殖吸虫、棘口吸虫、背孔吸虫、后睾吸虫也有效。用于各种动物的吸虫病、绦虫病和囊虫病。

【制剂、用法与用量】吡喹酮片（0.2 克/片、0.5 克/片），口服，10～20 毫克/千克体重，可治疗绦虫病。50～60 毫克/千克体重，可治疗吸虫病。

【配伍与禁忌】本品与阿苯达唑合用时，可降低吡喹酮的血药浓度。连续使用地塞米松等糖皮质激素可降低血药浓度 50%。

【注意事项】肝功能严重损害者应减量。个别有过敏反应。

硫双二氯酚（别丁）

【性状】白色或类白色粉末，略带氯臭，难溶于水。

【适应证】有广谱驱绦虫和吸虫的作用。

【制剂、用法与用量】硫双二氯酚片（0.25 克/片、0.5 克/片），口服，30～50 毫克/千克体重。

【配伍与禁忌】与哌嗪联用有协同作用；禁止与乙醇或增加溶解度的溶剂、稀碱溶液联用。吐酒石、吐根碱、六氯乙烷、四氯化碳、盐酸依米丁可使毒性增强。

【注意事项】剂量过大时，部分家禽会出现腹泻、精神沉郁、产蛋量下降等，停药几日后可逐渐自行恢复。

氯硝柳胺（灭绦灵、育米生）

【性状】黄色粉末，无臭，无味，不溶于水。

【适应证】对禽多种绦虫和部分吸虫（如棘口吸虫）有效。用于家禽绦虫防治

【制剂、用法与用量】氯硝柳胺片（0.5 克/片），口服，50～60 毫克/千克体重。

【配伍与禁忌】本品可以与噻苯达唑合用，毒性小，安全范围广。

【注意事项】本品口服不易吸收，在肠道中可保持较高浓度。死亡虫体与肠壁脱离后随粪便排出，常被肠道蛋白酶分解，难于检出完整的虫体。使用时注意在给药前应禁食 12 小时。

6. 杀虫药

见第二章第三节。

三、中毒解救药物的合理使用

中毒病是鹅的常见疾病，由于毒物种类繁多，症状也不尽相同，所以应用解毒药的前提就是要弄清鹅中毒的原因。针对中毒的原因，采取不同的解毒措施。常用的措施有：①阻止毒物继续侵入鹅体；②设法排除进入鹅体的毒物；③阻止毒物的吸收；④缓解毒物的毒性，应用药物对症治疗及应用特效解毒药进行解毒。

（一）特效解毒药

1. 有机磷酸酯类中毒的解毒药

阿　托　品

【性状】无色结晶或白色结晶性粉末，无臭，极易溶于水，易溶于乙醇。

【适应证】具有解除平滑肌痉挛、抑制腺体分泌等作用，可用于胃肠平滑肌痉挛和有机磷中毒的解救等。

【制剂、用法与用量】注射液，每毫升 0.5 毫克、1 毫克或 5 毫克，5 毫升 25 毫克、50 毫克。皮下注射，鹅 0.5 毫克/次；内服，每只鹅 0.1～0.25 毫克，必要时根据病情加大剂量。

【配伍与禁忌】与碘磷定、氯解磷定联合使用，可增加解救有机磷中毒的效果。与氨基糖苷类、氟喹诺酮类配伍治疗家禽细菌性腹泻。

【注意事项】愈早用药效果愈好。中毒严重时与解磷定反复应用，才能有效。

碘磷定（解磷定）

【性状】黄色颗粒状结晶或晶粉。无臭，味苦，遇光易变质。可溶于水。

【适应证】本品为胆碱酯酶复活剂。碘磷定具有强大的亲磷酸酯作用，能将结合在胆碱酯酶上的磷酰基夺过来，恢复酶的活性。碘磷定亦能直接与体内游离的有机磷结合，使之成为无毒物质由尿排出，从而阻止游离的有机磷继续抑制胆碱酯酶。可用于有机磷农药中毒。

【制剂、用法与用量】注射液，每支 10 毫升（0.4 克）；粉针，每支含 0.4 克、1 克、2 克。临用时用蒸馏水或生理盐水稀释成 4%～5%溶液。肌内注射，每只鹅 40～50 毫克。

【配伍与禁忌】在碱性溶液中易水解成氰化物，具剧毒，忌与碱性药物配合注射。与阿托品联合应用效果更好。

【注意事项】本品用于解救有机磷中毒时，中毒早期疗效较好，若延误用药时间，磷酰化胆碱酯酶老化后则难于复活。治疗慢性中毒无效；本品在体内迅速分解，作用维持时间短，必要时 2 小时后重复给药；抢救中毒或重度中毒时，必须同时使用阿托品。

双复磷

【性状】黄色颗粒状结晶或晶粉。无臭，味苦，遇光易变质。可溶于水。

【适应证】同碘磷定，但作用强且持久。

【制剂与规格】注射液，0.5 克/2 毫升。肌内注射，1 次量，

40 毫克/千克体重。

【配伍与禁忌】【注意事项】同碘磷定。

2. 重金属及类金属中毒的解毒药

二巯基丙醇

【性状】无色易流动的澄明液体，极易溶于乙醇，在水中溶解，不溶于脂肪。

【适应证】能与金属或类金属离子结合，形成无毒、难以解离的络合物由尿排出。主要用于解救砷、汞、锑的中毒，也用于解救铋、锌、铜等中毒。

【制剂、用法与用量】二巯基丙醇注射液，1 毫升（0.1 克）/支、2 毫升（0.2 克）/支、5 毫升（0.5 克）/支、10 毫升（1.0 克）/支。肌内注射，一次量，每千克体重 2.5～5.0 毫克。

【配伍与禁忌】与硒、铁金属形成的络合物，对肾脏的毒性比这些金属本身的毒性更大，故禁用于上述金属中毒。

【注意事项】本品虽能使抑制的巯基酶恢复活性，但也能抑制机体的其他酶系统（如过氧化氢酶、碳酸酐酶等）的活性和细胞色素 C 的氧化率，而且其氧化产物又能抑制巯基酶，对肝脏也有一定的毒害。局部用药具有刺激性，可引起疼痛、肿胀。这些缺点都限制了其应用。

3. 有机氟中毒的解毒药

解氟灵（乙酰胺）

【性状】白色结晶性粉末，无臭，可溶于水。化学结构与氟乙酰胺、氟乙酸钠相似，可能是在体内以竞争酰胺酶的方式，对抗有机氟阻止三羧酸循环的作用。

【适应证】为氟乙酰胺（一种有机氟杀虫农药）、氟乙酸钠中毒的解毒剂，具有延长中毒潜伏期、减轻发病症状或制止发病的作用。其解毒机制可能是由于本品的化学结构和氟乙酰胺相似，故能争夺某些酶（如酰胺酶）使不产生氟乙酸，从而消除氟乙酸对机体三羧循环的毒性作用。

【制剂、用法与用量】乙酰胺注射液。5 毫升（6.25 克）/支。

肌内注射，一次量，每千克体重0.1克。

【配伍与禁忌】肌内注射可配合普鲁卡因或利多卡因，以减轻疼痛；与钙剂联用救治急性氟乙酰胺中毒有增效作用；严重中毒病例必须配合使用氯丙嗪或巴比妥类镇静药。

【注意事项】使用越早效果越好，剂量要足够。

4. 氰化物中毒的解毒药

硫代硫酸钠（大苏打）

【性状】无色透明的结晶或晶粉，无臭、味咸，极易溶于水，水溶液显微碱性，不溶于乙醇。

【适应证】本品在体内可分解出硫离子，与体内氰离子结合形成无毒且较稳定的硫氰化物由尿排出。但作用较慢，常与亚硝酸钠或亚甲蓝配合，解救氰化物中毒。

【制剂、用法与用量】注射液，20毫升（1克）/支、10毫升(0.5克)/支；粉针剂，每支含无水硫代硫酸钠0.32克或0.64克。肌内注射，每只0.32克。常配成10%浓度应用。

【配伍与禁忌】与亚硒酸钠配伍解救氰化物中毒时效果好；与亚硒酸钠配伍需单独注射。

【注意事项】用于重金属中毒，疗效不如二巯基丙醇，用于氰化物中毒时与亚硝酸盐配合疗效好。

（二）非特效解毒药

非特效解毒药作用广泛，可用于多种毒物中毒，但无特效解毒作用，疗效低，多作为辅助治疗。

葡 萄 糖

【性状】白色粉末，易溶于水，有甜味。

【适应证】常用于药物中毒及饲料中毒解毒。可吸附或稀释毒物，促进毒物排出。

【制剂、用法与用量】注射液，5%、10%、25%、50%；5%注射液，泄殖腔注射，30～50毫升/只；内服，50毫升/只。25%高渗葡萄糖注射液，腹腔注射，8～10毫升/只。

【配伍与禁忌】葡萄糖可与多种药物配伍，禁与阿莫西林、克拉维酸钾配伍。

氯化钠

【性状】白色粉末，易溶于水，有甜味。

【适应证】常用于药物中毒及饲料中毒的解毒。

【制剂、用法与用量】配成0.68%氯化钠注射液（即1升溶液中含氯化钠6.8克）。皮下或静脉注射，每次20～50毫升/只。内服，50毫升。泄殖腔适量灌注。

【配伍与禁忌】可使知母的滋阴效应增强。与葡萄糖配伍调节体液渗透压。浓氯化钠联合应用利尿剂、小剂量地塞米松可以治疗难治性心力衰竭。5%葡萄糖氯化钠溶液稀释双黄连或黄芪多糖可辅助治疗畜禽病毒性疾病。

【注意事项】泄殖腔适量灌注可稀释毒物浓度，刺激肠蠕动，促进肠道内毒物的排泄。

维生素C

【性状】白色粉末，易溶于水，有甜味。

【适应证】常用于重金属离子中毒及药物中毒。

【制剂、用法与用量】维生素C片，口服，25～50毫克/只；维生素C注射液，肌注，50～125毫克/只。

【配伍与禁忌】配伍铁剂可增加铁的吸收。有协同抗组胺作用。配伍利尿药可增强利尿作用。配伍糖皮质激素和二巯基丙醇，可增强糖皮质激素和二巯基丙醇的作用；禁与复合维生素B、碘剂、阿司匹林、磺胺类药物、碱性药物、钙剂等联用。

【注意事项】有毒毛花苷中毒者，慎用大剂量维生素C；遇光易分解变质，不可使用。应避光保存。长期用药时要补给维生素C。

四、中草药的合理使用

使用中药防治畜禽疾病具有双向调节作用，即扶正祛邪，低毒无害，不易产生耐药性、药源性疾病和毒副作用，在畜禽产品中很少有残留，具有广阔的发展前景。中药有单味中药和成方制剂。单味中药即单方，常用的有黄连、大蒜、板蓝根、穿心莲、金银花（双花）等；成方制剂是根据临床常见病症定下的治疗法则，将两味以上的中药配伍，经过加工制成不同的剂型以提高疗效，方便使用。单味中药在养鹅生产中使用较少，有些成方制剂可以在疾病防治中发挥一定作用。常用的中草药成方制剂如下。

（一）解表剂

荆防败毒散

【成分】荆芥 45 克，防风 30 克，羌活 25 克，独活 25 克，柴胡 30 克，前胡 25 克，枳壳 30 克，茯苓 45 克，桔梗 30 克，川芎 25 克，甘草 15 克，薄荷 15 克。

【性状】淡灰黄色至淡灰棕色的粗粉。气微辛，味甘苦。

【适应证】具有辛温解表、疏风祛湿功能。用于畜禽风寒感冒、流感。

【用法与用量】混饲。每 100 千克饲料 1～1.5 千克，连用 3～5 天。

银　翘　散

【成分】连翘 45 克，金银花 45 克，薄荷 30 克，荆芥穗 25 克，淡豆豉 30 克，牛蒡子 30 克，桔梗 25 克，淡竹叶 20 克，生干草 25 克。

【性状】棕褐色的粗粉。气芳香，味微甘、苦、辛。

【适应证】具辛辣解表、清热解毒功能。用于畜禽风寒感冒、温病初起，如流行性感冒、肺炎等。

【用法与用量】禽 1～2 克，开水或芦根汤冲调，候温灌服。

（二）清热剂

清瘟败毒散

【成分】生石膏 120 克，生地黄 30 克，水牛角 60 克，黄连 20 克，栀子 30 克，牡丹皮 20 克，黄芩 25 克，赤芍 25 克，玄参 25 克，知母 30 克，连翘 30 克，桔梗 25 克，甘草 15 克，淡竹叶 25 克。

【性状】灰黄色的粗粉。气微香，味苦、微甜。

【适应证】具有泻火解毒、凉血养阴功能。用于禽霍乱、大肠杆菌病。

【用法与用量】家禽按1.0%～1.2%比例混饲或按家禽每千克体重每日0.8克喂给。连用3～5天。

肝复康散

【成分】大青叶60克，茵陈30克，栀子45克，虎杖30克，大黄20克，车前草35克等。

【性状】浅灰色粗粉。气清香，味苦。

【适应证】具有清热解毒、疏肝、利湿退黄功能。用于弧菌性肝炎、盲肠肝炎等。

【用法与用量】混饲。每100千克饲料0.5～1.0千克。

特效霍乱灵散（片）

【成分】黄芩15克，马齿苋15克，地榆20克，鱼腥草20克，山楂10克，蒲公英10克，穿心莲10克，甘草5克。

【性状】黄棕色粗粉。气清香，味苦。

【适应证】具有清热解毒、利湿止痢功能。用于鸭、鹅的霍乱病。

【用法与用量】禽类混饲，每100千克饲料1千克，连续给药3～5天。预防量减半。

鸡病清散

【成分】黄连40克，黄柏40克，大黄20克。

【性状】黄褐色粗粉，味苦。

【适应证】具有抗菌消炎、燥湿止痢、消食导滞功能。用于禽伤寒、禽霍乱、霉菌性腹泻、不明原因的泻痢、黄绿色稀便等。

【用法与用量】按0.5%拌料，连用3天。

白头翁散（片）

【成分】白头翁60克，黄连30克，黄柏45克，秦皮60克。

【性状】浅灰黄色的粗粉。气香，味苦。

【适应证】具有清热解毒、凉血止痢功能。用于湿热泄泻、下痢脓血、里急后重，以及雏禽白痢、禽霍乱、大肠杆菌病。

【用法与用量】家禽按0.8%～1.2%比例拌料混饲或用片剂经口投药，每只鹅每次1片（片剂0.3克/片），1日2次。

穿心莲+利福平散

【成分】穿心莲110克，大黄40克，野菊花25克，紫花地丁25克，苍术50克，藿香28克，白芷20克，厚朴15克，绿豆60克，自然铜25克，利福平8.24克，辅料加至500克。

【性状】灰黄色的粗粉。气清香，味苦。

【适应证】可清热解毒，活血散瘀，消肿止痛，抗菌消炎。用于禽霍乱、白痢。

【用法与用量】1000千克饲料添加1000克混饲。

解暑星散

【成分】香薷60克，藿香40克，薄荷30克，冰片2克，金银花45克，木通40克，麦冬30克，白扁豆15克等。

【性状】浅灰黄色粗粉。气香窜，味辛、甘、微苦。

【适应证】具有清热祛暑功能。用于畜禽中暑。

【用法与用量】禽混饲：每100千克饲料1～1.5千克。

增蛋散

【成分】黄连5克，神曲10克，黄芪15克，陈皮10克，女贞子20克。

【性状】灰褐色至灰黄色的粗粉，气清香，味苦。

【适应证】具有清热、养血、柔肝、健脾，增强机体产蛋机能，提高产蛋率的功能。用于病理性与机能性原因引起的减蛋综合征。

【用法与用量】混饲。按5%～0.8%的比例混料（即每包药拌料25～40千克），自由采食，连用3～5天。未发病情况下，按0.1%拌料服用，可提高产蛋率。

肝 病 消

【成分】大青叶 250 克，茵陈 100 克，柴胡 50 克，大黄 50 克，益母草 100 克等。

【性状】黄棕色粗粉。气微香，味苦。

【适应证】具有抗菌抗病毒、保肝利胆、抗炎消肿、止血制渗、杀虫抑虫、清热解毒、抗应激、增强机体免疫力功能。对细菌、病毒、组织滴虫及饲料营养等引起的肝脏肿大、肝炎、质地变硬或易碎、肝脏出血、肝变性坏死等疾病，具有显著的预防治疗功效。

【用法与用量】治疗，按 0.4%（每包拌料 25 千克）混料用 1～2 天，后按 0.2%混料（每包拌 50 千克料）连用 3 天。预防（以往发病日龄前后），按 0.1%拌料（每包拌料 100 千克），连用 4～5 天。遮光干燥处密封存放。

黄连解毒汤

【成分】黄连 45 克，黄芪、黄柏各 30 克，栀子 45 克。

【适应证】具泻火解毒功能，主治三焦热盛。可用于败血症、脓毒败血症、痢疾、肺炎等。

【用法与用量】禽 1～2 克，煎汤去渣，候温灌服。

（三）消导剂

大 黄 末

【成分】为大黄制成的散剂。取大黄，粉碎成粗粉，过筛即得。

【性状】黄棕色的粉末、气清香，味苦、微涩。

【适应证】具有健胃消食、泻热通肠、凉血解毒、破积行瘀功能。用于食欲不振，实热便秘，结症，疮黄疔毒，目赤肿痛，烧伤烫伤，跌打损伤。

【用法与用量】内服：禽 1～3 克。外用适量，调敷患处。

龙 胆 末

【成分】为龙胆制成的散剂。取龙胆，粉碎成粗粉，过筛即得。

【性状】淡黄棕色的粉末。气微，味甚苦。

【适应证】具有健胃功能。用于食欲不振。

【用法与用量】内服。禽 1.5～3 克。

(四) 祛湿剂

肾肿康片

【成分】黄柏 50 克，知母 50 克，黄芩 50 克，黄连 50 克，苦参 35 克，猪苓 65 克，茯苓 30 克，桔梗 40 克，甘草 75 克，滑石 50 克。

【性状】灰黄色片。气香，味苦。

【适应证】具有清热解毒、滋肾消肿、利湿通便功能。用于内脏病及各种内外毒素性疾病引起的肾脏肿胀，尿酸盐沉积，拉白色灰渣样黏液样粪便。

【用法与用量】经口投药或拌料：轻症或预防用，每只 1～2 片，重症加倍，连用 3～5 天为一疗程。

(五) 祛痰止咳平喘剂

康星 2 号

【成分】金银花 30 克，连翘 15 克，板蓝根 10 克，桔梗 10 克，百部 10 克，儿茶 5 克，蟾酥 0.1 克，牛黄 0.1 克等。

【性状】浅灰褐色粉末，味微甜而后苦。

【适应证】具有清热解毒、平喘止咳、改善呼吸困难的功能。用于家禽病毒、细菌、支原体性呼吸道疾病以及上述病原体所致的呼吸道混合感染。

【用法与用量】家禽按 0.5% 拌料，连用 3～5 天，预防量减半。

(六) 补益剂

健鸡散

【成分】党参 10 克，黄芪 20 克，茯苓 20 克，六神曲（炒）10 克，麦芽（炒）20 克，山楂（炒）20 克，甘草 5 克，槟榔（炒）5 克。

【性状】浅黄色粗粉。气香，味甘。

【适应证】具有益气健脾、消食开胃、抗应激功能。用于食欲不振，生长迟缓，应激反应。

【用法与用量】混饲：每 100 千克饲料加 2 千克，连喂 3～7 天。

（七）固涩剂

康星Ⅰ号

【成分】黄连素 5 克，白头翁 20 克，秦皮 20 克，甘草 15 克等。

【性状】浅灰黄色粉末、气香，味苦。

【适应证】具有抗菌消炎、清热解毒、凉血止痢、涩肠止泻功能。用于家禽细菌、病毒、球虫性腹泻及肠炎痢疾。

【用法与用量】家禽按 0.5%拌料，连用 3～5 天；预防量酌减。

（八）胎产剂

康星旺达

【成分】淫羊藿 5 克，阳起石（酒淬）5 克，益母草 5 克，菟丝子 4 克，当归 4 克，香附 5 克等。

【性状】淡灰色粉末。气香，微苦。

【适应证】具有催情排卵，兴奋繁殖机能，促进生殖器官创伤愈合的功能。用于蛋禽产蛋率低，产蛋高峰期持续时间短，发病后产蛋不回升，畸形蛋。

【用法与用量】家禽按 0.5%～1%拌料，连用 3～5 天。预防量酌减。

五、饲料添加剂的合理使用

饲料添加剂类包括氨基酸类（蛋氨酸、赖氨酸）、维生素类（维生素 A、维生素 D、维生素 E、维生素 K 等脂溶性维生素和其他水溶性维生素）、矿物质元素类（微量元素）、促生长类化学制剂（胆碱、二氢吡啶）和其他饲料添加剂药物如抗应激添加剂、酶制剂、微生态制剂和饲料保藏类添加剂等。

第六章 规模化鹅场的疾病诊断

鹅病诊断直接关系到规模化鹅场能否采取有效的措施控制疾病。疾病诊断方法包括临床诊断、病理学诊断以及实验室诊断等。

第一节 临床诊断

一、现场资料调查

现场资料调查是根据疾病的发生特点进行诊断的一种方法。不同疾病都有特定的发病特征，如能根据现场资料调查做出诊断，将大大缩短诊断时间，提高其准确性，为疾病防治提供宝贵时间。

（一）了解发病情况

根据病程长短、发病率、死亡率等因素可以初步判定疾病种类。

如果在饲养条件不同的鹅舍或鹅场均发病，则可能是传染病，可排除慢性病或营养缺乏病；如在短时间内大批发病、死亡可能是急性传染病（如小鹅瘟、鹅副黏病毒病等）或中毒性疾病；若疾病仅在一个鹅舍或鹅场内发生，应考虑非传染性疾病的可能。在确定以上事项后，可先采取紧急预防措施，如消毒、紧急预防接种及更换饲料等，以减少损失。

如果一个鹅舍内的少数鹅发病后，在短时间内传遍整个鹅舍或相邻鹅舍，应考虑其传播方式是经空气传播。在处理这类疾病时，应注重切断传播途径。发病较慢，病鹅消瘦，应考虑是慢性传染病如结核或营养缺乏症。若为营养缺乏症，则饲喂不同饲料的患鹅病情差异明显。

了解发病日龄，有助于缩小可疑疾病的范围。有些病各种日龄均可发生，有些病只在特定的日龄发病。如小鹅瘟和雏鹅新型病毒性肠炎，日龄较小的发病率和死亡率高，2 月龄以上的鹅很少发生，即使发生死亡率亦不高，而鹅副黏病毒病感染发生于不同年龄的鹅，发病率和死亡率都较高。

了解疾病的发病季节，可为排除、确诊某些疾病提供线索。某些疾病具有明显的季节性，若在非发病季节出现症状相似的疾病，可少考虑或不予考虑该病。如隐孢子虫病，以温暖多雨的 8～9 月份多发，在卫生条件较差的地区容易流行；住白细胞原虫病只发生于夏季和秋初，若在冬季发生了一种症状相似的疾病，一般不应怀疑是住白细胞原虫病。

（二）了解用药防疫情况

有些鹅病经防疫后就不会发生，或者即使发病症状也不典型，病情较轻。若防疫后还发生典型病例，则可能是由于疫苗质量不好或防疫时间不当而导致免疫失败。但是，有时病原毒力过强或抗原性改变，也是造成发病的原因。

了解用药情况，也可排除某些疾病，缩小可疑疾病范围。如用药后病情减轻，或未出现新病例，则提示用药正确。患细菌病或寄生虫病时，如选用敏感药物，亦可起到防病治病的作用。

但是，长期使用某一种药物，有些病原体很易产生耐药性，用药效果不一定理想。有些病毒病，虽然没有针对病毒的药物，但通过抗生素的应用控制继发感染，也可能减轻症状，但不能防止新病例的出现。

（三）了解管理状况

管理是影响疾病发生的重要因素，很多疾病与管理不良有关。管理包括饲养程序、消毒、密度、通风、温度、湿度、噪声、有害气体等方面。

鹅病发生之前是否从外地引进种鹅、种蛋、雏鹅、饲料及其他物品，产品输入地有无类似疾病。卫生防疫制度的执行情况，消毒设施是否安装，隔离、消毒、卫生等综合性防疫措施是否完善以及落实情况，消毒药的品种及其使用方法；人员进出鹅场（舍）和外来人、车进出情况等，这些都对鹅群疾病的发生产生影响，从而判定疾病是否与外源引入有关。

如果鹅舍通风不良、过度拥挤、温度过高或过低、湿度过大、强噪声等均属应激因素，可降低机体抵抗力，诱发很多疾病。

大肠杆菌病是一种典型的应激性疾病，当机体抵抗力下降时，正常鹅体内的细菌可能异常繁殖，导致疾病的发生；鹅群密度过大、通风不良，特别是有害气体浓度过高是诱发呼吸道疾病的重要因素。

（四）流行病学监测

流行病学监测是在大范围内有计划、有组织地收集流行病学信息，并对有关信息分析、处理的一种手段。流行病学监测的目的是净化鹅群，为防疫提供依据。

通过定期对鹅群血液中抗体效价变化规律的监测，确定免疫接种时间，减少盲目性，可以非常有效地预防某些病毒病的发生。

对特定病原的检测，可检出阳性带菌（毒）鹅，然后淘汰，这样可切断传染源，达到控制和消灭相应疾病的目的。

对饲料进行监测，在预防禽病中也是重要的一环。饲料中有些有害物质，如黄曲霉毒素、劣质鱼粉、食盐和药物的添加是否超量，检出后少用或不用这些饲料，或经处理后再用，可减少中毒病的发生。如果是霉菌毒素超标，则很难“消毒”后再用。有时饲料存放不当，或时间过长，可能感染致病菌，根据监测结果，采取消毒处理措施后使用，也可防止感染性疾病的发生。

饲料监测更重要的一项内容就是检查其营养成分是否合理，如钙磷比例是否适当，蛋白质、氨基酸和碳水化合物等含量是否平衡，根据检测结果进行适当调整，可以减少代谢病，特别是营养物质缺乏症的发生。

二、鹅病的临诊检查

（一）群体检查

在进行群体临诊检查时，主要是肉眼观察以下方面有无异常。

（1）鹅群的体况　鹅的发育情况（如营养状况、发育程度、体质强弱、大小是否一致等）、羽毛状态（如羽毛颜色和光泽，是否丰满整洁，是否有过多的羽毛断折和脱落，是否有局部或全身脱毛或无毛，肛门附近羽毛是否有粪污）等。

（2）鹅群的状态　如在外人进入鹅舍走动或有异常声响时鹅群是否普遍有受惊扰的反应；是否有震颤、头颈扭曲、盲目前冲或后退、转圈运动，或高度兴奋不停地走动等表现的鹅只；是否有跛行或麻痹、瘫痪、精神沉郁、闭目、低头、垂翼、离群呆立，或喜卧不愿走动、昏睡等表现鹅只。

（3）头部情况　观察鹅的脸部（有无水肿、痘痂）、喙（有无发紫、色淡和变软、扭曲等）、鼻孔（是否流鼻液，鼻液性质如何）、眼部（眼睛有无黏液性分泌物流出，眼结膜有无充血、潮红、苍白，眼睑有无水肿，角膜是否混浊、溃疡，眼球是否下陷等）、口腔（有无流涎、流血、异味以及黏膜状态）等情况。

（4）呼吸情况　是浅频呼吸、深稀呼吸还是临终呼吸，有无异常呼吸音、张口伸颈呼吸并发出怪叫声，有无咳嗽等。

（5）采食和饮水情况　在添加饲料时是否拥挤向前争抢采食饲料，或有啄无食，将饲料拨落地下，或根本不啄食。采食和饮水量是增加还是减少等。

（6）产蛋情况　产蛋鹅如果发生疾病必然会影响蛋的数量和质量，如产蛋量减少多少，蛋壳的颜色、厚度、光滑程度等。

（7）粪便情况　观察粪便的稀薄黏稠程度、粪便的颜色、粪便的形态等，以及是否有异常恶臭味等。

（二）个体检查

对鹅个体检查项目除上述群体检查项目之外，还应注意下列一些项目的检查（见表6-1）。

（1）体温检查　用手掌抓住两腿或叉入两翼下，可感觉到明显的体温异常，精确的体温要将体温计插入肛门内，停留10分钟，然后读取体温值。

（2）体表检查　皮肤的弹性、有无结节及蜱、螨等寄生虫，颜色是否正常，有无紫蓝色或红色斑块，是否有脓肿、坏疽、气肿、水肿、斑疹、水疱等，胫部皮肤鳞片是否有裂缝等。

（3）眼鼻检查　拨开眼结膜，眼结膜黏膜是否苍白、潮红或黄色，眼结膜下有无干酪样物，眼球是否正常；用手指压挤鼻孔，有无黏性或脓性分泌物。

（4）泄殖腔检查　翻开泄殖腔，注意有无充血、出血、水肿、坏死，或有假膜附着，肛门是否被白色粪便所黏结。

（5）口腔检查　打开口腔，注意口腔黏膜的颜色，有无斑疹、脓疱、假膜、溃疡、异物、口腔和腭裂上是否有过多的黏液，黏液上是否混有血液。一手扒开口腔，另一手用手指将喉头向上顶托，可见到喉头和气管，注意喉气管有无明显的充血、出血，喉头周围是否有干酪样附着物等。

表 6-1 常见的鹅体表异常变化诊断

检查项目	异常变化	可能相关的主要疾病(或原因)
羽毛	若羽毛蓬松、污秽、无光泽	常见于慢性传染病、寄生虫病和营养代谢病，如禽副伤寒、大肠杆菌病、鸭瘟、慢性禽霍乱、鹅绦虫病、吸虫病、维生素 A 缺乏症和维生素 B 缺乏症等
	羽毛稀少	常见于烟酸、叶酸缺乏症，也可见于维生素 D 缺乏症和泛酸缺乏症
	羽毛松乱或脱落	常见于 B 族维生素缺乏症和含硫氨基酸不平衡，也可见于 70～80 日龄鹅的正常换羽引起的掉毛(羽毛脱落)
	头颈部羽毛脱落	常见于泛酸缺乏症
	羽毛断裂或脱落	常见于鹅外寄生虫病，如羽毛虱和羽螨
营养状况	整群生长发育偏慢	饲料营养配合不全面、饲养管理不善
	大小不均匀	鹅群可能有慢性疾病
精神状态	体温高，精神委顿，缩颈垂翅，离群独居，闭目呆立，尾羽下垂，食欲废绝	常见于临床症状明显期的某些急性、热性传染病，如小鹅瘟、鸭瘟、鹅副黏病毒病、急性禽霍乱
	体温“正常”或偏高，精神差，食欲不振	常见于某些慢性传染病和寄生虫病以及某些营养代谢病，如慢性鸭瘟、慢性禽副伤寒，鹅绦虫病、吸虫病、硒或维生素 E 缺乏症等
	精神委顿，体温下降，缩颈闭目，蹲地伏卧，不愿站立	常见于濒死期的病鹅
运动	行走摇晃，步态不稳	常见于明显期的急性传染病和寄生虫病等，如鹅副黏病毒病、小鹅瘟、鹅球虫病以及严重的绦虫病、吸虫病等
	两肢行走无力，并有痛感，行走间常呈蹲伏姿势	常见于鹅佝偻病或骨软症以及葡萄球菌关节炎等
	两肢不能站立、仰头蹲伏呈现观星姿势	临床上见于雏鹅维生素 B_1 缺乏症

续表

检查项目	异常变化	可能相关的主要疾病(或原因)
运动	两股交叉行走或运动失调,跗关节着地	常见于雏鹅维生素E缺乏症和维生素D缺乏症
	两肢麻痹、瘫痪、不能站立	常见于雏鹅锰缺乏症
	企鹅样立起或行走	常见于母鹅严重的卵黄性腹膜炎
呼吸	气喘、咳嗽、呼吸困难	常见于鹅曲霉菌病、李氏杆菌病、链球菌病、流行性感冒、霉形体、大肠杆菌病等传染病;也可见于某些寄生虫病,如鹅支气管杯口线虫病
神经症状	扭颈,出现神经症状	常见于某些传染病,如鹅副黏病毒病、小鹅瘟、雏鹅霉菌性脑炎、禽李氏杆菌病、鹅螺旋体病等,亦可见于某些中毒病和某些营养代谢病,如痢特灵中毒、维生素A缺乏症、B族维生素缺乏症等
声音	叫声嘶哑	常见于鹅的慢性鸭瘟、鹅流行性感冒、鹅结核病、鹅的禽流感以及鹅副黏病毒病等疾病晚期;也见于某些寄生虫病,如寄生在鹅气管内的舟形嗜气管吸虫病以及寄生在鹅气管和支气管内的支气管杯口线虫病
腹围	腹围增大	常见于肥育仔鹅的腹水综合征,产蛋鹅的卵黄性腹膜炎;有时亦见于产蛋鹅的腹底壁赫尔尼亚
	腹围缩小	常见于慢性传染病和寄生虫病,如慢性禽副伤寒、慢性鸭瘟、鹅裂口线虫病、鹅绦虫病等
喙	喙色泽淡	常见于慢性寄生虫病和营养代谢病,如鹅绦虫病、吸虫病、鹅裂口线虫病、幼鹅硒或维生素E缺乏症
	喙色泽发紫	常见于小鹅瘟、禽霍乱、鹅卵黄性腹膜炎、维生素E缺乏症等疾病
	喙变软、易扭曲	常见于幼鹅钙磷代谢障碍、维生素D缺乏症以及氟中毒
脚、蹼	脚、蹼干燥或有炎症	常见于B族维生素缺乏症,也可见于内脏型痛风病,以及各种疾病引起的慢性腹泻
	脚、蹼发紫	常见于卵黄性腹膜炎、维生素E缺乏症,亦可见于小鹅瘟等
	跖骨软、易折	临床上见于佝偻病、骨软症以及氟中毒引起的骨质疏松

续表

检查项目	异常变化	可能相关的主要疾病(或原因)
脚、蹼	脚、蹼、趾、爪卷曲或麻痹	见于雏鹅维生素 B_2 缺乏症，也可见于成年鹅维生素A缺乏症
关节	关节肿胀、有热痛感、关节囊内有炎性渗出物	常见于葡萄球菌和大肠杆菌感染，也可见于慢性禽霍乱、禽链球菌病等
	跖关节和趾关节肿大(非炎性)	常见于营养代谢病，如钙磷代谢障碍和维生素D缺乏症等
头部	头部皮下胶冻样水肿	常见于鸭瘟，亦可见于慢性禽霍乱
	头颈部肿大	有时见于因注射灭活苗位置不当引起的肿胀，也偶尔见于外伤感染引起的炎性肿胀
眼睛	眼球下陷	常见于某些传染病、寄生虫病等因腹泻引起机体脱水所致，如鹅副黏病毒病、禽副伤寒、大肠杆菌病、鹅绦虫病、棘口吸虫病以及某些中毒病等
	眼睛有黏液性分泌物流出，使眼睑变成粒状	见于雏鹅生物素缺乏症及泛酸缺乏症等
	眼结膜充血、潮红、流泪、眼睑水肿	常见于禽霍乱、嗜眼吸虫病、禽眼线虫病以及维生素A缺乏症
	眼睛有黏性或脓性分泌物	见于鸭瘟、禽副伤寒、大肠杆菌眼炎以及其他细菌或霉菌引起的眼结膜炎
	眼结膜有出血斑点	常见于禽霍乱、鸭瘟等
	眼结膜苍白	常见于鹅剑带绦虫病、膜壳绦虫病、棘口吸虫病、住白细胞原虫病及慢性鸭瘟等
	角膜混浊，流泪	常见于维生素A缺乏症
	角膜混浊，严重者形成溃疡	见于慢性鸭瘟，也见于嗜眼吸虫病
	瞬膜下形成黄色干酪样小球，角膜中央溃疡	常见于曲霉菌性眼炎
鼻腔	鼻孔及其窦腔内有黏液性或浆液性分泌物	常见于鹅流行性感冒、鹅曲霉菌感染、大肠杆菌病、霉形体病，也见于棉子饼中毒等
	鼻腔内有牛奶样或豆腐渣样物质	常见于维生素A缺乏症
口腔	流出水样混浊液体	常见于鹅裂口线虫病、鹅副黏病毒病、鸭瘟等
	口腔流涎	常见于鹅误食喷洒农药的蔬菜或谷物引起的中毒，也偶见于鹅误食万年青引起的中毒
	口腔流血	常见于某些中毒病，如鹅敌鼠钠盐中毒

续表

检查项目	异常变化	可能相关的主要疾病(或原因)
口腔	口腔内有大蒜或刺鼻的气味	常见于有机磷(大蒜气味)及其他农药中毒
	口腔黏膜有炎症或有白色针尖大的结节	常见于雏鹅维生素A缺乏症和烟酸缺乏症,也见于鹅采食被蚜虫或蝶类幼虫寄生的蔬菜或青草引起的口腔炎症
	口腔黏膜形成黄白色、干酪样假膜或溃疡,甚至蔓延至口腔外部,嘴角亦形成黄白色假膜	常见于鹅霉菌性口炎,即鹅口疮
肛门和泄殖腔	肛门周围有炎症、坏死和结痂病灶	常见于泛酸缺乏症
	肛门周围有稀粪沾污	常见于禽副伤寒、大肠杆菌病、鹅副黏病毒病、鸭瘟等
	泄殖腔黏膜充血或有出血点	常见于各种原因引起的泄殖腔炎症,如前殖吸虫病、鹅副黏病毒病等,有时也见于禽霍乱
	泄殖腔黏膜出血,有假膜、结痂或形成溃疡	常见于典型的鹅的鸭瘟病
	泄殖腔黏膜肿胀、充血、发红或发紫以及肛门周围组织发生溃烂脱落	常见于禽隐孢子虫病、鹅前殖吸虫病、鹅淋球菌病和慢性泄殖腔炎(严重的泄殖腔炎可引起肛门外翻、泄殖腔脱垂)
粪便	拉稀	临床上见于细菌、霉菌、病毒和寄生虫等病原引起鹅的腹泻,如禽副伤寒、小鹅瘟、绦虫病、吸虫病等,也见于某些营养代谢病和中毒病,如维生素E缺乏症、有机磷农药中毒、误食万年青中毒以及采食寄生在蔬菜、青草的蚜虫、蝶类幼虫引起的中毒等
	拉稀,带有黏液状并混有小气泡	常见于雏鹅维生素B_2缺乏症,或采食过量的蛋白质饲料引起消化不良、小鹅瘟等
	大便稀,带有黏稠、半透明的蛋清或蛋黄样物	常见于卵黄性腹膜炎(蛋子瘟)、输卵管炎、产蛋鹅的前殖吸虫病等
	拉稀,呈青绿色	常见于鹅副黏病毒病、慢性禽霍乱等
	拉稀,呈灰白色并混有白色米粒样物质(绦虫节片)	常见于鹅绦虫病
	拉稀,并混有暗红或深紫色血液	常见于鹅球虫病、鹅裂口线虫病,有时亦见于禽霍乱
	大便呈石灰样	常见于鹅痛风病,也可见于维生素A缺乏症和磺胺药中毒等
	大便呈血水样	常见于球虫病,有时也偶见于磺胺类药中毒以及呋喃丹中毒和敌鼠钠盐中毒

续表

检查项目	异常变化	可能相关的主要疾病(或原因)
鹅蛋	蛋壳薄	常见于禽副伤寒、大肠杆菌病、鹅副黏病毒病、鸭瘟以及维生素D缺乏症和钙磷缺乏症等疾病,也见于夏季热应激引起蛋壳变薄
	无蛋黄	常见于异物(如寄生虫、脱落的黏膜组织、小的血块等)落入输卵管内,刺激输卵管的蛋白分泌部位,使其分泌出蛋白包住异物,然后再包上壳膜和蛋壳而形成,也见于输卵管太狭窄,产出很小的无蛋黄的畸形蛋
	双黄蛋	偶见于刚开产的鹅和食欲旺盛的产蛋鹅,两个蛋黄同时或间隔很短时间从卵巢落入输卵管后同时被蛋白壳膜和蛋壳包上而形成体积特别大的双黄蛋
	双壳蛋	即具有两层蛋壳的蛋,见于鹅产蛋时受惊后输卵管发生逆蠕动,蛋又退回蛋壳分泌部,刺激蛋壳腺再次分泌出一层蛋壳,而使蛋具有两层蛋壳

三、治疗试验观察

在实验室确诊之前，根据临床症状和病理变化先作出初步诊断，进行药物治疗，观察治疗效果，也是一种实用的诊断手段。如治疗效果明显，也可作为确认依据之一。

第二节　病理学诊断

一、病理剖检检查

鹅病虽种类繁多，但许多鹅病在剖检病变方面具有一定的特征，因此，利用尸体剖检观察病变可以验证临床诊断和治疗的正确性，是诊断疾病的一个重要手段。

（一）鹅体剖检技术

1. 鹅体剖检要求

（1）正确掌握和运用鹅体剖检方法　若方法不熟练，操作不规范、不按顺序，乱剪乱割，影响观察，易造成误诊，贻误防治时机。

（2）防止疾病散播　剖检时如果剖检地点不合适、消毒不严格、尸体处理不当等，不仅引起病原在本场传播，而且能污染环境。所以，剖检地点应远离鹅舍，必须注意严格消毒和病死鹅的无害化处理。

① 选择合适的剖检地点。鹅场最好建立尸体剖检室，剖检室设置在生产区和生活区的下风向和地势较低的地方，并与生产区和生活区保持一定距离，自成单元；若养鹅场无剖检室，剖检尸体时选择在比较偏僻的地方进行，要远离生产区、生活区、公路、水源等，以免剖检后，尸体的粪便、血污、内脏、杂物等污染水源、河流，或由于车来人往等传播病原，造成疫病扩散。

② 严格消毒。剖检前对尸体进行喷洒消毒，避免病原随着羽毛、皮屑一起被风吹起传播。剖检后将死鹅放在密封的塑料袋内，对剖检场所和用具进行彻底全面的消毒。剖检室的污水和废弃物必须经过消毒处理后方可排放。

③ 尸体无害化处理。有条件的鹅场应建造焚尸炉或发酵池，以便处理剖检后的尸体，其地址的选择既要使用方便，又要防止病原污染环境。无条件的鹅场对剖检后的尸体要进行焚烧或深埋。

（3）准备好剖检器具　剖检鹅体，准备剪刀、镊子即可。根据需要还可准备手术刀、标本皿、广口瓶、福尔马林等。此外，还要准备工作服、胶鞋、橡胶手套、肥皂、毛巾、水桶、脸盆、消毒剂等。

2. 鹅体剖检方法

剖检病鹅最好在死后或濒死期进行。对于已经死亡的鹅只，越早剖检越好，因时间长了尸体易腐败，尤其夏季，使病理变化模糊不清，失去剖检意义。如暂时不剖检的，可暂存放在4℃冰箱内。解剖前先进行体表检查，然后进行剖检。

先用消毒药水将羽毛擦湿，防止羽毛及尘埃飞扬。解剖活鹅应先放血致死，方法有两种：一种是在口腔内耳根旁的颈静脉处用剪刀横切断静脉，血沿口腔流出，此法外表无伤口；另一种是颈部放血，用刀切断颈动脉或颈静脉放血。

将被检鹅仰放在搪瓷盘上，此时应注意腹部皮下是否有腐败而引起的尸绿。用力掰开两腿，直至髋关节脱位，将两翅和两腿摊开，或将头、两翅固定在解剖板上。沿颈、胸、腹中线剪开皮肤，再从腹下部横向剪开腹部，并延至两腿皮肤。由剪处向两侧分离皮肤。剥开皮肤后，可看到颈部的气管、食管、胸腺、迷走神经以及胸肌、腹肌、腿部肌肉等。根据剖检需要，可剥离部分皮肤。此时可检查皮下是否有出血，胸部肌肉的黏稠度、颜色，是否有出血点或灰白色坏死点等。

皮下检查完后，在泄殖腔腹侧将腹壁横向剪开，再沿肋软骨交接处向前剪，然后一只手压住鹅腿，另一只手握龙骨后缘向上拉，使整个胸骨向前翻转露出胸腔和腹腔，注意胸腔和腹腔器官的位置、大小、色泽是否正常，有无内容物（腹水、渗出物、血液等），器官表面是否有胶冻状或干酪样渗出物，胸腔内的液体是否增多等。

然后观察气囊，正常气囊膜为一透明的薄层，注意有无混浊、增厚或被覆渗出物等。如果要取病料进行细菌培养，可用灭菌消毒过的剪刀、镊子、注射器、针头及存放材料的器具采取所需要的组织器官。取完材料后可进行各个脏器的检查。剪开心包囊，注意心包囊是否混浊或有纤维性渗出物黏附，心包液是否增多，心包囊与心外膜是否粘连等，然后顺次取出各脏器。

首先把肝脏与其他器官连接的韧带剪断，再将脾脏、胆囊随同肝脏一块摘出。接着，把食管与腺胃交界处剪断，将腺胃、肌胃和肠管一同取出体腔（直肠可以不剪断）；剪开卵巢系膜，将输卵管与泄殖腔连接处剪断，把卵巢和输卵管取出。雄鹅剪断睾丸系膜，取出睾丸；用器械柄钝性剥离肾脏，从脊椎骨深凹中取出；剪断心脏的动脉、静脉，取出心脏；用刀柄钝性剥离肺脏，将肺脏从肋骨间摘出。

剪开喙角，打开口腔，把喉头与气管一同摘出；再将食管、食管膨大部一同摘出。

① 剪开鼻腔。从两鼻孔上方横向剪断上喙部，断面露出鼻腔和鼻甲骨。轻压鼻部，可检查鼻腔有无内容物。

② 剪开眶下窦。剪开眼下和嘴角上的皮肤，看到的空腔就是

眶下窦。

③ 脑的取出。将头部皮肤剥去，用骨剪剪开顶骨缘、颧骨上缘、枕骨后缘，揭开头盖骨，露出大脑和小脑。切断脑底部神经，便可取出大脑。

④ 外部神经的暴露。迷走神经在颈椎的两侧，沿食管两旁可以找到。坐骨神经位于大腿两侧，剪去内收肌即可露出。腰荐神经丛，将脊柱两侧的肾脏摘除，便能显露出来。臂神经，将鹅背朝上，剪开肩胛和脊柱之间的皮肤，剥离肌肉，即可看到。

3. 解剖检查注意事项

（1）剖检时间越早越好，尤其在夏季，尸体极易腐败，不利于病变观察，影响正确诊断。若尸体已经腐败，一般不再进行剖检。剖检时，光线应充足。

（2）剖检前要了解病死鹅的来源、病史、症状、治疗经过及防疫情况。

（3）剖检时必须按剖检顺序观察，做到全面细致，综合分析，不可主观片面，马马虎虎。

（4）做好剖检用具和场所的隔离消毒。做好剖检尸体、血水、粪便、羽毛和污染表土等的无害化处理（放入深埋坑内，撒布消毒药和新鲜生石灰盖土压实）。同时要做好自身防护（穿戴好工作服，戴上手套）。

（5）剖检时要做好记录，检查完后找出其主要的特征性病理变化和一般非特征性病理变化，作出分析和比较。

（二）病理剖检变化

鹅的病理变化诊断见表6-2。

表6-2 鹅的病理变化诊断

检查项目	解剖变化	可能相关的主要疾病
皮肤	皮肤苍白	见于各种因素引起的内出血，如脂肪肝综合征和禽副伤寒引起的肝破裂
	皮肤暗紫	见于各种败血性传染病，如禽霍乱、鹅副黏病毒病等
	皮下水肿	见于禽李氏杆菌病

续表

检查项目	解剖变化	可能相关的主要疾病
皮肤	皮下出血	见于某些传染病，如禽霍乱、鹅流行性感冒等
	胸腹部皮肤呈暗紫或淡绿色，皮下呈胶冻样水肿	见于肥育仔鹅维生素E缺乏症及硒缺乏症
	胸部皮下化脓或坏死	见于鹅外伤引起皮肤葡萄球菌、链球菌或其他细菌感染
肌肉	肌肉苍白	常见于各种原因引起的内出血，如脂肪肝综合征等，也见于住白细胞原虫病
	肌肉出血	常见于硒缺乏症、维生素E缺乏症、维生素K缺乏症
	肌肉坏死	常见于维生素E缺乏症
	肌肉中夹有白色芝麻大小的梭状物	见于葡萄球菌、链球菌等细菌感染引起的肉芽肿
	肌肉表面有尿酸盐结晶	见于内脏型痛风
胸腺	胸腺肿大，出血	常见于某些急性传染病，如鸭瘟、禽霍乱，也见于某些寄生虫病，如住白细胞原虫病
	胸腺出现玉米大的肿胀	多见于成年鹅的结核病
	胸腺萎缩	见于营养缺乏症
呼吸系统	气管、支气管、喉头有黏液性渗出物	常见于鹅流行性感冒、曲霉菌病、霉形体病、鹅副黏病毒病、鸭瘟等
	气管和支气管内有寄生虫	见于鹅舟形嗜气管吸虫和支气管杯口线虫
	肺、气囊肺淤血、水肿	常见于急性传染病，如禽霍乱、禽链球菌病、大肠杆菌败血症等，也见于棉子饼中毒
	肺实质有淡黄色小结节，气囊有淡黄色纤维素渗出或结节	常见于雏鹅曲霉菌病
	肺及气囊有灰黑色或淡绿色霉斑	常见于青年鹅或成年鹅曲霉菌病
	肺有淡黄色或灰白色结节	见于成年鹅的结核病
	肺肉变或出现肉芽肿	常见于大肠杆菌病和沙门菌病
	胸、腹气囊混浊、囊壁增厚或者含有灰白色或淡黄色干酪样渗出物	常见于霉形体病、鹅流行性感冒、大肠杆菌病、禽流感、禽副伤寒、禽链球菌病、衣原体病等

续表

检查项目	解剖变化	可能相关的主要疾病
胸腔	胸腔积液	见于肥育仔鹅腹水症和敌鼠钠盐中毒
心脏	心包积液或含有纤维素渗出	常见于禽霍乱、鸭瘟、禽流感、大肠杆菌病、禽李氏杆菌病、鹅螺旋体病、衣原体病以及某些中毒病，如食盐中毒、氟乙酸胺中毒、磷化锌中毒等
	心冠脂肪出血或心内外膜有出血斑点	常见于禽霍乱、鹅流行性感冒、鸭瘟、大肠杆菌败血症、食盐中毒、棉子饼中毒、氟乙酸胺中毒等
	心包及心肌表面附有大量的白色尿酸盐结晶	常见于内脏型痛风
	心肌有灰白色坏死或有小结节或肉芽肿样病变	常见于禽李氏杆菌病、大肠杆菌病、禽副伤寒等
	心肌缩小、心肌脂肪消耗或心冠脂肪变成透明胶冻样	这是心肌严重营养不良的表现，常见于慢性传染病，如结核病、慢性副伤寒以及严重的寄生虫感染等。
	心肌变性	常见于维生素 E 和硒缺乏症、鹅住白细胞原虫病等
腹腔	腹腔内有淡黄色或暗红色腹水及纤维素渗出	常见于肥育仔鹅腹水综合征、大肠杆菌病、慢性禽副伤寒、住白细胞原虫病等
	腹腔内有血液或凝血块	常为急性肝破裂的结果，如成年鹅副伤寒、鹅脂肪肝综合征等
	腹腔中有一种淡黄色黏稠的渗出物附着在内脏表面	常为卵黄破裂引起的卵黄性腹膜炎，病原多见于大肠杆菌，有时也见于沙门菌和巴氏杆菌
	腹腔器官表面有许多菜花样增生物或有很多大小不等的结节	常见于大肠杆菌肉芽肿、成年鹅的结核病等
	腹腔中，尤其在内脏器官表面有一种石灰样物质沉着	为鹅内脏型痛风的特征性病变
肝脏	肝脏肿大，表面有灰白色斑纹或有大小不等的肿瘤结节	常见于淋巴细胞性白血病(有些病例肝脏者比正常者增加 2～3 倍)
	肝脏肿大，并出现肉芽肿	常见于大肠杆菌病

续表

检查项目	解剖变化	可能相关的主要疾病
肝脏	肝脏肿大、淤血，表面有散在的或密集的坏死点	常见于急性禽霍乱、禽副伤寒、大肠杆菌病、衣原体病、螺旋体病、鹅流行性感冒、禽李氏杆菌病、禽链球菌病等，有时也见于鸭瘟、小鹅瘟、鹅副黏病毒病等
	肝脏肿大，有出血斑点	常见于鹅螺旋体病、禽霍乱、磺胺药中毒以及痢特灵中毒等，也见于鸭瘟早期
	肝脏肿大，呈青铜色或古铜色或墨绿色(一般同时伴有坏死小点)	常见于大肠杆菌病、禽副伤寒、禽葡萄球菌病、禽链球菌病等
	肝脏肿大、硬化，表面粗糙不平或有白色针尖状病灶	常见于慢性黄曲霉毒素中毒
	肝脏肿大，有结节状增生病灶	常见于成年鹅的肝癌
	肝脏肿大，表面有纤维蛋白覆盖	常见于衣原体病、大肠杆菌病等
	肝脏肿大，呈淡黄色脂肪变性，切面有油腻感	常见于脂肪肝综合征，也见于维生素E缺乏症和鹅流行性感冒以及住白细胞原虫病
	肝脏萎缩、硬化	常见于腹水症晚期病例和成年鹅的黄曲霉毒素中毒
	肝脏呈深黄色或淡黄色	常见于1周龄以内健康的雏鹅，也见于1年以上健康的成年鹅
脾脏	脾脏肿大，表面有大小不等的肿瘤结节	常见于淋巴细胞性白血病(有的脾脏大如鸽蛋)
	脾脏有灰白色或黄色结节	常见于成年鹅结核病
	脾脏肿大，有坏死灶或出血点	常见于禽霍乱、禽副伤寒、衣原体病以及鹅副黏病毒病和鹅流行性感冒等
	脾脏肿大，表面有灰白色斑驳	常见于禽李氏杆菌病、淋巴细胞性白血病、大肠杆菌败血症、螺旋体病、禽副伤寒等

续表

检查项目	解剖变化	可能相关的主要疾病
胆囊、胆管	寄生于鹅胆管内的寄生虫	常见于后睾吸虫
	胆囊充盈肿大	常见于急性传染病，如禽霍乱、禽副伤寒、小鹅瘟、鸭瘟等，也见于某些寄生虫病，如鹅的后睾吸虫病
	胆囊缩小	常见于慢性消耗性疾病，如鹅绦虫病、吸虫病等
	胆汁浓、呈墨绿色	常见于急性传染病
	胆汁少、色淡或胆囊黏膜水肿	常见于慢性疾病，如严重的肠道寄生虫感染和营养代谢病
肾脏、输尿管	肾脏肿大、淤血	常见于禽副伤寒、链球菌病、螺旋体病、鹅流行性感冒等，也见于食盐中毒和痢特灵中毒
	肾脏显著肿大，有肿瘤样结节	常见于淋巴细胞性白血病，也偶见于大肠杆菌引起的肉芽肿
	肾脏肝大，表面有白色尿酸盐沉着，输尿管和肾小管充满白色尿酸盐结晶	是内脏型痛风的一种常见病变，也见于禽副伤寒、鹅肾球虫病、维生素A缺乏症、磺胺药中毒以及钙磷代谢障碍等疾病
	输尿管结石	多见于痛风以及钙磷比例失调
	肾脏苍白	常见于雏鹅的禽副伤寒、住白细胞原虫病、严重的绦虫病、吸虫病、球虫病以及各种原因引起的内脏器官出血等
卵巢、输卵管	卵子形态不整，皱缩干燥，并且颜色改变及变形、变性	常见于禽副伤寒、大肠杆菌病，也偶见于慢性禽霍乱等
	卵子外膜充血、出血	见于产蛋鹅急性死亡病例，如禽霍乱、禽副伤寒，以及农药、灭鼠药中毒
	卵巢显著增大，呈熟肉样菜花状肿瘤	见于卵巢腺癌
	寄生于输卵管的寄生虫	常见于前殖吸虫
	输卵管内有凝固性坏死物（凝固或腐败的卵黄、蛋白）	常见于产蛋母鹅的卵黄性腹膜炎、禽副伤寒、禽流感等
	输卵管脱垂于肛门外	常为产蛋鹅进入高峰期营养不足或是产双黄蛋、畸形蛋所致，也见于久泻不愈

续表

检查项目	解剖变化	可能相关的主要疾病
睾丸、阴茎	一侧或两侧睾丸肿大或萎缩，睾丸组织有多个小坏死灶	偶见于公鹅沙门菌感染
	睾丸萎缩变性	见于维生素E缺乏症
	阴茎脱垂、红肿、糜烂或有绿豆大小的小结节或者坏死结痂	多见于鹅大肠杆菌病，也见于淋球菌病，有时也见于阴茎外伤感染
食管	食管黏膜有许多白色小结节	见于维生素A缺乏症
	食管黏膜有白色假膜和溃疡（口腔、咽部均出现）	见于白色念珠菌感染引起的霉菌性口炎
	食管下段或膜有灰黄色假膜、结痂，剥去假膜可出现溃疡	常为鸭瘟特征性病变
	食管下段黏膜有出血斑	可见于鹅呋喃丹中毒
腺胃、肌胃	腺胃黏膜及乳头出血	见于鹅副黏病毒病，亦见于禽霍乱
	腺胃与肌胃交界处有出血点	见于螺旋体病
	肌胃内较空虚，其角质膜变绿	常见于慢性疾病，多为胆汁反流所致
	肌胃角质溃疡（尤其在肌胃与幽门交界处）	常见于鹅裂口线虫病
	肌胃角质层易脱落，角质层下有出血斑点或溃疡	见于鹅副黏病毒病、鸭瘟、禽李氏杆菌病、住白细胞原虫病
	寄生在肌胃内的寄生虫	鹅裂口线虫
肠管	小肠肠管增粗、黏膜粗糙，生成大量灰白色坏死小点和出血小点	见于鹅球虫病
	小肠黏膜呈急性卡他性或出血性炎症，黏膜深红色或有出血点，胸腔有多量黏液和脱落的黏膜	见于急性败血性传染病，如禽霍乱、禽副伤寒、禽链球菌病、大肠杆菌病等，以及早期的小鹅瘟病变，也见于某些中毒病，如呋喃丹中毒、氟乙酰胺中毒等
	肠道黏膜出血，黏膜上有散在的淡黄色假膜、结痂，并形成出血性溃疡	见于鹅副黏病毒病
	肠壁生成大小不等的结节	见于成年鹅的结核病
	肠道黏膜坏死	临床上见于慢性禽副伤寒、坏死性肠炎、大肠杆菌病，以及维生素E缺乏症等

续表

检查项目	解剖变化	可能相关的主要疾病
肠管	肠管某节段呈现出血发紫，且肠腔有出血黏液或暗红色血凝块	见于肠系膜疝或肠扭转
	肠管膨大，肠道黏膜脱落，肠壁光滑变薄，肠腔内形成一种淡黄色凝固性栓塞	见于典型的小鹅瘟病变
	盲肠内有凝固性栓塞	见于慢性禽副伤寒
	盲肠黏膜糜烂	见于雏鹅的纤细背孔吸虫病
	盲肠出血，肠腔有血便，黏膜光滑	见于磺胺药中毒
	十二指肠和空肠寄生虫	主要有膜壳绦虫、蛔虫、棘口吸虫
	直肠寄生虫	主要有前殖吸虫、纤细背孔吸虫
胰腺	胰腺肿大、出血或坏死、滤泡增大	临床上见于急性败血性传染病，如禽霍乱、禽副伤寒、大肠杆菌败血症等，也见于某些中毒病，如鹅氟乙酰胺中毒、敌鼠钠盐中毒、呋喃丹中毒等
	胰腺出现肉芽肿	见于大肠杆菌、沙门菌引起的病变
	胰腺萎缩，腺细胞内空泡形成，并有透明小体	临床上见于维生素E缺乏症和硒缺乏症
盲肠扁桃体	盲肠扁桃体肿大、出血	临床上见于某些急性传染病和某些寄生虫病，如禽霍乱、禽副伤寒、大肠杆菌病、鹅副黏病毒病、鸭瘟、鹅球虫病等
腔上囊	腔上囊内的寄生虫	多为前殖吸虫
	腔上囊肿大、黏膜出血	临床上见于某些传染病和寄生虫病，如鸭瘟、隐孢子虫病、前殖吸虫病，有时也偶见鹅副黏病毒病、严重的绦虫病等
	腔上囊缩小	临床上见于营养缺乏症
脑	小脑软化、肿胀，有出血点或坏死	临床上见于雏鹅维生素E缺乏症
	脑及脑膜有淡黄色结节	常见于雏鹅曲霉菌感染
	大脑呈树枝状充血、有出血点，并发生水肿或坏死	临床上见于雏鹅脑型大肠杆菌病和沙门菌病

续表

检查项目	解剖变化	可能相关的主要疾病
甲状旁腺	甲状旁腺肿大	临床上见于缺磷、缺钙及缺乏维生素D引起的雏鹅佝偻病和成年鹅的软骨症
骨和关节	后脑颅骨软薄	临床上见于雏鹅佝偻病和雏鹅维生素E缺乏症
	胸骨呈S状弯曲,肋骨与肋软骨连接部呈结节性串珠样	常见于缺钙、缺磷或缺乏维生素D引起的雏鹅佝偻病或者严重的绦虫病感染而导致的鹅骨软症
	胫骨软、易折	常见于佝偻病、骨软症,也见于肥育仔鹅饲喂含氟磷酸氢钙造成的骨质疏松
	关节肿胀、关节囊内有炎性渗出物	常见于雏鹅葡萄球菌、大肠杆菌、链球菌感染,也见于鹅慢性禽霍乱
	关节肿大、变形	临床上见于雏鹅佝偻病和生物素、胆碱缺乏症,以及锰缺乏症等,也见于关节痛风

二、组织病理学检查

通过对病变组织形态结构的观察,研究疾病的发生、发展和转归的一般规律,为疾病的正确诊断提供依据。

(一)病料采集注意事项

(1)取材有代表性　在一块病料中,要包括病变组织和周围的正常组织,以便于比较。

(2)刀剪要锐利　切取组织用的刀剪要锐利,尽可能不使组织受到挤压等人为损伤。

(3)病料要新鲜　最好在病鹅濒死前将鹅处死,立即取材并迅速放入固定液中,以防死后组织自溶,影响其形态。

(4)组织块要洗涤　组织块大小一般为长、宽各1~1.5厘米,厚度0.4~0.5厘米。切取的组织块以生理盐水洗去血物后放入10倍于组织块体积的10%福尔马林或其他固定液中。

(二)病料固定

将采集的病料浸入固定液中,使细胞内的物质变为不溶性(防止组织自溶和由于细菌繁殖引起的组织腐败)，尽可能使组织保持原有形态结构以利保存和制片，这一过程称为固定。

固定液可分为简单固定液和混合固定液两大类。简单固定液(又称单纯固定液)是使用一种化学试剂的固定液，如乙醇、甲醛、冰醋酸等。这些简单固定液往往对细胞的某些成分固定效果好，而对另一些成分固定效果不好，因此都有局限性。混合固定液是用几种化学试剂按一定比例配制而成，由于不同试剂优缺点互补，因此可产生较好的固定效果(见表6-3)。

表6-3 固定液的配制和使用

名称	组成及使用
乙醇	①乙醇既有固定作用，又有脱水作用。80%、70%乙醇可作为保存剂长期保存组织；经其他固定液固定的组织可保存在70%乙醇中，若长期贮存宜加入少量甘油。如果检查尿酸盐结晶和保存糖类，则用100%乙醇固定 ②乙醇固定后，组织收缩显著，从而阻止乙醇渗入组织深部，不适用于固定大块组织，避免组织过度收缩，可选用80%乙醇固定数小时后，再转入95%乙醇中 ③50%以上的乙醇能溶解脂肪、类脂体和血色素，并能破坏其他多种色素，所以作脂肪、类脂体和色素检查时不能用乙醇作固定液；肝糖原制片的标本不能投入50%以下的乙醇中；乙醇能沉淀核蛋白和肝糖原，但沉淀物易溶于水，所以乙醇固定的标本核染色不良
甲醛	①市售37%～40%甲醛溶液。固定组织和保存标本常用10%福尔马林，即1份甲醛溶液加9份蒸馏水，甲醛含量实际仅为4% ②福尔马林穿透力强，固定均匀，并能增加组织的韧性，小组织块(1.5厘米×1.5厘米×0.2厘米)数小时即可固定完全，快速固定可加温到70～80℃，10分钟即可完成固定。短期固定标本可不经水洗直接投入乙醇中脱水，但经长期固定的标本要水洗1～2天，否则会影响染色效果 ③肝、脾等多血组织经长期固定后会产生黑色素或棕色素的沉淀，欲除去这些色素沉淀，切片可于脱蜡后浸入0.5%氨水乙醇溶液(浓氨水1毫升加75%乙醇200毫升)30分钟，再用流水冲洗后进行染色。若色素沉淀仍未被洗去，则可延长在0.5%氨水乙醇溶液中的时间 ④经福尔马林固定后组织的糖类和尿酸盐结晶可被溶解，但细胞核着色甚佳

续表

名称	组成及使用
醋酸(乙酸)	因其纯品在16.7℃以下形成冰状结晶,所以又称冰醋酸。固定常用5%醋酸水溶液。醋酸不能沉淀白蛋白、球蛋白,但能沉淀核蛋白,因此对染色质或染色体的固定与染色效果很好。醋酸穿透力强,一般大小的组织只需固定1小时即可。醋酸不沉淀细胞质的蛋白质,所以不会使固定的组织硬化,并可抵消乙醇固定所引起的组织高度收缩和硬化。因此,醋酸常与乙醇配成混合固定液。醋酸固定后的组织不必水洗,可直接投入50%或70%乙醇中
Bouin液	①组成成分:苦味酸饱和水溶液75份,40%甲醛25份,冰醋酸5份 ②Bouin液穿透力强,组织收缩小,而且不会变硬、变脆。小组织块只需固定数小时,一般动物组织固定12～24小时。固定后的组织经水洗12小时即可投入乙醇中脱水。组织中残留的少量苦味酸并不影响染色
Carnoy液	①组成成分:无水乙醇6份,冰醋酸1份,氯仿3份 ②Carnoy液中的无水乙醇可固定细胞质,冰醋酸则固定染色质,同时可防止由乙醇所引起的组织高度硬化和收缩。此液穿透力强,小组织块只需固定1～2小时,且不需水洗可直接投入95%乙醇中脱水。Carnoy液适用于DNA的固定

(三)脱水、透明、浸蜡和包埋

1. 脱水、透明和浸蜡

(1) 脱水　经过固定和水洗的组织含大量水分，而水与石蜡是不能互溶的，所以在浸蜡、包埋前必须将组织中的水分脱去。常用的脱水剂有乙醇、正丁醇、叔丁醇等。组织在脱水前应修成长、宽各为1.8厘米，厚为0.2～0.3厘米的小块。

脱水时间应根据组织种类和体积大小的不同灵活掌握。致密的、大块的组织以及脂肪组织或疏松的纤维组织应适当延长脱水时间，特别是在95%乙醇中的时间。只有脱净水分、溶去脂肪，石蜡才能渗入脂肪细胞和纤维组织中去。如脱水不尽，二甲苯则不能浸入组织，石蜡就不可能很好地渗到组织中去，也就不可能做出高质量的切片。

如需做糖原和尿酸盐结晶染色的切片标本，组织经无水乙醇固定后，不经过水洗和低浓度乙醇脱水的过程，只需更换一次无水乙醇进行脱水即可。

（2）透明　由于乙醇与石蜡不能互溶，组织在脱水后，浸蜡前经过一个既与乙醇互溶又与石蜡互溶的媒剂，以便石蜡浸到组织中去。由于组织经媒剂作用后显示透明状态，因此习惯上将这一过程称为透明。

二甲苯是常用的透明剂，但其对组织收缩性强，易使组织变脆，所以组织在二甲苯中的时间不宜过长，一般以组织透明为度。实际操作中一般更换二甲苯两次，有时甚至三次，每次时间为10～15 分钟。次数的多少、时间的长短应视具体情况而定。

（3）浸蜡　经透明的组织在熔化的石蜡中浸渍，称为浸蜡。浸蜡过程是石蜡渗入组织取代二甲苯的过程。这一过程中一般应更换石蜡三次。第一步加入少量二甲苯或低熔点石蜡，第二步使用熔点较高的硬蜡，第三步可直接用包埋石蜡浸渍。整个浸蜡过程一般需要 3 小时左右。浸蜡时间要视组织的种类、大小的不同和温度的高低而定。时间过长会使组织脆硬，切片破碎，过短则浸蜡不足，难以做出高质量的切片。

浸蜡用的石蜡，其熔点一般要求在 52～56℃，应用时根据气候和室温进行选择，夏天宜采用高熔点石蜡，冬天则要用低熔点石蜡。

以乙醇为脱水剂的脱水、透明和浸蜡程序如下：

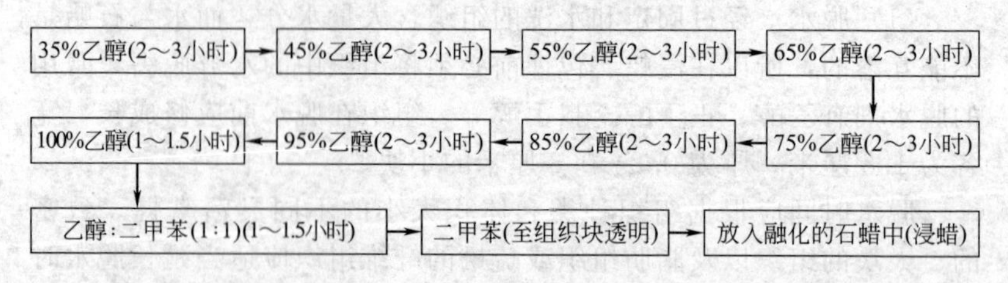

2. 包埋

将经过固定、脱水、透明和浸蜡的组织用石蜡或火棉胶包埋起来，使组织获得一定的硬度和韧度以便于切片，这一过程称为包埋。病理诊断最常用的是石蜡包埋法，现介绍如下。

将熔化的石蜡倾入高 1～1.5 厘米的组织包埋金属筐或叠好的纸筐内，将浸蜡的组织块用经过加温的镊子迅速放入包埋筐或纸筐的石蜡中，组织块切面朝下，放平放正。待石蜡凝固后，将包埋筐或纸筐打开，除组织周围留下少许石蜡外，组织周围多余的石蜡用刀片切除。

石蜡包埋应注意以下两点：一是包埋蜡和镊子温度不能过高，否则会烫坏组织，影响诊断；二是包埋蜡的温度应与组织块的温度相同，否则会造成组织块与周围石蜡脱裂。

包埋蜡的熔点一般要求在56℃左右，炎热季节应选用熔点较高的石蜡，寒冷季节则宜选用低熔点石蜡。硬组织最好应用较高熔点的石蜡，柔软的组织则应选用低熔点石蜡。

（四）切片

1. 切片过程

（1）修块　将包有组织的石蜡块修切成方形或长方形，将石蜡块的底部加热至表层石蜡熔化，然后迅速将石蜡块粘到经过加热的台木上，在石蜡块的四周略烫一下，将石蜡块粘牢后安装到切片机上，以便切片时形成蜡带。在正式切片之前，先将石蜡块用切片机修齐、修平，直到组织全部暴露于切面时，再将调节器调至需要的厚度正式切片。

（2）切片　石蜡切片常用的切片机为转轮切片机，当然，也可以使用滑走式切片机。转轮切片机每转一圈切下一张薄片。一般病理切片要求切片厚度为4～6微米，石蜡切片可以切到2微米甚至1微米。切片时要用力均匀，使切下的切片完整而且能连成带状。

（3）展片和贴片　用干燥毛笔将切片从切片刀上取下放入约45℃的温水中，光亮面向下平摊于水面之上。用镊子将切片上的皱褶细心地张开，切片则因水温展平在水面上。用镊子或解剖针将每张切片分开，取完整而无皱褶的切片贴附于经过处理的载玻片上，方向要摆正，最好放于载玻片中间偏左的位置上，以便右边贴标签。

（4）烤片　烤片的目的是将切片与载玻片之间的水分除去。烤片的温度一般不超过60℃，可将载玻片放入烤片台上烤干，也可将载玻片放入载玻片盒中，然后将载玻片盒打开，竖放或斜放入温度适宜的温箱中烤干。烤片的时间一般为24～48小时，时间过短染色时易出现脱片。

2. 切片过程中的注意事项

（1）切片方面　首先切片刀要锋利，刀口无损，切片才能完整。如果切片刀有缺口，切片会出现断裂、破碎和不完整。如果刀口太钝，切片会自动卷起来或皱褶，也不能形成连续的带状。切片刀的倾角以 20°～30°为宜，过大则切片上卷不能成带，过小则切片皱起。切片机的各个零件和螺丝要旋紧，否则会产生震动，影响切片质量。切片时应用力均匀，切过度硬化的组织更应如此，以防止由于震动形成空洞。

切片前最好将切片刀和石蜡块冷冻，这样可增加石蜡硬度、减少切片的皱褶，这在夏季和秋季切片时尤为重要。

（2）载玻片的处理　病理组织学诊断使用的载玻片应先用洗衣粉洗净，再放入 95％或无水乙醇中浸泡，使用前用真丝绸布擦干。为使切片与载玻片粘贴牢固，常使用蛋白甘油作粘贴剂。取新鲜蛋清，用竹筷等打成液状，经纱布滤到量杯中，加等量甘油与之混匀，再加少量麝香草酚或石炭酸防腐即成。载玻片黏附切片前，先用手指涂布一层蛋白甘油，蛋白甘油应薄而均匀，太厚则影响切片的染色。蛋白甘油一般 4℃保存，每隔 1～2 个月重配一次。

（五）染色

通常将切片的染色方法分为普通染色法（常用的苏木素-伊红染色法，简称 HE 染色法）和特殊染色法（如脂肪染色法、糖原染色法、黏液染色法等）两类。常用的苏木素-伊红染色法（HE 染色法）基本过程包括脱蜡、复水、染色以及脱水、透明、封固等过程。

（1）脱蜡与复水

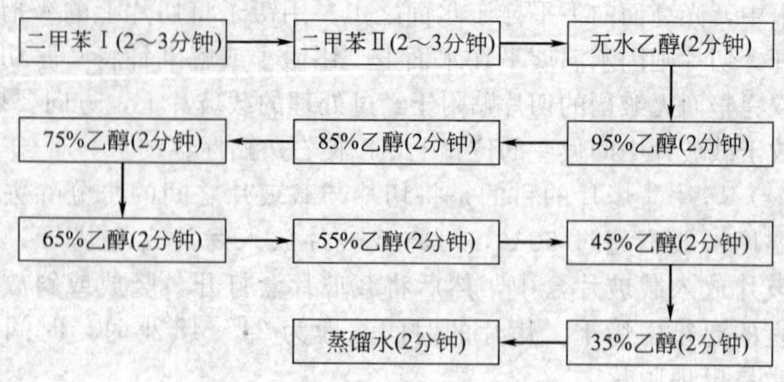

（2）染色

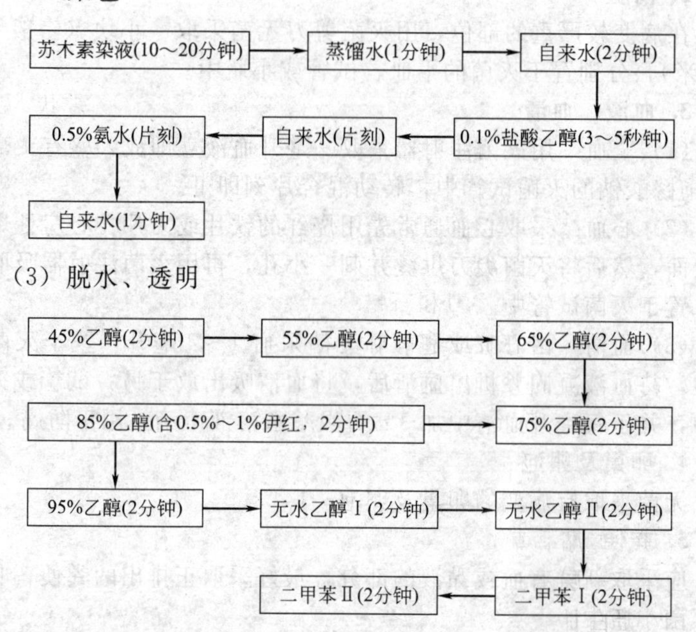

（4）封固　取适量光学树脂滴于组织片上，将经过清洗的盖玻片覆于组织片上并摆正位置。将制好的切片置温箱中干燥，在切片的右端贴上标签，注明动物及组织名称、染色方法等。

第三节　实验室检查

一、细菌学检查

（一）病料采集

细菌学检测需要的病料应该在实验室采集，不同部位或组织的病料采集方法如下。

1. 脓液及渗出液

用灭菌注射器无菌抽取未破溃脓肿（如是开放的化脓灶或鼻腔里可用灭菌棉拭子蘸取脓液）或组织渗出液，置于灭菌试管（或灭菌小瓶）内。

2. 内脏

在病变较严重的部位，用灭菌剪刀无菌采取一小块（一般1～2厘米），分别置于灭菌的平皿、试管或小瓶中。

3. 血液、血清

（1）全血　用灭菌注射器采取4毫升血液立即放入盛有1毫升4%枸橼酸钠的灭菌试管中，转动混合片刻即可。

（2）心血　采取心血通常先用烧红的铁片或刀片在心房处烙烫其表面，然后将灭菌尖刀烘烫并刺一小孔，再用灭菌注射器吸取血液，置于灭菌试管中。

（3）血清　由心脏或翅静脉无菌采血1～2毫升，置于灭菌试管中，待血液凝固并析出血清后，将血清吸出放于另一试管或灭菌瓶中，并于每毫升血清中加3%石炭酸水溶液1滴，用于防腐。

4. 卵巢及卵泡

无菌采取有病变的卵巢及卵泡。

5. 粪便

应采取新鲜有血或黏液的部分，最好采取正排出的粪便，收集在灭菌小瓶中。

（二）涂片镜检

采用有显著病变的不同组织器官涂片、染色、镜检，对于一些有特征性的病原体如巴氏杆菌、葡萄球菌、钩端螺旋体、曲霉菌病等可通过采集病料直接涂片镜检而作出确诊。但对大多数传染病来说，只能提供进一步检查的线索和依据。涂片的制备和染色方法如下。

1. 涂片的制备

（1）载玻片准备　载玻片应该清洁、透明而无油渍，滴上水后，能均匀展开。如有残余油渍，可按下列方法处理：滴上95%的酒精2～3滴，用洁净纱布擦拭，然后在酒精灯火焰上轻轻通过几次。若上法仍未能去除油渍，可再滴上1～2滴冰醋酸，再在酒精灯火焰上轻轻通过。

（2）涂片　液体材料（如液体培养物、血液、渗出液），可直接用灭菌接种环取一环材料，置于载玻片中央，均匀地涂布成适当大小的薄层；固体材料（如菌落、脓、粪便等），则应先用灭菌接种环取少量生理盐水或蒸馏水，置于载玻片中央，然后再用灭菌接种环取少量液体，在液体中混合，均匀涂布成适当大小的薄层；组织脏器材料，先用镊子夹住局部，然后用灭菌剪刀取一小块，夹出后将其新鲜切面在载玻片上压印或涂抹成一薄层。

如有多个样品同时需要制成涂片，只要染色方法相同，也可以在同一张载玻片上，先用蜡笔划分成若干小方格，每方格涂抹一种样品。需要保留的标本片，应贴标签，注明菌名、材料、染色方法和制片日期等。

（3）干燥　上述涂片，均应让其自然干燥。

（4）固定　有火焰和化学两种固定方法。①火焰固定：将干燥好的涂片涂面向上，以其背面在酒精灯上来回通过数次，略加热固定。②化学固定：干燥涂片用甲醇固定。

2. 染色液的制备

（1）革兰染色液的配制

① 结晶紫染液。a. 甲液：结晶紫 2 克，95%酒精 20 毫升；b. 乙液：草酸铵 0.8 克，蒸馏水 80 毫升。先将甲液稀释 5 倍，加 20 毫升，再加乙液 80 毫升，混合即成。此液可较久储存。

② 革兰碘溶液。碘片 1 克，碘化钾 2 克，蒸馏水 300 毫升。先将碘化钾加入 3～5 毫升的蒸馏水中溶解后再加碘片，用力摇匀，使碘片完全溶解后再加蒸馏水至足量（直接将碘片与碘化钾加入蒸馏水中，则碘片不能溶解）。革兰碘溶液不能久藏，1 次不宜配制过多。

③ 复染剂。a. 番红（沙黄）复染液：2.5%番红纯酒精溶液 10 毫升，蒸馏水 90 毫升，混合即成；b. 碱性复红复染液：碱性复红 0.1 克，蒸馏水 100 毫升。

（2）瑞氏染色液的配制　瑞氏染色剂粉 0.1 克，纯粹白甘油 1 毫升，中性甲醇 60 毫升。置染料于一干净的乳钵内，加甘油后研磨至细末，再加入甲醇使其溶解。溶解后盛于棕色瓶中，经 1 周后，过滤，装于中性的棕色瓶中，保存于暗处。该染色剂保存时间愈久，染色的色泽愈鲜。

3. 染色和镜检

（1）革兰染色　将已干燥的涂片用火焰固定。在固定好的涂片上，滴加草酸铵结晶紫染色液，经1～2分钟，水洗。加革兰碘溶液于涂片上媒染，作用1～3分钟，水洗。加95%酒精于涂片上脱色，约30秒，水洗。加稀释石炭酸复红（或沙黄水溶液）复染10～30秒，水洗。吸干或自然干燥，镜检可见：革兰阳性菌呈蓝紫色，革兰阴性菌呈红色。

（2）瑞氏染色法　涂片自然干燥后，滴加瑞氏染色液，为了避免很快变干，染色液可稍多加些，或者看情况补充滴加。经1～3分钟再加约与染色液等量的中性蒸馏水或缓冲液，轻轻晃动载玻片，使其与染色液混匀。约经5分钟，直接用水冲洗（不可先将染色液倾去），吸干或烘干，镜检可见：细菌为蓝色，组织、细胞等物呈其他颜色。

（三）病原的分离培养与鉴定

可用人工培养的方法将病原从病料中分离出来，细菌、真菌、霉形体和病毒需要用不同的方法分离培养，如使用普通培养基、特殊培养基、细胞、鸡胚和敏感动物等，对已分离出来的病原，还需要作形态学、理化特性、毒力和免疫学等方面的鉴定，以确定致病病原物的种属和血清型等。

（四）药敏试验方法

抗菌药物（包括中草药、抗生素、磺胺类药物、呋喃类等）是兽医临床常用的药物。但是各种病原体对抗菌药物的敏感性各不相同，同时，由于抗生药的广泛使用，以及广谱抗生素的不断增加，它们不仅对病原体有一定的作用，而用在使用不当时常造成耐药性的出现，甚至干扰机体内正常微生物群的作用，反而给机体带来不良影响。因此，测定细菌对抗菌药物的敏感性，正确使用抗菌药物对于临床治疗具有重要的意义。

1. 纸片法

纸片法操作简单，应用也最普遍。

（1）抗生素纸片的准备

① 将质量较好的滤纸用打孔机打成直径6毫米的圆片，每100片放入一小瓶中，160℃干热灭菌1～2小时，或高压灭菌（68千克30分钟）后在60℃条件下烘干。

② 抗菌药物的浓度。青霉素200国际单位/毫升、其他抗生素

1000 微克/毫升、磺胺类药物 10 毫克/毫升、中草药制剂 1 克/毫升。

③ 用无菌操作方法将欲测的抗菌药物溶液 1 毫升，加入 100 片纸片中，置冰箱内浸泡 1～2 小时，如立即试验可不烘干，若保存备用可烘干（干燥的抗生素纸片可保存 6 个月）。烘干方法：一种是培养皿烘干法。将浸有抗菌药液的纸片摊平在培养皿中，于 37℃温箱内保持 2～3 小时即可干燥，或放在无菌室内过夜干燥。二是真空抽干法。将放有抗菌药物纸片的试管，放在干燥器中，用真空抽干机抽干，一般需要 18～24 小时。

④ 将制好的各种药物纸片装入无菌小瓶中，置冰箱内保存备用。并用标准敏感菌株做敏感性试验，记录抑菌圈的直径，若抑菌圈直径比原来的缩小，则表明该抗菌药物已失效。

(2) 培养基　一般细菌如肠道杆菌及葡萄球菌等可用普通琼脂平板；链球菌、巴氏杆菌或肺炎双球菌等可用血液琼脂平板；测定对磺胺类药物的敏感试验时，应使用无蛋白胨琼脂平板。

(3) 菌液　为培养 10～18 小时的动物菌液（抑菌圈的大小受菌液浓度的影响较大，因而菌液培养时间一般不宜超过 17 小时）。

(4) 试验方法　用铂金耳（或用镊子夹住消毒的棉球）取培养 10～18 小时的幼龄菌，均匀涂抹于琼脂平板上，等干燥后，用镊子夹取各种抗生素纸片，平均分布于琼脂表面（每个平板放置 4～5 片），在 37℃温箱内培养 18 小时后观察结果。

(5) 结果判定。根据抗菌纸片周围无菌圈的大小，测定其抗药程度。因此，必须测量抑菌圈的直径（包括纸片），按其大小，报告该菌株对某种药物是敏感或是抗药（见表 6-4）。

表 6-4　药敏试验判定结果

青霉素抑菌圈的标准		其他抗生素及磺胺类药物的敏感标准		中药抑菌圈的标准	
抑菌圈直径/毫米	敏感性	抑菌圈直径/毫米	敏感性	抑菌圈直径/毫米	敏感性
<10	耐药	<10	耐药	<15	耐药
10～20	中度敏感	11～15	中度敏药	15	中度敏感
>20	敏感	>15	敏感	15～20	敏感

2. 试管法

试管法是将药物做倍比稀释，观察不同含量的药物对细菌的抑制能力，以判定细菌对药物的敏感度，常用于测定抗生素及中草药对细菌的抑制能力。

(1) 试验方法　取无菌试管 10 支，排列于试管架上，于第一管中加入肉汤 1.9 毫升，其余 9 管各加 1 毫升。吸取配制好的抗生素原液、磺胺类药液或中草药液 0.1 毫升，加入第一管中，充分混合后吸出 1 毫升移入第二管中，混合后，再由第二管移 1 毫升到第三管，依次移到第九管，吸出 1 毫升弃去。第十管不加药液作对照。然后向各管中加入幼龄菌稀释液 0.05 毫升（培养 18 小时的菌液作 1∶1000 倍稀释，培养 6 小时的作 1∶10 倍稀释），于 37℃温箱中培养 18～24 小时后观察结果。

(2) 结果判定　培养 18 小时后，凡无细菌生长的药物最高稀释管中即为该菌对药物的敏感度（见表 6-5）。若由于加入药物（如中药）而使培养基变得混浊，肉眼观察不易判断时，可进行接种培养或涂片染色镜检判定结果。

表 6-5　试管法药物敏感性试验浓度标准

药物名称	敏感/(微克/毫升)	中度敏感/(微克/毫升)	耐药/(微克/毫升)
磺胺类药	＜50	50～1000	＞1000
链霉素	＜5	5～20	＞20
青霉素	0.1	0.1～0.2	＞0.2
多黏菌素、庆大霉素	＜1	1～10	＞10
金霉素、土霉素	—	1～110	—
四环素、红霉素、新霉素、氯霉素、合霉素	＜2	2～6	＞6

3. 挖洞法

挖洞法适用于试验剂量较大的中草药煎剂、浸剂以及不易溶解的外用药物。

(1) 中药原液的制备　测定细菌对中药的敏感性时，通常采用水煎剂及粉剂两种。

中药水煎剂原液的配制法为：通常配成1克/毫升的溶液。其配制方法为，称取一定量的中药，磨碎，加5～10倍水（对质轻、体积较大的中药，水量可增加，以能淹没药物为止），煮沸1小时，滤过，药渣内再加同量水，再煮沸1小时，滤过。将两次药液混合，蒸发浓缩至每毫升相当于1克原生药浓度的原液。经高压灭菌15分钟，放冰箱中备用。

（2）中药试剂制备的注意事项

① 未经炮制的中药材或新采集的中草药，必须首先洗净泥土，晒干，切碎，加工成粉末或煎剂供应用。

② 称量要准确，制备煎剂或水浸剂时，浸泡的时间不宜过长，浓缩时加热火力不能过大，防止有效成分被破坏或挥发，尤其是挥发性大的药物不宜火煎。

（3）培养基的选择及菌液的准备　同纸片法。

（4）试验方法

① 用铂金耳蘸取培养10～18小时的幼龄菌少许，均匀地涂布于所用的平板培养基表面。

② 以直径8毫米的金属在培养基上打洞，并于洞底加1滴熔化的灭菌琼脂，以密封洞底。

③ 向洞内加入欲测的药液，其加入量，煎剂为0.075毫升，粉剂则加满。

④ 放37℃温箱中，培养24～48小时后观察结果。

（5）结果观察　同纸片法（见表6-6）。

二、病毒学检查

（一）病料的采集及处理

（1）病料的采取　病毒分离的病料应采自发病早期典型的病例，病程较长的鹅不宜用于分离病毒。病鹅扑杀后应以无菌操作法解剖尸体和采取病料。以禽流感为例，最好的检验病料为气管黏膜、肺、脑组织，脾、肝、肾和骨髓也可作为病毒分离的材料。

（2）病料处理　按1克组织加入5～10毫升灭菌生理盐水进行研磨。每毫升研磨液中加入青霉素和链霉素各1000单位，置4℃冰箱作用2～4小时或37℃处理1小时后，以1500转/分钟离心10

表 6-6 几种中草药敏感试验结果

药名	金黄色葡萄球菌	铜绿假单胞菌	溶血性链球菌	大肠杆菌
乌梅	＋＋＋	＋＋＋	＋＋	＋
黄芩	＋＋	－		
儿茶	＋＋＋	0		
地榆	＋＋＋	＋		
地骨皮	＋＋	＋		
牡丹皮	＋＋＋	0		
五味子	＋	＋		
五倍子	＋＋＋	＋＋＋		
木瓜	＋＋＋	＋＋＋		
香薷	＋＋＋	－		
石榴皮	＋＋＋	＋		

分钟，取上清液作为接种材料。

（3）无菌检验 对接种材料应作无菌检验。接种营养肉汤或血液琼脂平板，观察有无细菌生长。如有细菌，则应对材料进行滤过除菌或加入敏感抗菌药物处理。

（二）病毒的分离培养

鸡胚接种和组织细胞接种是最常用的病毒分离检查方法。

1. 鸡胚接种

鸡胚接种分为绒毛尿囊腔内接种、卵黄囊接种、绒毛尿囊膜接种和羊膜腔接种等方法。选择 6～12 日龄的鸡胚，经照蛋后画出气室和鸡胚位置，先用碘酒棉球、后用酒精棉球涂擦消毒接种位置及其周围。以绒毛尿囊腔内接种为例，接种位置一般选在气室边缘上 3 毫米处，在该部位打孔，用 1 毫升或 2.5 毫升灭菌注射器吸取处理后的病料，插入气室下部小孔 5～10 毫米，每胚注射 0.1～0.2 毫升，然后用融化的石蜡将蛋壳小孔封闭。接种后每隔 6 小时照蛋一次，24 小时内死亡鸡胚应丢弃并做无害化处理。24 小时后死亡的鸡胚连同 72 小时未死亡的鸡胚，置于 4℃下经 6～12 小时后取出，收获材料，同时检查鸡胚病变情况。

一般情况，接种部位即为收获材料的部位。绒毛尿囊腔内接种者，无菌收取尿囊液；羊膜腔接种者，在先收取绒毛尿囊液后再用注射器吸取羊水；卵黄囊接种者，先收取尿囊液和羊水后再收取卵黄液。以上收获物应做无菌检验，防止细菌污染。

2. 组织细胞培养

包括组织培养、器官培养和细胞培养，应用最广的是细胞培养，以鸡胚成纤维细胞为例，简略说明细胞培养方法。

(1) 鸡胚的处理　选用10～13日龄鸡胚，在气室部用4%碘酒消毒，以无菌操作法用镊子打破气室部蛋壳，撕开壳膜、绒毛膜及羊膜后用小镊子夹住鸡胚头部取出鸡胚，置于灭菌平皿内，剪去头、翅、脚及内脏，用灭菌的Hank's液洗净外表血液，移入另一平皿内。将鸡胚剪成1～2毫米见方的细块，加适量Hank's液静置片刻，待组织块下沉后，吸弃上清液，将组织块悬液洗2～3次后再进行消化。

(2) 消化　将胰蛋白酶溶液用碳酸氢钠溶液调至pH 7.4～7.6后加入鸡胚组织块中，使胰蛋白酶含量达0.2%左右。然后置37℃水浴或温箱中，每5分钟摇动一次，直至组织块出现黏稠现象为止，一般需15～20分钟。消化后取出静置1～2分钟，吸弃胰蛋白酶液，加入适量10%犊牛血清的营养液中止胰蛋白酶作用和清洗细胞组织。

然后加适量营养液用吸管吹打分散组织块中的细胞团，如此反复几次，使细胞尽可能从组织块上脱落下来，然后进行细胞计数。

(3) 分装及培养　根据细胞总数，用细胞营养液配成50万～70万个/毫升的细胞悬液，分装于培养瓶内，置37℃培养24～48小时可长成单层。

(三) 病毒接种及初步鉴定

(1) 接种病毒　长成单层的细胞即可接种病毒。接种时先倾弃细胞瓶中的培养液，加入待检病料。病料可事先做成2倍稀释系列(两次1∶10倍的稀释)，每个稀释度接种2～3瓶单层细胞，接种量以能盖住细胞层为好。然后置37℃下吸附30～60分钟，取出弃去含病毒液，加入细胞维持液，置培养箱中培养，每日观察细胞病变。

（2）病毒初步鉴定　判断病毒是否增殖可以应用病毒的致细胞病变效应、电子显微镜观察法、红细胞吸附法、病毒间干扰试验法及抗原性测定法进行。

三、寄生虫学检查

一些鹅的寄生虫病临床症状和病理变化是比较明显和典型的，有初诊意义，但大多数鹅寄生虫病生前缺乏典型特征，往往需要通过实验室检查，从粪便、血液、皮肤、羽毛、气管内容物等被检材料中发现虫卵、幼虫、原虫或成虫之后才确诊。

（一）粪便虫卵和幼虫的检查

鹅的许多寄生虫，特别是多数的蠕虫类，多寄生于宿主的消化系统或呼吸系统。虫卵或某一个发育阶段的虫体，常随宿主的粪便排出。因此，通过对粪便的检查，可发现某些寄生虫病的病原体。

（1）直接涂片法　吸取清洁常水或50%甘油水溶液，滴于载玻片上，用小棍挑取少许被检新鲜粪便，与水滴混匀，除去粪渣后，加盖玻片，镜检蠕虫、吸虫、绦虫、线虫、棘头虫的虫卵或球虫的卵囊等。

（2）饱和溶液浮集法　适用于绦虫和线虫的虫卵及球虫卵囊的检查。在一杯水内放少许粪便，加入10～20倍的饱和食盐溶液，边搅拌边用两层纱布或细网筛将粪水过滤到另一圆柱状玻璃杯内，静止20～30分钟后，用有柄的金属圈蘸取粪水液膜并抖落在载玻片上，加盖玻片镜检。

（3）反洗涤沉淀法　适用于吸虫卵及棘头虫卵等的检查。取少许粪便，放在玻璃杯内，加10倍左右的清水，用玻棒充分搅匀，再用细网筛或纱布过滤到另一玻璃杯内，静置10～20分钟，将杯内的上层液吸去，再加清水，摇匀后，静置或离心，如此反复数次，待上层液透明时，弃去上层清液，吸取沉渣，作涂片镜检。

（4）幼虫检查法　适用于随粪便排出的幼虫（如肺线虫）或各组织器官中幼虫的检查。将固定在漏斗架上的漏斗下端接一根橡皮管，把橡皮管下端接在一离心管上。将粪便等被检物放在漏斗的筛网内，再把40℃的温水徐徐加至浸没粪便等物为止。静置1～3小时后，幼虫从粪便中游出，沉到管底经离心沉淀后，镜检沉淀物寻找幼虫。

（二）螨虫检查

从患部刮取皮屑进行镜检。刮取皮屑时应选择病变部和健康交界处，先剪毛，然后用外科刀刮取皮屑，刮到皮肤微有出血痕迹为止。将刮取物收集到容器内（一般放入试管内），加1%氢氧化钠（钾）溶液至试管1/3处，加热煮到将开未开反复数次，静止20分钟或离心，取沉淀物镜检，也可将病料置载玻片上，滴加几滴煤油，再用另一载玻片盖上，将载玻片搓动，使皮屑粉碎透明，即可镜检或将皮屑铺在黑纸上，微微加温，可见到螨虫在皮屑中爬动。为了判断螨虫是否存活，可将螨虫在油镜下观察，活虫体可见到其体内有淋巴液在流动。

（三）蛲虫卵检查

蛲虫卵产在肛门周围及其附近的皮肤上，检查时刮取肛门周围及其皮肤上的污垢进行镜检。用一牛角药匙或边缘钝圆的小木铲蘸取5%甘油水溶液，然后轻轻地在肛门周围皱褶、尾底部、会阴部皮肤上刮取污垢，直接涂片法镜检。

四、血清学检查

（一）中和试验

病毒与相应的中和抗体结合后，使病毒失去吸附细胞的能力，或抑制其侵入和脱衣，因而丧失其感染力。此种中和反应不仅有严格的种、型特异性，而且还表现在量的方面，即一定数量的病毒必须有相应数量的中和抗体才能中和。故中和试验不仅可用于病毒种、型的鉴定、病毒抗原性的分析，还可用于中和抗体的效价滴定。小鹅瘟病毒的检验方法如下。

1. 材料

（1）病料的采取与处理　采取病死鹅的肝、脾、肾或心血用生理盐水制成1∶10乳剂，接种于12～13日龄鹅胚的尿囊腔内，每枚0.1毫升，4～7天鹅胚死亡，取死亡的鹅胚尿囊液作为被检材料。

（2）高免血清　由成鹅制备的标准毒株的免疫血清。

（3）雏鹅及 12 日龄鹅胚。

2. 操作方法

（1）试验组按免疫血清 4 份和被检材料 1 份的比例混合，对照组用无菌生理盐水代替高免血清。均放 37℃温箱中作用 30 分钟，然后分别接种 4～6 只 12 日龄鹅胚（尿囊腔）。试验组鹅胚全部存活，对照组鹅胚 3～5 天全部死亡。且呈现典型的小鹅瘟病理变化。

（2）取雏鹅 3～4 只作为试验组，先皮下注射小鹅瘟标准毒株的免疫血清 1.5 毫升，然后皮下注射含毒尿囊液 0.1 毫升；对照组以生理盐水代替高免血清，其余同试验组。结果试验组雏鹅全部被保护，对照组于 2～5 天内全部死亡。

3. 结果判定

上述两组试验，均可证实死亡雏鹅的脏器中含有小鹅瘟病毒。

（二）凝集反应

当颗粒性抗原与其相应抗血清混合时，在有一定浓度的电解质环境中，抗原凝集成大小不等的凝集块，叫做凝集反应。凝集反应广泛应用于疾病的诊断和各种抗原性质的分析。即可用已知免疫血清来检查未知抗原，亦可用已知抗原检测特异性抗体。

1. 红细胞凝集抑制试验

在间接凝集试验中，动物红细胞是最好的载体颗粒。这不仅因为红细胞表面几乎能吸附任何抗原，并且用致敏红细胞检测抗体时，其敏感性也最高。因此，以红细胞为载体进行的间接血凝试验常用作鹅副黏病毒病、禽流感的检验。

（1）材料

① 抗原。选择对红细胞凝集作用强的毒株接种于鸡胚，收获尿囊液和羊水制备成 8 单位或 4 单位抗原，或从有关单位购买。

② 0.5%红细胞悬液。采取非免疫的健康鸡血液，用生理盐水反复洗涤 3～5 次，每次以 3000 转/分钟离心 5～10 分钟，将沉淀的红细胞用生理盐水稀释成 0.5%的悬液。

③ 被检血清。用三棱针刺破翅下静脉，用细塑料管引流血液至 6～8 厘米长，在火焰下将管一端烧溶封口，标明鹅号，置 37℃温箱中 2 小时，待血清析出后用 100 转/分钟离心 3～5 分钟，剪断烧溶的一端，再将血清倒入塑料板孔中。

④ 生理盐水。灭菌的生理盐水或 pH 7.0～7.2 的磷酸缓冲液。

(2) 操作方法

① 红细胞凝集试验。小试管 9 只标好号码后置于试管架上，第 1 管加入 0.9 毫升生理盐水，其余各管各加入 0.5 毫升。第 1 管加入抗原 0.1 毫升，用吸管稀释均匀后，再吸取 0.5 毫升注入第 2 管，同样第 2 管的血清与生理盐水混匀后吸取 0.5 毫升注入第 3 管。如此依次稀释直至第 8 管。自第 8 管吸出 0.5 毫升弃去。第 9 管不加抗原，只加生理盐水。这样抗原的稀释倍数分别是 1∶10、1∶20、1∶40、1∶80……1∶1280。然后再向各个不同稀释倍数的抗原管中，加入 0.5%鸡红细胞 0.5 毫升，充分振荡后，置于 4～10℃温箱中，在生理盐水对照组血细胞沉下时检查结果。

抗原的凝集效价为能使 1%鸡红细胞完全凝集的最大稀释倍数。如果在第 5 管仍能凝集，则凝集效价为 1∶160，如果凝集第 6 管，则凝集效价为 1∶320。

② 红细胞凝集抑制试验。将被检血清按表 6-7 稀释成不同倍数，即第一管加生理盐水 0.4 毫升，以后各管加 0.25 毫升。第一管加被检血清 0.1 毫升，稀释混匀后吸出 0.25 毫升加入第二管，如此至第八管，混匀后吸出 0.25 毫升弃去。第九管不加血清，作为抗原对照，第十管不加抗原作为血清对照。然后向各管加入 4 单位的抗原 0.25 毫升（若测定的抗原凝集价为 1∶160 时，即 160÷4 为 1∶40）充分振荡后，在室温下静置 5～6 分钟，再加入 0.5%红细胞 0.5 毫升，置于 20～30℃，15 分钟即可判定结果。

表 6-7 红细胞凝集抑制试验操作术式

试管号	1	2	3	4	5	6	7	8	9	10
血清稀释倍数	5	10	20	40	80	160	320	640	抗原对照	血清对照
生理盐水	0.4	0.25	0.25	0.25	0.25	0.25	0.25	0.25	0.5	0.25
被检血清	0.1	0.25	0.25	0.25	0.25	0.25	0.25	0.25	弃去	0.25
抗原	0.25	0.25	0.25	0.25	0.25	0.25	0.25	0.25	0.25	
0.5%红细胞液	0.5	0.5	0.5	0.5	0.5	0.5	0.5	0.5	0.5	0.5
判定结果	－	－	－	－	＋	＋	＋	＋	＋	－

(3) 结果判定　判定时首先检查对照各管是否正确，若正确则证明操作无误。

① 红细胞凝集：红细胞分散在管底周围呈现颗粒状凝集者为阳性“+”。

② 无凝集或凝集抑制：红细胞集中于管底呈圆盘状为阴性“—”；

③ 凝集抑制价：被检血清最大稀释倍数而抑制红细胞凝集者为该血清的凝集抑制价（红细胞凝集抑制价在1∶20以上者，判定为阳性反应）。

2. 微量红细胞凝集抑制试验

微量红细胞凝集抑制试验是鉴定病毒和诊断病毒性疾病的重要方法之一。许多病毒能够凝集某些种类动物（如鸡、鹅、豚鼠和人）的红细胞。正黏病毒和副黏病毒是最主要的红细胞凝集性病毒，其他病毒如被膜病毒、细小病毒、某些肠道病毒和腺病毒等也有凝集红细胞的作用。禽病实践中，目前最常用作鹅副黏病毒病、禽流感和减蛋综合征的诊断。

（1）材料

① 器材。V形96孔微量滴定板、微量混合器、塑料采血管、50微升移液管。

② 稀释液。pH 7.0～7.2磷酸缓冲盐水（PBS：NaCl，170克；KH_2PO_4，13.6克；NaOH，3.0克；加蒸馏水至1000毫升高压灭菌，4℃保存，使用时作20倍稀释）。

③ 浓缩抗原。由指定单位提供，也可用弱毒苗作检测抗原。

④ 红细胞。采成年健康鸡血，用20倍量洗涤3～4次，每次以2000转/分钟离心3～4分钟，最后一次5分钟，用PBS配成0.5%悬液。

⑤ 血清。标准阳性血清，由指定单位提供。

⑥ 被检血清。每群鹅随机采血20～30份血样，分离血清。先用三棱针刺破翅下静脉，随即用塑料管引流血液至6～8厘米长。将管一端烧融封口，待凝固析出血清后以1000转/分钟离心5分钟，剪断塑料管，将血清倒入一块塑料板小孔中。若需较长时间保存，可在离心后将凝血一端剪去，滴融化石蜡封口，于4～8℃

保存。

（2）操作方法

① 微量血凝试验。“V”形滴定板的每孔中滴加 PBS 0.05 毫升，共滴 4 排。吸取 1∶5 稀释抗原滴加于第 1 列孔，每孔 0.05 毫升，然后由左至右顺序倍比稀释至第 11 列孔，再从第 11 孔各吸 0.05 毫升弃之。最后一列不加抗原作对照。于每孔中加入 0.5%红细胞悬液 0.05 毫升。置微型混合器上振荡 1 分钟，或以手持血凝板绕圈混匀。放室温下（18～20℃）30～40 分钟，根据血凝图像判定结果。以出现完全凝集的抗原最大稀释度为该抗原的血凝滴度，每次 4 排重复，以几何均值表示结果。

计算出含 4 个血凝单位的抗原浓度。计算公式为：

抗原应稀释倍数＝血凝滴度/4

② 微量血凝抑制试验。在 96 孔 V 形板上进行，用 50 微升移液管加样和稀释。先取 PBS 0.05 毫升，加入第 1 孔，再取浓度为 4 个血凝单位的抗原依次加入第 3～12 孔，每孔 0.05 毫升，第 2 孔加浓度为 8 个血凝单位的抗原 0.05 毫升。用稀释器吸被检血清 0.05 毫升于第 1 孔（血清对照）中，挤压混匀后吸 0.05 毫升于第二孔，依次倍比稀释至第 12 孔，最后弃去 0.05 毫升。

置室温（18～20℃）下作用 20 分钟。用稀释器滴加 0.05 毫升红细胞悬液于各孔中，振荡混匀后，室温下静置 30～40 分钟，判定结果。每次测定应设已知滴度的标准阳性血清对照。

（3）结果判定　在对照出现正确结果的情况下，以完全抑制红细胞凝集的最大稀释度为该血清的血凝抑制滴度。

（三）琼脂扩散试验

琼脂免疫扩散试验（AGD）又称为琼脂免疫扩散试验，或简称为琼脂扩散试验、琼扩（AGP）试验，是抗原、抗体在凝胶中所呈现的一种沉淀反应。抗体在含有电解质的琼脂凝胶中相遇时，便出现可见的白色沉淀线（沉淀带）。这种沉淀线是一组抗原抗体的特异性复合物。如果凝胶中有多种不同抗原抗体存在时，便依各自扩散速度的差异，在适当部位形成独立的沉淀线，因此广泛用于抗原成分的分析。琼脂扩散试验分为单相扩散和双相扩散两个基本类型。将抗体或抗原一方混合于琼脂凝胶中，另一方（抗原或抗体）直接接触或扩散于其中者，称为单相扩散；使抗原和抗体双方同时在琼脂凝胶中扩散而相遇成线者，称为双相扩散。禽病诊断实践中，双相扩散更为常用，如禽流感等病的诊断。

AGP 的主要优点是简便、微量、快速、准确，根据出现沉淀带的数目、位置以及相邻两条沉淀带之间的融合、交叉、分枝等现象，即可了解该复合抗原的组成。AGP 可以用于病原体的抗体监测和病原感染的流行病学调查。

1. 单向琼脂扩散试验

（1）材料　诊断血清、待测血清（如鹅血清）、参考血清和其他（生理盐水、琼脂粉、微量进样器、打孔器、玻璃板、湿盒等）。

（2）方法

① 将适当稀释（事先滴定）的诊断血清与予溶化的2%琼脂在60℃水浴预热数分钟后等量混合均匀制成免疫琼脂板。

② 在免疫琼脂板上按一定距离（1.2～1.5cm）打孔（见图6-1）。

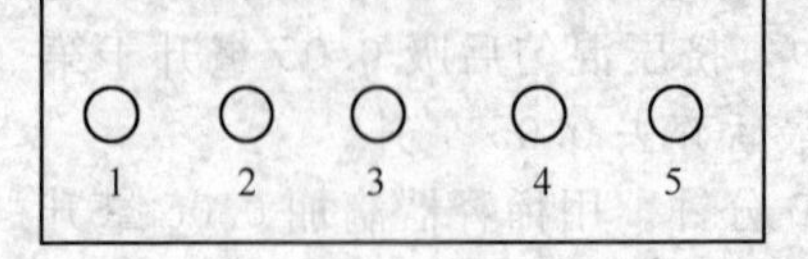

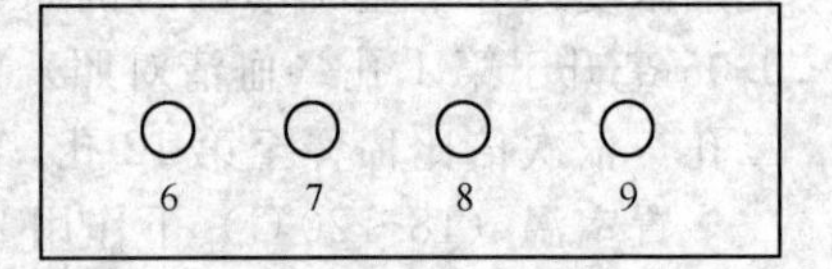

图 6-1　单向琼脂扩散试验抗原孔位置示意图

1～5 孔加参考血清，6～9 孔加待检血清

③ 向孔内滴加 1∶2、1∶4、1∶8、1∶16、1∶32 稀释的参考血清及 1∶10 稀释的待检血清，每孔 10 微升，此时加入的抗原液面应与琼脂板相平，不得外溢。

④ 已经加样的免疫琼脂板收入湿盒中置 37℃ 温箱扩散 24 小时。

⑤ 测定各孔形成的沉淀环直径（毫米），用参考血清各稀释度测定值绘出标准曲线，再由标准曲线查出被检血清中免疫球蛋白的含量。

2. 双向琼脂扩散试验

（1）材料　阳性血清（系冻干制品，可以购买，使用时用蒸馏水恢复到原分装量)、待测血清、琼脂抗原（系冻干制品，可以购买，使用时用蒸馏水恢复到原分装量)、生理盐水、琼脂粉、载玻片、打孔器、微量进样器等。

（2）方法

① 取一清洁载玻片，倾注 3.5～4.0 毫升加热溶化的 1%食盐琼脂制成琼脂板。

② 凝固后，用直径 3 毫米打孔器，孔间距为 5 毫米。孔的排列方式如图 6-2 所示。

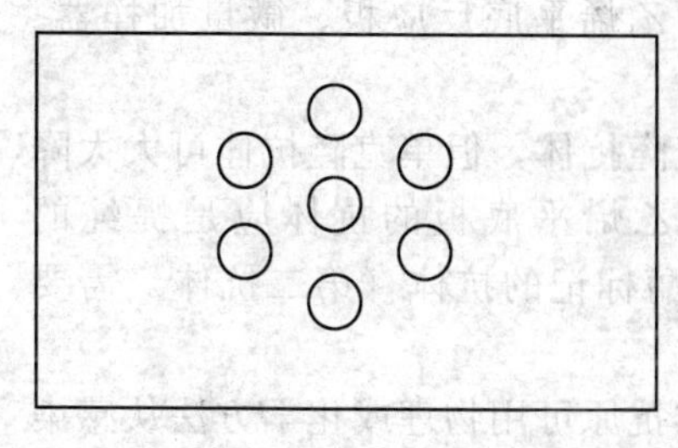

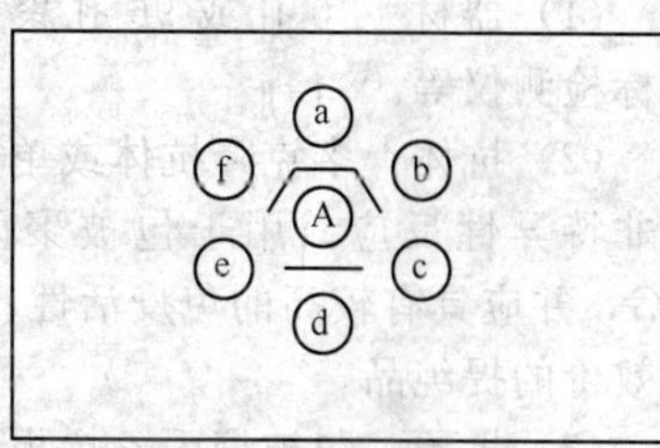

图 6-2　双向琼脂扩散试验孔的位置及结果示意图

左：孔位置图；右：结果图

A—琼脂抗原；a，c，e—被检材料；b，d，f—阳性对照

③ 用微量进样器于中央孔加琼脂抗原，分别将各被检血清按顺序在周边孔中每隔 孔加一样品。向余下的孔内加入阳性血清。加样时勿使样品外溢或在边缘残存小气泡，以免影响扩散结果。

④ 加样后的琼脂板收入湿盒内置 37℃温箱中扩散 24～48 小时。

⑤结果观察。若凝胶中抗原抗体是特异性的，则形成抗原-抗体复合物，在两孔之间出现一清晰致密白色的沉淀线，为阳性反应。若在 72 小时仍未出现沉淀线则为阴性反应。实验时至少要做一阳性对照。出现阳性对照与被检样品的沉淀线发生融合，才能确定待检样品为真正阳性。

（四）酶联免疫吸附试验

ELISA 是酶联免疫吸附剂测定（enzyme-linked immunosorbnent assay）的简称。它是继免疫荧光和放射免疫技术之后发展起来的一种免疫酶技术。ELISA 分析法是一种应用连接有酶标抗体做指示剂的抗原-抗体反应系统。抗原或抗体与酶以化学方式结合后，仍保持各自的生物学活性，遇相应的抗体或抗原后，形成酶标记的抗原-抗体免疫复合物。在一定底物参与下，产生可以观测的有色物质，色泽的深浅与所检测的抗原（或抗体）含量成正比。因此，可以通过比色测定，计算出参与反应的抗原或抗体的含量。该法具有高敏、快速和可大批量检测的优点，现已广泛应用于禽病的临床诊断中。

1. 材料及试剂

（1）器材　40孔或96孔聚丙乙烯平底反应板、微量加样器、酶标检测仪等。

（2）抗体　多克隆抗体或单克隆抗体，但单克隆抗体可大大降低非特异性反应。用于包被聚丙乙烯平底板的抗体应是提纯的IgG，并应具有较高的免疫活性。酶标记的抗体（第二抗体）需要高效价的提纯品。

（3）抗原　包被聚丙乙烯板的抗原可用物理或化学方法从感染组织或细胞培养物中提取。抗原应具有较高的免疫活性，并能测出低浓度抗体，而且能够牢固地吸附在固相载体上不丧失免疫活性。

（4）酶和底物。用于抗体或抗原标记的酶具有分子量小、特异性强、活性高、稳定性好等优点。目前应用最多的是辣根过氧化物酶，其次是碱性磷酸酶，另外还有β-半乳糖苷酶等。底物作为供氢体存在，应用较广的有邻苯二胺（OPD）、3,3-二氨基联苯胺（BAB）等。

2. ELISA间接法操作要点

ELISA间接法是将已知抗原吸附（又称包被）于固相载体，孵育后洗去未吸附的抗原，随后加入含有特异性抗体的被检血清，作用后洗除未起反应的物质，加入酶标记的同种球蛋白，作用后再洗涤，加入酶底物。底物被分解后出现颜色反应，用酶标仪测定其吸光值（OD）。

（1）固相载体的选择　聚苯乙烯微量反应板以及PVC塑料软板的吸附效果与塑料的类型、表面性质、生产加工工艺等有关，使用前应进行预试验，选择性能良好的固相载体。一般情况下，固相载体用标准阴、阳性抗体或抗原孔测定的光密度差值要大，相差

10 倍以上才属合格。

（2）预试验　正式检测前，必须进行预试验以确定酶结合物、包被抗原或抗体的最适浓度、底物的最适反应时间等。

① 酶结合物的确定。以 pH 9.6 的碳酸盐缓冲液将 IgG 稀释至 100 微克/毫升，加入固相载体的每一孔中进行包被，洗涤后将酶结合物以 1∶200、1∶400、1∶800……作系列稀释，依次加入各孔，每一稀释度加 2 孔。反应后加底物显色，读取吸光值结果，以能产生光吸收值为 1.0 的稀释度为结合物的最适浓度。

② 包被蛋白质浓度的确定。酶结合物浓度确定后，应测定包被抗体或抗原的蛋白质最适浓度。将欲包被的蛋白质用 pH 9.6 的碳酸盐缓冲液作 1∶10、1∶20、1∶40……系列稀释，以每一稀释度包被固相载体的 2 个孔，然后进行常规 ELISA 操作。最后以能产生光吸收值为 1.0 的稀释度为包被蛋白质的最适浓度。

③ 底物最适作用时间的确定。以最适稀释度抗原和酶结合物进行试验，加入底物后在不同时间终止反应，即可确定最适反应时间。

（3）包被　将抗原或抗体吸附于固相载体表面的过程称为包被。

① 包被液的 pH 值。通常为 pH 9.5～9.6 的 0.1 摩尔/升的碳酸盐缓冲液，用于稀释抗原或抗体。如 pH 值较低，则吸附时间延长；pH 值低于 6.0 时，非特异性吸附增加。

② 吸附时间与温度。一般为 4℃过夜，也可采用 37℃吸附 1～5 小时。

③ 蛋白质浓度。在 96 孔或 40 孔聚苯乙烯板孔中，每孔加入量一般为 0.1～100 微克/毫升。浓度过高或过低会影响检测结果

（4）洗涤　ELISA 试验中，每一步都必须洗涤。先将各孔液体甩干，再加洗涤液充满各孔，静置 3～5 分钟，如此重复 3 次，然后再甩干，立即加入下一步试剂。目前使用较多的是含有 0.1% 吐温-20 的 0.01 摩尔/升 pH 7.4 的 PBS。

（5）封阻　又称封闭。抗原或抗体包被后，载体表面仍可能有未吸附蛋白质的空白位点，会造成下一步的非特异性吸附，有必要对包被后的载体进行处理，以封闭可能存在的空白位点。常用封阻

液有1%～3%牛血清白蛋白、10%牛或马血清等。加入封阻液后，37℃吸附2小时后洗涤。

(6) 结果判定　可采用目测法进行定性判断，采用酶标检测仪可定量测定，如P/N比法。即被检样品（P）的吸光值和阴性标准样品（N）平均吸光值之比，以大于某一比值（一般为≥2）为阳性。

五、常见中毒病的检查

（一）食盐中毒的检查

1. 饲料中食盐含量测定方法

用普通天平称取被检饲料样品5克，将样品置坩埚内，在电炉上充分炭化（即烧尽有机质，余下炭灰）。将炭灰移入容量瓶，加蒸馏水至100毫升，浸2小时以上，用滤纸过滤，再用移液管取滤液10毫升，置于三角瓶内，加重铬酸钾指示剂1滴，然后用0.1摩尔/升的硝酸银溶液滴定，至出现砖红色为止。计算硝酸银溶液的消耗量。

计算方法：以每毫升0.1摩尔/升的硝酸银溶液的消耗量相当于5.845克食盐计算食盐含量。计算公式为：

$$样品食盐含量=\frac{滴定消耗的硝酸银溶液(毫升)\times 5.845}{样品质量(克)}$$

2. 腺胃、肌胃内容物含氯量测定

取可疑食盐中毒病死鹅的腺胃或肌胃中的内容物25克，放于烧杯中，加200毫升蒸馏水放置4～5小时，期间振荡数次，然后向该液内加蒸馏水200毫升，滤纸过滤。取滤液25毫升，加0.1%刚果红溶液5滴作指示剂，再用0.1摩尔/升的硝酸银溶液徐徐滴定，至开始出现沉淀且液体呈轻微透明为止。

计算公式：

$$食盐含量的百分率=消耗的硝酸银溶液(毫升)\times 0.234$$

（二）棉子饼中毒的检查

棉子饼是产棉地区的主要饲料之一。棉子饼中含有有毒物质棉酚，如不进行去毒处理，不注意喂量和喂法，易引起鹅的中毒。

1. 定性检验

将棉子饼磨碎，取其细粉末少许，加硫酸数滴，若有棉酚存在即变为红色（应在显微镜下观察）。若将该粉末在97℃下蒸煮1～1.5小时，则反应呈阴性。将棉子饼按上法蒸煮后，再用乙醚浸泡，然后回收乙醚，浓缩，用上法检查，出现同样结果。

2. 定量检验

通常用三氯化锑比色法。游离棉酚和三氯化锑在氯仿溶液中生成红色化合物，游离棉酚的含量与色泽强度呈正比，据此可进行比色定量。

（1）试剂

① 浓盐酸。饱和三氯化锑溶液：取30克研碎的三氯化锑，用少量氯仿洗涤一次，在洗后的结晶中加入氯仿（100摩尔/升），猛烈振摇后放置，密塞保存，用时取上清液。

② 氢氧化钠溶液。

③ 棉酚标准溶液。准确称取精制棉酚5毫克于50毫升容量瓶中，加氯仿溶解至刻度。1毫升相当于0.1毫克棉酚（称1号液）。将1号液稀释成10倍后制成2号液，其浓度为1毫升相当于0.01毫克棉酚。

（2）操作方法

① 标准曲线制备。吸取2号标准液0毫升、0.5毫升、1.0毫升、2.0毫升（相当于棉酚0微克、5微克、10微克、20微克），1号标准液0.4毫升、0.8毫升、1.2毫升、1.6毫升、2.0毫升（相当于棉酚40微克、80微克、120微克、160微克、200微克），分别置于9克10毫升具栓比色管中，各管分别加入醋酐数滴、饱和三氯化锑溶液5毫升，并加氯仿至刻度，混匀，密塞放置20～30分钟进行光电比色（波长5～20纳米），以棉酚含量为横坐标，光密度为纵坐标，绘成标准曲线。

② 样品分析。精密称取棉子油0.1克（或磨碎并通过60目筛的油渣或棉子粉）于10毫升具栓比色管中，加氯仿至刻度，再加浓盐酸1毫升，充分振摇，放置过夜，弃去酸液、氯仿液供检。取氯仿液1毫升于10毫升具栓比色管中（甲管即样品管）；同时另取1毫升于盛有5毫升氯仿的分液漏斗中，加15%氢氧化钠溶液5毫

升，充分振摇放置分层，将氯仿层通过装有无水硫酸钠的漏斗滤入10毫升具栓比色管中（乙管即空白管）。甲、乙管分别加入醋酐、饱和三氯化锑溶液5毫升，再加氯仿至刻度，混匀，放置20～30分钟后，在520纳米波长下测定光密度值。

③ 计算方法

$$\text{棉酚含量(克/100 克)}=\frac{\text{标准曲线上查得样品棉酚含量}}{\dfrac{\text{样品重}\times 1}{10}}\times\frac{100}{1000}$$

式中，标准曲线上查得样品棉酚含量，即根据样品比色时的光密度值，在曲线上查得的棉酚毫克数；10指提取样品时加入氯仿的体积；1指样品显色时，取样品提取液之体积；1000是毫克换算成克时用1000除。

（三）有机磷农药中毒的简易检验法

将待检饲料或腺胃、肌胃中的内容物用苯浸提，分出提取液，经过滤、吹干，残留物用适量乙醇溶解后作检液。

取检材的提取液经蒸发所得到的残留物，加适量水溶解，放入小烧杯中，将预先准备好的昆虫放入20～30个，同时用清水做对照试验，观察昆虫是否死亡。如有有机磷农药存在，昆虫很快死亡。做实验用的小虫可就地取材。

（四）敌鼠及其钠盐中毒的检验

敌鼠及其钠盐与三氯化铁在无水乙醇中反应呈红色是敌鼠及其钠盐中毒检验的原理。

取饲料或腺胃、肌胃内容物50～100克放于三角瓶中，加水调成粥状，加稀盐酸酸化，用乙醚提取3次，合并乙醚液。乙醚液再用1%焦磷酸钠或磷酸氢二钠水溶液提取3次，合并水溶液提取液，经稀盐酸酸化后，再用氯仿提取3次，合并氯仿液，经无水硫酸钠脱水后，氯仿挥发，残渣供检验用。取供检残渣，加无水乙醇1.5毫升溶解，加1%三氯化铁溶液1滴，如显红色，则为敌鼠或其钠盐阳性反应。

（五）某些常用药物的中毒检验

药物中毒的检验一般靠临床诊断，根据用药量及中毒症状和剖检变化不难做出诊断，实验室诊断只是一个辅助指标。

（1）磺胺类药物中毒的检验　常用重氮反应检测中毒鹅的血液。其操作方法如下：取血液 1 毫升，加入 5%三氯醋酸试剂 10 毫升，振荡 5 分钟；滤过（或离心），吸取上清液 9 毫升，加入 0.5%亚硝酸钠试剂 1 毫升，充分混合后，再加 0.5%麝香草酚试液（用 20%氢氧化钠溶液作溶剂）2 毫升，如含磺胺，振荡后即成橙黄色。

（2）土霉素中毒的检验　取药液、胃内容物或剩余饲料加蒸馏水振摇后，取水层分成 4 份备用。取水液 1 份，加过量硫酸，有土霉素则显深红色，加蒸馏水稀释后，转变为黄色。取水液数滴加稀盐酸 2 滴（稀盐酸：取盐酸 23.5 毫升，加蒸馏水稀释至 100 毫升），对二甲氨基苯甲醛 1 滴（对二甲氨基苯甲醛试液配制方法：取对二甲氨基苯甲醛 2 克，溶于硫酸 4 毫升中，加蒸馏水 1 毫升），如有土霉素则生成蓝绿色沉淀。

第七章　规模化鹅场常见病的诊治

第一节　病毒性传染病

一、禽流感

禽流感（禽流行性感冒）是由A型流感病毒引起多种家禽和野禽感染的一种传染性综合征。鹅、鸭、鸡等家禽以及野生禽类均可发生感染，在禽类对鸡尤其是火鸡危害最为严重，常引起感染致病，甚至导致大批死亡，有的死亡率可高达100%。鹅亦能感染致病或死亡，产蛋鹅感染后，可引起卵子变性，产蛋率下降，产生卵黄性腹膜炎和输卵管炎。世界上许多国家和地区都曾发生过本病的流行，给养禽业造成巨大的经济损失，是严重危害禽类的一种流行性病毒性疾病。

（一）病原

病原为A型流感病毒，属正黏病毒科流感病毒属。流感病毒具有多型性，病毒颗粒呈丝状或球状，直径80～120纳米。病毒能凝聚鸡和某些哺乳动物的红细胞，能在发育的鸡胚上生长，有些毒株接种鸡胚尿囊腔，可以使鸡胚死亡，并引起鸡胚皮肤和肌肉充血和出血，有些禽流感病毒能在鸡肾细胞和鸡成纤维细胞上生长。

目前在全世界包括鹅在内的各种家禽和野生禽类中，已分离到上千株禽流感病毒，并已证明家养或舍饲禽类感染后，可表现为亚临床症状、轻度呼吸系统疾病和产蛋率下降，或引起急性全身致死性疾病。

在自然条件下，流感病毒存在于禽类的鼻腔分泌物和粪便中，由于受到有机物的保护，病毒具有极强的抵抗力，据有关资记载，粪便中病毒的传染性在 4℃可保持 30～35 天之久，20℃可存活 7 天，在羽毛中存活 18 天，在干骨头或组织中存活数周，在冷冻的禽肉和骨髓中可存活 10 个月。在自然环境中特别是凉爽和潮湿的条件下可存活很长时间，常可以从水禽的体内和池塘中分离到流感病毒。禽流感病毒对乙醚、氯仿、丙酮等有机溶剂敏感，不耐热，常用的消毒药能将其灭活。禽流感病毒的致病力差异很大。在自然情况下，有些毒株的致病性较强，发病率和死亡率均较高，有些毒株仅引起轻度的呼吸道症状。

（二）诊断依据

（1）流行特点　鹅禽流感一年四季都有可能发生，以冬春季最常见。天气变化大、相对湿度高时发病率较高。各龄期的鹅都会感染，尤以 1～2 个月龄的仔鹅最易感病。

（2）临床表现　致病性较强，发病率和死亡率均较高，有些毒株仅引起轻度的呼吸道症状。发病时鹅群中先有几只出现症状，1～2天后波及全群，病程 3～15 天。病仔鹅废食，离群，羽毛松乱，呼吸困难，眼眶湿润；下痢，排绿色粪便，出现跛行、扭颈等神经症状；脚爪脱水，头冠部、颈部明显肿胀，眼睑、结膜充血、出血，又叫红眼病，舌头出血。育成鹅和种鹅也会感染，但其危害性要小一些。病鹅生长停滞，精神不振，嗜睡，肿头，眼眶湿润，眼睑充血或高度水肿向外突出，呈金鱼眼样子。病程长的仅表现出单侧或双侧眼睑结膜混浊，不能康复。发病的种鹅产蛋率、受精率均急剧下降，畸形蛋增多。

（3）病理变化　可见病死鹅鼻腔和眶下窦充有浆液或黏液性分泌物。慢性病例的窦腔内见有干酪样分泌物，鼻腔、喉头及气管黏膜充血，气囊混浊，轻度水肿，呈纤维素性气囊炎。成年母鹅可见腺胃黏膜和肠黏膜出血，卵子变性、卵膜充血、出血。严重的可见卵黄破裂，产生卵黄性腹膜炎，输卵管内有凝固的卵黄蛋白碎片。

（4）实验室检查　病毒的分离鉴定（应按国家相关规定在生物安全三级实验室内进行）、琼脂扩散试验、血凝及血凝抑制试验、酶联免疫吸附试验和聚合酶链式反应等。

（5）鉴别诊断　注意与鹅副黏病毒病、鹅巴氏杆菌病相区别（见表 7-1）。

表 7-1 鹅禽流感与鹅副黏病毒病、鹅巴氏杆菌病的区别

病名	区 别
鹅副黏病毒病	鹅禽流感的特征是全身器官以出血为主；而鹅副黏病毒病的特征是以脾脏肿大，并有灰白色、大小不一的坏死灶，肠管黏膜有散在性或弥漫性大小不一、灰白色的纤维素性结痂病灶为主
鹅巴氏杆菌病	鹅巴氏杆菌病的病原体是禽多杀性巴氏杆菌，其主要病理变化是肝脏有散在性或弥漫性针尖大小、边缘整齐、灰白色并稍为突出于肝表面的坏死灶；而鹅禽流感的肝脏以出血为特征，无灰白色坏死灶

（三）防治

1. 预防措施

（1）加强饲养管理　加强幼鹅的饲养管理，注意鹅舍的通风，保持鹅舍干燥和适宜的温度、湿度以及鹅群饲养密度，以提高机体的抗病力。对于水面放养的鹅群，应注意防止野生水禽污染水源而引起感染。

（2）免疫接种　雏鹅14～21日龄时，用H5N1亚型禽流感灭活疫苗进行初免；间隔3～4周，再用H5N1亚型禽流感灭活疫苗进行一次加强免疫，以后根据免疫抗体检测结果，每隔4～6个月用H5N1亚型禽流感灭活疫苗免疫一次。商品肉鹅7～10日龄时，用H5N1亚型禽流感灭活疫苗进行一次免疫，第一次免疫后3～4周，再用H5N1亚型禽流感灭活疫苗进行一次加强免疫。散养鹅春、秋两季用H5N1亚型禽流感灭活疫苗各进行一次集中全面免疫，每月定期补免。

2. 治疗措施

【处方1】注射高免血清。肌内或皮下注射禽流感高免血清，小鹅每只2毫升、大鹅每只4毫升，对发病初期的病鹅效果显著，见效快；高免蛋黄液效果也好，但见效稍慢。

【处方2】250毫克/升病毒灵或利巴韦林（病毒唑）、或50毫克/升金刚烷胺饮水，连续用药5～7天。为防止继发感染，抗病毒药要与其他抗菌药同时使用，若能配合使用解热镇痛药和维生素、电解质效果更好。

【处方3】中药凉茶廿四味加柴胡、黄芩、黄芪，煎水给鹅群

饮用，对禽流感的预防和治疗有较好的效果。饮水前鹅群先停水 2 小时，再把中药液投于饮水器中供其饮用 6 小时，每天 1 次，连用 3 天。病情较长时要在药方中加党参、白术。

二、小鹅瘟

小鹅瘟是由细小病毒引起的雏鹅与雏番鸭的一种急性或亚急性的高度致死性传染病。主要侵害 20 日龄以内的雏鹅，致死率高达 90%以上，超过 3 周龄雏鹅仅少数发生，1 月龄以上雏鹅基本不发生。特征为精神委顿，食欲废绝，严重腹泻，有时出现神经症状，病变特征主要为渗出性肠炎，小肠黏膜表层大片坏死脱落，与渗出物凝成假膜状，形成栓子阻塞肠腔。

（一）病原

病原为鹅细小病毒，属细小病毒科，细小病毒属。病毒为球形，无囊膜，直径为 20～40 纳米，是一种单链 DNA 病毒，对哺乳动物和禽细胞无血凝作用，但能凝集黄牛精子。国内外分离到的毒株抗原性基本相同，而与哺乳动物的细小病毒没有抗原关系。该病毒对外界不良环境有较强抵抗力，在－20℃以下至少能存活 2 年。经 65℃ 3 小时滴度不受影响，在 pH3.0 溶液中 37℃条件下耐受 1 小时以上，对氯仿、乙醚和多种消毒剂不敏感，能抵抗胰酶的作用。普通消毒剂对病毒有杀灭作用。病毒存在于病雏鹅的肠道及其内容物、心血、肝、脾、肾和脑中，首次分离宜用 12～15 胚龄的鹅胚或番鸭胚，一般经 5～7 天死亡，典型病变为绒毛尿囊膜水肿，胚体全身性充血、出血和水肿，心肌变性呈白色，肝脏出现变性或坏死，呈黄褐色，鹅胚和番鸭胚适应毒可稳定在 3～5 天致死，胚适应毒能引起鸭胚致死，也可在鹅、鸭胚成纤维细胞上生长，3～5 天内引起明显细胞病变，经 HE 染色镜检，可见到合胞体和核内嗜酸性包涵体。

（二）诊断依据

（1）流行特点　本病仅发生于鹅与番鸭，其他禽类均无易感性。本病的发生及其危害程度与日龄密切相关，可侵害 4～20 日龄的雏鹅，5～15 日龄为高发日龄，发病率和死亡率均在 90%以上。15 日龄以上的雏鹅发病后，症状比较缓和，并可部分自愈；25 日龄以上的雏鹅很少发病；成年鹅感染后不显任何症状。

病雏及带毒成年禽是本病的传染源。在自然情况下，与病禽直接接触或采食被污染的饲料、饮水是本病传播的主要途径。本病毒还可附着于蛋壳上，通过蛋将病毒传给孵化器中的易感雏鹅和雏番鸭造成本病的垂直传播。当年留种鹅群的免疫状态对后代雏鹅的发病率和成活率有显著影响。如果种鹅都是经患病后痊愈或经无症状感染而获得坚强免疫力的，其后代有较强的母源抗体保护，因此可抵抗天然或人工感染而不发生小鹅瘟。如果种鹅群由不同年龄的母鹅组成，而有些年龄段的母鹅未曾免疫，则其后代还会发生不同程度的疾病危害。

（2）临床表现　潜伏期为 3～5 天，分为最急性、急性和亚急性 3 型。最急性型多发生在 1 周龄内的雏鹅，往往不显现任何症状而突然死亡。急性型常发生于 15 日龄内的雏鹅。病雏初期食欲减少，精神委顿，缩颈蹲伏，羽毛蓬松，离群独处，步行艰难，继而食欲废绝，严重下痢，排出混有气泡的黄白色或黄绿色水样稀粪。鼻分泌液增多，病鹅摇头，口角有液体甩出，喙和蹼色绀。临死前出现神经症状，全身抽搐或发生瘫痪。病程 1～2 天。亚急性型发生于 15 日龄以上的雏鹅。以委靡、不愿走动、厌食、拉稀和消瘦为主要症状。病程 3～7 天，少数能自愈，但生长不良。

（3）病理变化　主要病变在消化道，特别是小肠部分。死于最急性型的病雏，病变不明显，十二指肠黏膜肿胀、充血和出血，出现败血性症状。急性型雏鹅特征性病变是小肠的中段、下段，尤其是回盲部的肠段极度膨大，质地硬实，形如香肠，肠腔内形成淡灰色或淡黄色的凝固物，其外表包围着一层厚的坏死肠黏膜和纤维形成的假膜，往往使肠腔完全填塞。部分病鹅的小肠内虽无典型的凝固物，但肠黏膜充血和出血，表现为急性卡他性肠炎。肝、脾肿大、充血，偶有灰白色坏死点，胆囊也增大。

（4）实验室检查　确诊需经病毒分离鉴定或血清保护试验（血清保护试验也是鉴定病毒的特异性方法。取 3～5 只雏鹅作为试验组，先皮下注射标准毒株的免疫血清 1.5 毫升，然后皮下注射含毒尿囊液 0.1 毫升；对照组以生理盐水代替血清，其余同试验组。结果，试验组雏鹅全部被保护，对照组于 2～5 天内全部死亡）。

（5）鉴别诊断　注意与鸭瘟、鹅流感、副伤寒和球虫病区别。鸭瘟的特征性病变是食管和泄殖腔出血和形成假膜或溃疡，必要时以血清学试验相区别。鹅流感、鹅副伤寒可通过细菌学检查和敏感药物治疗来区别。鹅球虫病通过镜检肠内容物和粪便是否发现球虫卵囊相区别。

（三）防治

1. 预防措施

各种抗生素和磺胺类药物对此病无治疗作用，因此主要做好预防工作。

（1）加强饲养管理　做好孵化过程中的清洁消毒工作，孵坊中的一切用具、设备使用后必须清洗消毒。种蛋用福尔马林熏蒸消毒。刚出壳的雏鹅防止与新购入的种蛋接触；做好育雏舍清洁卫生和消毒工作，维持适宜的环境条件。

（2）免疫接种　母鹅在产蛋前1个月，每只注射1∶100倍稀释的（或见说明书）小鹅瘟疫苗1毫升，免疫期300天，每年免疫1次。注射后2周，母鹅所产的种蛋孵出的雏鹅具有免疫力。母鹅注射小鹅瘟疫苗后，无不良反应，也不影响产蛋；在本病流行地区，未经免疫种蛋所孵出的雏鹅，每只皮下注射0.5毫升抗小鹅瘟血清，保护率可达90%以上。

2. 治疗措施

隔离病雏鹅（雏鹅群一旦发生小鹅瘟，立即将未出现症状的雏鹅隔离出饲养场地，放在清洁无污染场地饲养），病死鹅尸体集中进行无害化处理，每天用0.2%过氧乙酸带鹅消毒1次，保持鹅舍清洁卫生，通风透气。治疗宜采取抗体疗法，同时配合抗病毒、抗感染等辅助疗法。

【处方】①雏鹅，皮下注射0.5～0.8毫升高效价抗血清，或1～1.6毫升卵黄抗体，在血清或卵黄抗体中可适当加入广谱抗生素。每只病雏鹅皮下注射高效价1毫升抗血清或2毫升卵黄抗体。患病仔鹅每500克体重注射1毫升抗血清或2毫升卵黄抗体，严重病例可再注射1次。②在饮水中添加多种维生素。③如果伴有呼吸道感染，可加入阿米卡星。

三、鹅副黏病毒病

鹅副黏病毒病是由鹅副黏病毒引起鹅的一种以消化道症状和病变为特征的急性传染病。本病对鹅危害较大，常引起大批死亡，尤其是雏鹅死亡率可达95%以上，给养鹅业造成巨大的经济损失，是目前鹅病防治的重点。

（一）病原

病原是鹅副黏病毒科副黏病毒属的鹅副黏病毒。本病毒广泛存在于病鹅的肝脏、脾脏、肠管等器官内。在电子显微镜下观察，病毒颗粒大小不一，形态不正，表面有密集纤突结构，病毒内部由囊膜包裹着螺旋对称的核衣壳，病毒颗粒平均直径为120纳米。分离的毒株接种10日龄发育鸡胚，均能迅速繁殖，通常鸡胚在接种后2～3天内死亡。

（二）诊断依据

（1）流行特点　本病对各种年龄的鹅都具有较强的易感性，日龄愈小，发病率、死亡率愈高，雏鹅发病后常引起死亡。不同品种鹅均可感染发病，对鸡亦有较强的易感性。发生本病的鹅群，其附近尚未接种疫苗的鸡也可感染发病死亡。种鹅感染后，可引起产蛋率下降。本病无季节性，一年四季均可发生，常引起地方性流行。

（2）临床表现　本病潜伏期一般为3～5天，日龄小潜伏期短。病鹅精神委顿、缩头垂翅、食欲不振或废绝、口渴、饮水量增加，排白色或黄绿色或绿色稀粪，行走无力，不愿下水，或浮在水面，随水漂游，喜卧，成年病鹅有时将头插于翅下，严重者常见口腔流出水样液体。部分病鹅出现扭颈、转圈、仰头等神经症状，少数雏鹅发病后有甩头、咳嗽等呼吸道症状。雏鹅常在发病后2～3天内死亡，青年鹅、成年鹅病程稍长，一般为3～5天。

（3）病理变化　病死鹅机体脱水，眼球下陷，脚蹼常干燥。肝脏轻度肿大、淤血，少数有散在的坏死灶，胆囊充盈，脾脏轻度肿大，有芝麻大的坏死灶。成年病死鹅肌胃内较空虚，肌胃角质呈棕黑色或淡墨绿色，肌胃角质膜易脱落，角质膜下常有出血斑或溃疡灶，肠道黏膜有不同程度的出血，空肠和回肠黏膜常见散在性的青豆大小的淡黄色隆起的痂块，剥离后呈现出血面和溃疡灶，偶尔波及直肠黏膜；盲肠扁桃体肿大出血，少数病例盲肠黏膜出血，有少量隆起的小瘢块。偶见少数病例食管黏膜有少量芝麻大白色假膜。具有神经症状的病死鹅，脑血管充血。

（4）实验室检查　用鸡胚进行病毒分离，以及用血凝试验和血凝抑制试验、中和试验、保护试验等血清学方法进行鉴定而确诊。

（5）鉴别诊断　注意与鹅鸭瘟、鹅流感、鹅巴氏杆菌病相区别（见表7-2）。

表7-2　鹅副黏病毒病与鹅鸭瘟、鹅流感、鹅巴氏杆菌病的区别

病名	区　别
鹅鸭瘟病毒	鸭瘟病毒感染的患鹅在下眼睑、食管和泄殖腔黏膜有出血溃疡和假膜特征性病变，而鹅副黏病毒病无此病变。两种病毒均能在鸭胚和鸡胚上繁殖，并引起胚胎死亡，鸭瘟病毒致死的胚胎绒尿液无血凝性，而鹅副黏病毒致死的胚胎绒尿液能凝集鸡红细胞并被特异抗血清所抑制，不被抗鸭瘟病毒血清抑制
鹅流感	鹅副黏病毒感染的患鹅脾脏肿大，有灰白色、大小不一的坏死灶，同时肠道黏膜有散在性或弥漫性大小不一、淡黄色或灰白色的纤维素性结痂病灶，而鹅流感是以全身器官出血为特征。两种病毒均具有凝集红细胞的特性，但鹅副黏病毒血凝性能被特异抗血清所抑制，而不被禽流感抗血清所抑制，鹅流感血凝性正相反
鹅巴氏杆菌病	鹅巴氏杆菌病是由禽多杀性巴氏杆菌所致，多发生于青年鹅、成鹅。广谱抗生素和磺胺类药对鹅巴氏杆菌病有防治作用，而对鹅副黏病毒病无任何作用。鹅巴氏杆菌感染的患鹅肝脏有散在性或弥漫性针头大小的坏死病灶，肝脏触片用美蓝染色镜检可见两极染色的卵圆形小杆菌，肝脏接种鲜血培养基可见露珠状小菌落，涂片革兰染色镜检为阴性卵圆形小杆菌，而鹅副黏病毒感染患鹅的肝脏无坏死病灶，肝脏触片美蓝染色阴性，肝脏接种鲜血培养基阴性，肝脏接种鸡胚能引起鸡胚死亡且绒尿液能凝集鸡红细胞并被特异抗血清抑制

（三）防治

对于本病目前尚无特殊的药物治疗。

1. 预防措施

（1）免疫接种　应用经鉴定的基因Ⅳ型毒株制备的、含高抗原量的灭活苗，有较高的保护率。种鹅免疫：在留种时应用副黏病毒病油乳剂灭活苗进行一次免疫，产蛋前15天左右进行第二次免疫，再过3个月左右进行第三次免疫，每鹅每次肌内注射0.5毫升；雏鹅，在10日龄以内或15～20日龄进行首免，每雏鹅皮下注射0.3～0.5毫升鹅疫油乳剂灭活苗，首免后2个月左右进行第二次免疫，每只肌内注射0.5毫升。也可用鹅疫灭活苗或鹅副黏病毒病和鹅疫二联灭活苗进行免疫。在患病鹅群中使用抗血清（或卵黄抗体），有一定效果。

（2）调整饲料组成成分　患病期间减少全价饲料用量，增加青饲料（嫩牧草），让鹅群自由采食，暂停投喂带壳谷类饲料。

（3）做好环境清洁卫生工作　做好鹅场及鹅舍的隔离、卫生，禽舍和场地用1∶300倍稀释的双链季铵盐络合碘液喷洒消毒，每天1次，连续7天。

2. 发病后措施

首先隔离病鹅，并对场地严格消毒，使用双链季铵盐络合碘按1∶800倍浓度进行消毒，每天1次，连用5天。

【处方1】副黏病毒高免蛋黄液3毫升/只和10%西咪替丁注射液0.4毫升/只，分点胸肌注射，每天1次，连用2天。或高免血清，病鹅每只皮下注射0.8～1毫升。

【处方2】500千克体重鹅群，病毒唑20克、头孢氨苄10克、硫酸新霉素6克，加水100千克混饮，隔8小时后再以维生素C 25克、葡萄糖2千克，加水100千克溶解后让鹅自由饮用，每天1次，连用3天。

四、鹅的鸭瘟病

鹅的鸭瘟病（鸭病毒性肠炎）是由鸭瘟病毒引起的一种高死亡率、急性败血性传染病。本病的主要特征是头颈肿大、高热、流泪、下痢、粪便呈灰绿色、两腿麻痹无力。俗称“大头瘟”。

（一）病原

病原为鸭瘟病毒，该病毒存在于病鹅的各个内脏器官、血液、分泌物和排泄物中，一般认为肝、脾和脑的病毒含量最高。在电子显微镜下观察，病毒呈球状，大小在100纳米左右。病毒能够在9～14日龄发育鸭胚的绒毛尿囊膜上生长繁殖。接种病毒的鸭胚通常在7～9天死亡。亦能在发育的鸡胚、鹅胚以及鸭胚成纤维细胞上繁殖，并产生细胞病变。

本病毒不凝集红细胞，一般对热、干燥和普通消毒药都很敏感。病毒在56℃ 10分钟就被杀死，在50℃时需要90～120分钟才能使病毒灭活，而在室温条件下（22℃）其传染力能够维持30天，在氯化钙干燥的条件下，能维持9天，但病毒对低温的抵抗力较强，在−20℃经347天仍能使鹅发病。

（二）诊断依据

（1）流行特点　本病一年四季均可发生，通常以春夏之际和秋天购销旺季时流行最严重。鹅群流动频繁，也易于疫病传播流行。任何品种和性别的鹅，对鸭瘟都有较高的易感性。在自然流行中，公鹅抵抗力较母鹅强，成年鹅尤其是产蛋母鹅，发病和死亡较严重，而1月龄以下的雏鹅，发病较少。鹅感染发病的多是种鹅，少数是3～4月龄的肉用仔鹅，雏鹅亦未见发病。

传染源主要是病鹅（病愈不久的鹅可带毒3个月）和潜伏期的感染鹅。主要通过消化道感染，但也可通过呼吸道、交配和眼结膜感染，口服、滴鼻、泄殖腔接种、静脉注射、腹腔注射和肌内注射等人工感染途径，均可使健康易感鹅致病。健康鹅与病鹅同群放牧均能发生感染，病鹅排泄物污染的饲料、水源、用具和运输工具，以及鹅舍周围的环境，都有可能造成本病传播。某些野生水禽如野鸭和飞鸟能感染和携带病毒，成为本病传染源或传染媒介，此外，某些吸血昆虫也有可能传播本病。

（2）临床表现　潜伏期一般为3～5天，发病初期，病鹅精神委顿，缩颈垂翅，食欲减少或停食，渴欲增加，体温升高达43℃以上，高热稽留，全身体表温度增高，尤其是头部和翅膀最显著。病鹅不愿下水，行动困难甚至伏地不愿移动，强行驱赶时，步态不稳或两翅扑地勉强挣扎而行。走不了几步，即行倒地，以致完全不能站立。畏光、流泪、眼睑水肿，眼睑周围羽毛沾湿或有脓性分泌物将眼睑粘连，甚至眼角形成出血性小溃疡。部分病鹅头颈部肿胀，病鹅鼻腔流出浆液性或黏液性分泌物，呼吸困难、叫声嘶哑，下痢，排出灰白色或绿色稀粪，肛门周围的羽毛沾污并结块，泄殖腔黏膜充血、出血、水肿，严重者黏膜外翻，可见黏膜表面覆盖一层不易剥离的黄绿色假膜。发病后期体温下降，病鹅极度衰竭死亡。急性病程一般为 2～5 天，慢的可以拖延 1 周以上，少数转为慢性，仅有极少数病鹅可以耐过，一般都表现消瘦，生长发育不良。

（3）病理变化　患典型鸭瘟的病死鹅皮下组织发生不同程度的炎性水肿，在头颈部肿大的病例，皮下组织有淡黄色胶冻样浸润。口腔黏膜主要是舌根、咽部和上腭部黏膜表面常有淡黄色假膜覆盖，剥离后露出鲜红色外形不规则的出血浅溃疡。食管黏膜病变具有特征性。外观有纵行排列的灰黄色假膜覆盖或散在的出血点，假膜易刮落，刮落后留有大小不等的出血浅溃疡。有时腺胃与食管膨大部的交界处或与肌胃的交界处有灰黄色坏死带或出血带，腺胃黏膜与肌胃角质下层充血或出血。整个肠道发生急性卡他性炎症，以小肠和直肠最严重，肠集合淋巴滤泡肿大或坏死。泄殖腔黏膜病变也具有特征性，黏膜表面有出血斑点和覆盖着一层不易剥离的黄绿色坏死结痂或溃疡。腔上囊黏膜充血、出血，后期常见有黄白色凝固的渗出物。心内外膜有出血斑点，心血凝固不良，气管黏膜充血，有时可见肺充血或出血、水肿。肝脏早期有出血斑点，后期出现大小不等的灰黄色坏死灶，常见坏死灶中间有小点状出血。胆囊充盈，有时可见黏膜出现小溃疡。脾脏一般不肿大，颜色变深，常见出血点和灰黄色的坏死点。产蛋母鹅的卵巢亦有明显病变，卵泡充血、出血或整个卵泡变成暗红色。

（4）实验室检查

① 病毒分离。无菌操作取病死鹅的肝脏、脾脏组织，剪碎研磨后加无菌生理盐水，制成 1∶5 混悬液，加青霉素 1000 国际单位/毫升，作用 1 小时，经每分钟 3000 转离心后取上清液，以绒毛尿囊膜途径接种 10 日龄鸡胚和 11 日龄鸭胚各 10 枚，每枚 0.2 毫升，同时设无菌生理盐水和空白对照组，37℃培养。接种病料的鸡胚发育正常，鸭胚 4～6 小时全部死亡，胚体充血、出血。

② 中和试验。取 20 枚 11 日龄的鸭胚分成两组，每组 10 枚，将分离的病毒作 1∶50 倍稀释，第 1 组用鸭瘟血清与等量的待检病毒液充分混匀，作用 1 小时，再接种第 1 组鸭胚；第 2 组不加鸭瘟血清，接种鸭胚，37℃下培养观察，第 1 组 5 天后全部存活，第 2

组5天后全部死亡。

③ 动物实验。取10日龄非免疫雏鸭12只，分成两组。第1组每只肌内注射抗鸭瘟血清1.5毫升，第2组不注射抗鸭瘟血清，24小时后两组同时用尿囊液肌肉注射，每只0.2毫升。注射抗鸭瘟血清的雏鸭5天后全部生长正常，未注射抗鸭瘟血清的一组5天后全部死亡，死后剖检可见口腔、食管内有黄色分泌物，黏膜上有假膜，剥离假膜有溃疡，肝脏肿大，有出血斑点等鸭瘟病变。

（三）防治

1. 预防措施

（1）注意隔离、卫生和消毒　采用“全进全出”的饲养制度。不从疫区引种，需要引进种蛋或种雏时，要严格进行检疫和消毒处理，经隔离饲养10～15天证明无病后方可并群饲养。鹅群不可在可能感染疫病的地方放牧。饮水每升要加入50～100毫克百毒杀等消毒。被污染的放牧水体也要按667米^{2}泼洒20～30千克生石灰进行消毒。

（2）科学的饲养管理　加强饲养管理，注意环境卫生。鹅舍要每天打扫干净，粪水等集中密闭堆埋发酵。鹅舍、运动场、用具、贩运车辆和笼子等每周或每天应用10%～20%石灰乳或5%漂白粉、或1∶（300～400）抗毒威等消毒；在日粮中注意添加多维素和矿物质，以增强机体抗病力。

（3）免疫接种　接种疫苗时要严格按瓶签上标明的剂量接种，不使用非正规厂家生产的疫苗。疫苗使用时要用生理盐水或蒸馏水稀释，鹅在20～30日龄肌内或皮下注射鸭瘟疫苗，每只0.5毫升。发现病鹅立即对鹅群紧急预防注射鸭瘟疫苗。

2. 发病后的措施

发现病鹅应停止放牧，隔离饲养，以防止病毒传播扩散。

【处方1】紧急预防注射鸭瘟疫苗，最好做到注射1只鹅换1个针头，每只3～4羽份。

【处方2】立即使用鸭瘟高免血清，鹅3毫升/羽，一次皮下或肌内注射。

【处方3】清瘟败毒散，按1.2%比例混饲或按家禽每千克体重每日0.8克喂给，连用3～5天。

五、新型病毒性肠炎

新型病毒性肠炎是由新型腺病毒即 A 型腺病毒引起的，主要侵害 40 日龄以内的雏鹅，致死率高达 90%以上的一种急性传染病。

（一）病原

本病病原为新型腺病毒即 A 型腺病毒，呈球形或略呈椭圆形、无囊膜、直径 70～90 纳米的病毒粒子且病毒衣壳结构清晰。对乙醚、氯仿、胰蛋白酶、2%的酚和 5%的乙酸等脂溶剂具有抵抗力，可耐受 pH 3～9，在 1∶1000 甲醛中可被灭活，可被 DNA 抑制剂 5-碘脱氧尿嘧啶和 5-溴脱氧尿嘧啶所抑制。

（二）诊断依据

（1）流行特点　雏鹅新型病毒性肠炎主要发生于 3～40 日龄的雏鹅，发病率 10%～50%，致死率可达 90%以上。其死亡高峰为 10～18 日龄，病程为 2～3 天，有的长达 5 天以上。成年鹅感染后无临床症状。

（2）临床表现　病鹅表现为精神沉郁或打瞌睡，病情传播迅速，患病雏鹅腿麻痹，不愿走动，食欲减退或废绝。叫声嘶哑，羽毛蓬松，泄殖腔的周围常常沾满粪便。排出的粪便呈水样，其间夹杂黄绿色或灰白色黏液物质，个别因肠道出血严重，排出淡红色粪便。行走摇晃，间歇性倒地，抽搐，两脚朝天划动，最后因严重脱水衰竭死亡，多呈角弓反张状态。患病雏鹅恢复后，常常表现为生长发育迟缓，给养鹅业造成的经济损失是十分严重的。

（3）病理变化　剖检死亡病鹅除了肠道有明显的病理变化外，其他脏器无肉眼可见的病理变化。急性死亡病鹅只能见到直肠、盲肠充血肿大及轻微出血；亚急性死亡病鹅则除了肠道有较多的黏液外，泄殖腔膨胀、充满白色稀薄的内容物，明显的病变表现为小肠外观膨大，比正常大 1～2 倍，内包裹有淡黄色假膜的凝固性栓子。有栓塞物处的肠壁菲薄透明，无栓子的肠壁则严重出血。

程安春等报道，亚急性病死鹅的病理变化：①十二指肠上皮细胞完全脱落，固有膜充满大量的红细胞，有的固有膜水肿，内有大量的淋巴细胞浸润。肠腺细胞空泡变性，坏死，结构散乱。有的十二指肠为典型的纤维素性坏死性肠炎，肠绒毛绝大部分脱落，分离面平整，肠中有大量纤维素、炎性细胞、细菌等，严重病例固有膜坏死、脱落；肠腔中充满大量脱落、坏死的上皮细胞、纤维素等。②回肠的绒毛顶端上皮坏死、脱落，胰腺细胞肿胀、空泡变性、结构散乱，有的轮廓消失，有的有大量结缔组织增生，严重的回肠也为典型的纤维素性坏死性肠炎。③肝脏局部充血，轻度的颗粒变性，部分脂肪变性。④其他脏器则无明显的病理变化。

（4）实验室检查　血清学中和试验和雏鹅血清保护试验（1～3日龄易感雏鹅20只，随机分成两组，每组10只，第1组和第2组每只口服1万倍LD_{50}的雏鹅病毒性肠炎病毒，经12小时，第1组每只皮下注射高免血清1毫升作为试验组，第2组每只皮下注射0.5毫升生理盐水作为对照组。实验组全部存活而对照组全部死亡即可确诊）。

（5）鉴别诊断　注意与小鹅瘟、球虫病相区别。雏鹅球虫病于小肠形成的栓子极容易与本病混淆。但在光学显微镜下，可以从雏鹅球虫病的肠内容物涂片中发现大量的球虫卵囊，且使用抗球虫药物效果良好。雏鹅新型病毒性肠炎的临床症状、病理变化甚至组织学变化与小鹅瘟非常相似，难以区别，需要通过病毒学及血清学等实验室手段进行区别诊断。

（三）防治

1. 预防措施

本病目前尚无有效的治疗药物，重在预防。

（1）注重隔离卫生　关键是不从疫区引进种鹅和雏鹅，在有该病发生、流行地区，必须采用疫苗进行免疫和高免血清进行防治。平时一定要坚持做好清洁、卫生、消毒、隔离工作。

（2）疫苗免疫

① 种鹅免疫。在种鹅开产前1个月采用雏鹅新型病毒性肠炎-小鹅瘟二联弱毒疫苗进行2次免疫，在5～6个月内可使其种蛋孵出的雏鹅获得母源抗体保护，不发生雏鹅新型病毒性肠炎和小鹅瘟，这是目前预防该病最有效的方法。

② 雏鹅免疫。对1日龄雏鹅，采用雏鹅新型病毒性肠炎弱毒疫苗口服免疫，第3天即可产生部分免疫，第5天即可产生100%

免疫。

（3）高免血清 对1日龄雏鹅，采用雏鹅新型病毒性肠炎高免血清或雏鹅新型病毒性肠炎-小鹅瘟二联高免血清，每只皮下注射0.5毫升，即可有效控制该病发生。

2. 发病后措施

【处方】对发病的雏鹅，尽快采用雏鹅新型病毒性肠炎高免血清或雏鹅新型病毒性肠炎-小鹅瘟二联高免血清，每只皮下注射1.0～1.5毫升，治愈率可达60%～80%。在采用血清防治的同时，可适当选用维生素E、维生素C进行辅助防治，能有效防治并发症的发生，有利于安全生产。

第二节　细菌性传染病

一、鹅大肠杆菌病（鹅蛋子瘟）

禽大肠杆菌病是指由致病性大肠杆菌引起家禽的多病型的疾病总称。国内各地的禽群普遍存在感染并常有发病。本病的特征是病型众多，临床上常见的病型有大肠杆菌性胚胎病与脐炎、败血症、母禽生殖器官病等，症状特征各有不同，剖检病禽常可见到纤维素性肝周炎、心包炎、气囊炎、腹膜炎及眼炎、脑炎、关节炎、肠炎、脐炎、生殖器官炎症和肉芽肿等病理变化。

（一）病原

病原是某些致病血清型的大肠杆菌，常见的有QK_{89}、QK_{1}、$O7K_{1}$、$O141K_{85}$、Q_{39}等血清型。本菌在自然界分布甚广，在污染的土壤、垫草、禽舍内等处均可发现此病原菌，从病鹅的变性卵子和腹腔渗出物中以及发病鹅群的公鹅外生殖器官病灶中都可以分离出该病原菌。本菌对外界环境抵抗力不强，一般常用消毒药可以杀灭本菌。

（二）诊断依据

（1）流行特点 本病的发生与不良的饲养管理有密切关系，天气寒冷、气温骤变、青饲料不足、维生素A缺乏、鹅群过度拥挤、闷热、长途运输等因素，均能促进本病的发生和传播。主要经消化道感染，雏鹅发病常与种蛋污染有关。成年母鹅群感染发病时，一般是产蛋初期零星发生，至产蛋高峰期发病最多，产蛋停止后本病也停止发生。流行期间常造成多数病鹅死亡。公鹅感染后，虽很少出现死亡，但可通过配种而传播本病。

（2）临床表现

① 急性败血型。各种年龄的鹅都可发生，但以 7～45 日龄的鹅较易感。病鹅精神沉郁，羽毛松乱，怕冷，常挤成一堆，不断尖叫，体温升高，比正常鹅高 1～2℃。粪便稀薄而恶臭，混有血丝、血块和气泡，肛周沾满粪便，食欲废绝，渴欲增加，呼吸困难，最后衰竭窒息而死亡，死亡率较高。

② 母鹅大肠杆菌性生殖器官病。母鹅在产蛋后不久，部分产蛋母鹅表现精神不振，食欲减退，不愿走动，喜卧，常在水面漂浮或离群独处，气喘，站立不稳，头向下弯曲，嘴触地，腹部膨大。排黄白色稀便，肛门周围沾有污秽发臭的排泄物，其中混有蛋清、凝固的蛋白或卵黄小块。病鹅眼球下陷，喙、蹼干燥，消瘦，呈现脱水症状，最后因衰竭而死亡。即使有少数鹅能自然康复，也不能恢复产蛋。

③ 公鹅大肠杆菌性生殖器官病。主要表现为阴茎红肿、溃疡或结节。病情严重的，阴茎表面布满绿豆粒大小的坏死灶，剥去痂块即露出溃疡灶，阴茎无法收回，丧失交配能力。

（3）病理变化　败血型病例主要表现为纤维素性心包炎、气囊炎、肝周炎。成年母鹅的特征性病变为卵黄性腹膜炎，腹腔内有少量淡黄色腥臭混浊的液体，常混有损坏的卵黄，各内脏表面覆盖有淡黄色凝固的纤维素渗出物，肠系膜互相粘连，肠浆膜上有小出血点。公鹅病变仅局限于外生殖器，阴茎红肿，上有坏死灶和结痂。

（4）实验室检查　细菌分离鉴定或玻板凝集或试管凝集试验。

（5）鉴别诊断　注意与小鹅瘟、巴氏杆菌病和禽流感相区别（见表 7-3）。

（三）防治

1. 预防措施

（1）加强管理　降低饲养密度，注意控制温、湿度和通风，减少空气中的细菌污染，禽舍和用具经常清洗消毒，种鹅场应加强种

表 7-3 鹅大肠杆菌病与小鹅瘟、巴氏杆菌病和禽流感的区别

病名	区别
小鹅瘟	小鹅瘟肠道形成纤维素坏死性肠炎和脱落形成特殊的栓子，细菌学检查看不到病原体；大肠杆菌病心包炎、气囊炎、肝周炎明显，可以检查出细菌
巴氏杆菌病	大肠杆菌病死鹅主要病变在心包膜、心外膜、肝和气囊表面有纤维素性渗出物，呈淡黄绿色，凝乳样或网状，厚度不等。肝肿大，质脆，表面有针头大小、边缘不整齐的灰白色坏死灶，比巴氏杆菌病的肝脏坏死灶稍大
鹅流感	鹅流感在各种年龄鹅均可发生，有很高的发病率和死亡率，产蛋鹅发生鹅流感时在数天内能引起大批鹅发病死亡，同时整个鹅群停止产蛋，这些与鹅大肠杆菌性生殖器官病在流行病学方面有很大的不同。鹅流感对卵巢破坏很严重，大卵泡破裂、变形，卵泡膜有出血斑块，病程较长的呈紫葡萄样；而鹅的大肠杆菌性生殖器官病，大卵泡破裂、变形，卵泡膜充血，但一般无出血斑块，无紫葡萄样，内脏器官也不出血，而以腹膜炎为特征。此外，如将病料接种于麦康凯琼脂培养基，鹅流感为阴性，但接种鸡胚能引起死亡，绒尿液具有血凝性，并能被特异抗血清所抑制

蛋收集、存放和整个孵化过程的卫生消毒管理，搞好常见病、多发病的预防工作，减少各种应激因素，避免诱发大肠杆菌病的发生与流行。

(2) 药物预防　大肠杆菌对多种抗生素如卡那霉素、新霉素、磺胺类等药物敏感，但大肠杆菌极易产生耐药性。药物预防对雏禽具有一定意义，一般可在雏禽出壳后开食时，在饮水中投0.03%～0.04%庆大霉素等。可选择敏感药物在发病日龄前1～2天进行预防性投药。

(3) 免疫接种　在本病流行地区，可采用鹅蛋子瘟氢氧化铝灭活菌苗预防接种，在开产前1个月，每只成年公母鹅每次胸肌注射1毫升，每年1次。

2. 发病后措施

早期投药可控制早期感染病鹅，促使痊愈，同时可防止新发病例的出现。但在大肠杆菌病发病后期，若出现了气囊炎、肝周炎、卵黄性腹膜炎等较为严重的病理变化时，使用抗生素疗效往往不显著甚至没有效果。大肠杆菌的耐药性非常强，因此，应根据药敏试验结果，选用敏感药物进行预防和治疗。

【处方1】氨苄青霉素（氨苄西林），按0.2克/升饮水或按5～

10毫克/千克拌料内服，每日1次，连用3天。

【处方2】丁胺卡那霉素（或氟苯尼考），每100千克水8～10克，混饮4～5天。

【处方3】强力霉素，10～20毫克/千克体重，内服，每日1次，连用3～5天。

【处方4】复方新诺明，30～50毫克/千克体重，内服，每日2次，连用3～5天。

【处方5】硫酸庆大霉素（或硫酸卡那霉素），3～5毫升/千克体重，肌内注射，每日2次，连用3～5天。

【处方6】10%磺胺嘧啶钠注射液，1～2毫升/千克体重，肌内注射，每日2次，连用3～5天。或磺胺嘧啶（SD），0.2%拌饲（0.1%～0.2%饮水），连用3天。

【处方7】甲砜霉素，按0.01%～0.02%拌饲（或红霉素50～100克/吨拌饲、或泰乐菌素0.2%～0.5%拌饲、或泰妙菌素125～250克/吨拌饲），连用3～5天。

二、禽出血性败血病

禽出血性败血病又称禽巴氏杆菌病或禽霍乱，是由多杀性巴氏杆菌引起鸡、鸭、鹅等家禽发生的有高度发病率和死亡率的一种急性败血性传染病。病理特征为全身浆膜和黏膜有广泛的出血斑点，肝脏有大量坏死病灶。慢性型主要表现为关节炎。

（一）病原

本病病原为多杀性巴氏杆菌。本菌分为A、B、D和E四种荚膜血清型，对家禽致病的主要是A型（禽型），D型少见。菌体呈卵圆形或短杆状，单个或成对排列，偶尔也排列成链状。本菌长0.6～2.5微米，宽0.25～0.4微米。革兰染色为阴性小杆菌，不形成芽孢，无鞭毛，不能运动，用美蓝、瑞氏或姬姆萨染色菌体两端着色深，呈明显的两极染色，在显微镜下比较容易识别。在急性病例，很容易从病禽的血液、肝、脾等器官中分离到病原菌。新分离的菌株具有荚膜，但经过人工培养基继代培养后很快消失。

本菌对青霉素、链霉素、土霉素、氟哌酸、氯霉素及磺胺类药物等都具有敏感性；本菌对一般消毒药的抵抗力不强，如5%石灰乳、1%～2%漂白粉水溶液或3%～5%煤酚皂溶液在数分钟内很快被杀灭。病菌在干燥空气中2～3天死亡，在血液、分泌物及排泄物中能生存6～10天；在死鹅体内，可生存1～3个月之久；高温下立即死亡。

（二）诊断依据

（1）流行特点　鹅、鸭、鸡最为易感，而且多呈急性经过，鹅群发病多呈流行性，病鹅和带菌鹅以及其他病禽是本病的传染源。病鹅的排泄物和分泌物中带有大量病菌，污染饲料、饮水、用具和场地等，会导致健康鹅染病。饲养管理不良、长途运输、天气突变和阴雨潮湿等因素都能促进本病的发生和流行。

（2）临床表现　潜伏期2小时至5天。按病程长短一般可分为最急性、急性和慢性3型。最急性型常见于本病暴发的最初阶段，无明显症状，常在吃食时或吃食后突然倒地，迅速死亡。有时见母鹅死在产蛋窝内。有的晚间一切正常，吃得很饱，次日口鼻中流出白色黏液，并常有下痢，排出黄色、灰白色或淡绿色的稀粪，有时混有血丝或血块，味恶臭，发病1～3天死亡。慢性型，多发生在本病的流行后期，病鹅日趋消瘦、贫血，腿关节肿胀和化脓、跛行，最后消瘦衰竭而死。少数病鹅即使康复，也生长迟缓。

（3）病理变化　最急性型，病变不明显。急性型，皮肤（尤其是腹部）出现紫绀；心外膜和心冠脂肪有出血点；肝肿大、质脆，表面有灰白色针尖大小的坏死点等特征性病变。胆囊多数肿大。十二指肠和大肠黏膜充血和出血最严重，并有卡他性炎症。肺充血和出血。慢性型，常见鼻腔和鼻窦内有多量黏性分泌物，关节肿大变形，个别可见卵巢充血。

（4）实验室检查　涂片染色镜检和细菌分离培养及鉴定。

（5）鉴别诊断　注意与鹅鸭瘟、副伤寒、大肠杆菌病相区别（见表7-4）。

（三）防治

1. 预防措施

（1）加强禽群饲养管理，平时严格执行禽场兽医卫生防疫措施是防治本病的关键　因为本病的发生经常是由于一些不良的外界因素刺激降低禽体抵抗力而引起的。如禽群拥挤、圈舍潮湿、营养缺

表 7-4　鹅出血性败血病与鹅鸭瘟、副伤寒、大肠杆菌病的区别

病名	区　别
鹅鸭瘟	鹅鸭瘟除有一般的出血性素质外，还有其特征性病变：肝脏的坏死灶大小不一、边缘不整齐、中间有红色出血点或周围有出血环。食管和泄殖腔黏膜有坏死和溃疡
副伤寒	患副伤寒死亡的小鹅肝脏也常有边缘不整齐的坏死灶，呈灰黄白色，多见于肝被膜下，肝脏稍肿，肝表面色泽不匀，呈红色或古铜色。脾脏也有明显肿大，有针头大坏死点，呈斑驳花纹状。最具特征性的病变是盲肠肿大1～2倍，呈斑驳状，肠内有干酪样团块物质
大肠杆菌病	病死鹅主要病变在心包膜、心外膜、肝和气囊表面有纤维素性渗出物，呈淡黄绿色，凝乳样或网状，厚度不等。肝肿大，质脆，表面有针头大小、边缘不整齐的灰白色坏死灶，比巴氏杆菌病的肝脏坏死灶稍大

乏、寄生虫感染或其他应激因素都是本病的诱因。所以必须加强饲养管理，以栋舍为单位采取全进全出的饲养制度，并注意严格执行隔离卫生和消毒制度，从无病禽场引种，预防本病的发生是完全有可能的。

（2）药物预防　定期在饲料中加入抗菌药。如在饲料中添加0.004%的喹乙醇或杆菌肽锌，具有较好的预防作用。

（3）免疫接种　一般从未发生本病的鹅场不进行疫苗接种。对常发地区或鹅场，药物治疗效果日渐降低，很难得到有效控制，可考虑应用疫苗进行预防，但疫苗免疫期短，防治效果不十分理想。在有条件的地方可在本场分离细菌，经鉴定合格后，制作自家灭活苗，定期对鹅群进行注射，经实践证明通过1～2年的免疫，本病可得到有效控制。

2. 发病后措施

磺胺类药物、氯霉素、红霉素、庆大霉素、环丙沙星、恩诺沙星、喹乙醇均有较好的疗效。

【处方1】盐酸土霉素，50～100毫克/千克体重，内服，每日2次，连用1周。大群治疗时可按0.05%～0.1%的比例拌入饲料中喂鹅，连用1周。

【处方2】喹乙醇，20～30毫克/千克体重，内服，每日1次，

连用 3～4 天（或按 30 克/吨饲料的比例喂给）。

【处方 3】硫酸链霉素，5 万～10 万国际单位，肌内注射，每日 2～3 次，连用 3～4 天。

【处方 4】复方新诺明，100 毫克/千克体重，内服，每日 2 次，或按 0.4%的比例拌入饲料中喂给，连用 3～5 天。

【处方 5】0.5%痢菌净，1 毫升，肌内注射，每日 1～2 次，连用 1～2 天。

【处方 6】磺胺二甲基嘧啶，按 0.5%～1%的比例配入饲料中，连用 3～4 天。

【处方 7】增效磺胺嘧啶，每只 0.5 克，内服，每日 1 次。

【处方 8】特效霍乱灵散，每 100 千克饲料 1 千克，连续给药 3～5 天。预防量减半。

【处方 9】穿心莲（干品）90%、鸡内金（干品）8%、甘草（干品）2%，共烤干，粉碎成末，装瓶备用。小鹅每只每次 1～2 克，成鹅每只每次 2～3 克，直接灌服或拌入饲料中喂食，每日 2 次，连用 2～3 天。

三、禽副伤寒

禽副伤寒是由除鸡白痢和鸡伤寒沙门菌以外的其他沙门菌引起鹅的一种急性或慢性传染病。主要发生在幼禽并引起大批死亡，成年家禽往往是慢性或隐性感染，成为带菌者。这一类细菌危害甚大，常引起人类食物中毒。本病在世界分布广泛，几乎所有的国家都有本病存在。

（一）病原

病原是沙门菌属的细菌，种类很多，目前从禽体和蛋品中分离到的沙门菌已达 130 多种。沙门菌为革兰阴性小杆菌，菌体长为 1～3 微米，宽为 0.4～0.6 微米。具有鞭毛（鸡白痢和鸡伤寒沙门菌除外），无芽孢，能运动。为兼性厌氧菌，能在多种培养基上生长。引起禽副伤寒的沙门菌常见的有 6～7 种，最主要的是鼠伤寒沙门菌（约占 50%），其他如肠炎沙门菌、鸭沙门菌、汤卜逊沙门菌等，均有较多的报道。病原菌的种类常因地区和家禽种类的不同而有差别。

沙门菌的抵抗力不是很强，对热和多数常用消毒剂都很敏感，一般的消毒药能很快将其杀灭，在 60℃10 分钟即死亡。而病原菌在土壤、粪便和水中的生存时间较长，土壤中的鼠伤寒沙门菌至少可以生存 280 天，鸭粪中的沙门菌能够存活 28 周，池塘中的鼠伤寒沙门菌能存活 19 天，在饮用水中也能生存数周至 3 个月之久。

(二) 诊断依据

(1) 流行特点　本病的发生常为散发性或地方性流行，不同种类的家禽（鹅、鸡、鸭、鸽等）和野禽（野鸡、野鸭等）及哺乳动物均可发生感染，并能互相传染，也可以传染给人类，禽副伤寒是一种重要的人畜共患病。幼龄鹅对副伤寒非常易感，尤以 3 周龄以下易发生败血症而死亡，成年鹅感染后多成为带菌者。鼠类和苍蝇等也是携带本菌的传播者。临床发病的鹅和带菌鹅以及污染本菌的畜禽副产品是本病的主要传染来源。禽副伤寒既可通过消化道等途径水平传播，也可通过卵而垂直传播。

(2) 临床表现　本病的发病率和死亡率决定于雏鹅群感染的程度和饲养环境。雏鹅感染副伤寒大多由带菌种蛋引起。2 周龄以内雏鹅感染后，常呈败血症经过，往往不显任何症状突然死亡。多数病例表现嗜睡、呆钝、畏寒、垂头闭眼、两翅下垂、羽毛松乱、颤抖、厌食、饮水增加、眼和鼻腔流出清水样分泌物、泻痢、肛门常有稀粪黏糊、体质衰弱、动作迟钝不协调、步态不稳、共济失调、角弓反张，最后抽搐死亡。少数慢性病例可能出现呼吸道症状，表现呼吸困难、张口呼吸。亦有病例出现关节肿胀。

3 周龄以上的鹅很少出现急性病例，常成为慢性带菌者，如继发其他疾病，可使病情加重，加速死亡。成年鹅一般无临床体征或间有大便拉稀，往往成为带菌者。

(3) 病理变化　初生幼雏的主要病变是卵黄吸收不良和脐炎，俗称“大肚脐”，卵黄黏稠、色深，肝脏轻度肿大。日龄稍大的雏鹅常见肝脏肿大，呈古铜色，表面有散在的灰白色坏死点。有的病例气囊混浊，常附有淡黄色纤维素团块，亦有表现心包炎、心肌有坏死结节的病例。脾脏肿大、色暗淡，呈斑驳状，肾脏色淡，肾小管内有尿酸盐沉着，输尿管稍扩展，管内亦有尿酸盐，最具特征的病变是盲肠肿胀，呈斑驳状。盲肠内有干酪样物质形成的柱子，肠道黏膜轻度出血，部分节段出现变性或坏死。少数病例腿部关节炎性肿胀。

(4) 实验室检查　取发病鹅心血、肝、脾、肺和十二指肠为病料进行接种培养。首先用营养肉汤做增菌培养，可加入亚硒酸盐、0.05％磺胺噻唑钠抑制其他杂菌生长，培养 8～20 小时后，再接种固体培养基培养 24 小时观察结果。若发现革兰阴性、无芽孢、无荚膜、能运动的小杆菌，便可确诊。

(三) 防治

1. 预防措施

加强鹅群的环境卫生和消毒工作，地面的粪便要经常清除，防止沾污饲料和饮水。雏鹅和成年鹅分开饲养，防止直接或间接接触。种蛋外壳切勿沾污粪便，孵化前应进行必要的消毒；使用药物预防（见治疗部分）。

2. 发病后措施

首先淘汰鹅群中病情特别严重且腹部膨大者，集中深埋，使用药进行治疗。

【处方 1】0.5％磺胺嘧啶或磺胺甲基嘧啶，饲料中添加，连续喂饲 4～5 天。或饮水中加入 0.1％～0.2％，供病鹅取食或自行饮服。或磺胺-6-甲氧嘧啶，0.05～0.2 克/只，连用 14 天。

【处方 2】硫酸卡那霉素，10～30 毫克/千克体重，肌内注射或内服。

【处方 3】氟苯尼考（或丁胺卡那霉素），按 100 千克水 8～10 克混饮，连用 5～7 天。

【处方 4】四环素，2 万～5 万国际单位/千克体重，口服或肌内注射，每日 2 次。

【处方 5】左旋氧氟沙星可溶性粉，剂量为 100 千克水中添加 4 克原粉，连续饲喂 5～7 天。

【处方 6】强力霉素，按 100 毫克/千克饲料拌料，饲喂 5～7 天。

【处方 7】氟哌酸、强力霉素，按每千克饲料加 100 毫克拌料饲喂。严重的可结合注射庆大霉素，20 日龄的雏鹅每只肌注 3000～5000 单位，连续 3～5 天。

四、小鹅流行性感冒

鹅流行性感冒是由鹅流行性感冒志贺杆菌引起的发生在大群饲养场中的一种急性、败血性传染病。由于本病常发生在半月龄后的雏鹅，所以也称小鹅流行性感冒（简称小鹅流感）。雏鹅的死亡率一般为50％～60％，有时高达90％～100％。

（一）病原

本病病原为鹅流行性感冒志贺杆菌，此菌只对鹅尤其是对雏鹅的致病力最强，对鸡、鸭都不致病。

（二）诊断依据

（1）流行特点　春秋两季常发，可能是由于病原菌污染了饲料和饮水而引起发病。

（2）临床表现　初期可见病鹅鼻腔不断流清涕，有时还有眼泪，呼吸急促，并时有鼾声，甚至张口呼吸。由于分泌物对鼻孔的刺激和机械性阻塞，为尽力排出鼻腔黏液，常强力摇头，头向后弯，把鼻腔黏液甩出去。因此在病鹅身躯前部羽毛上粘有鼻黏液。整个鹅群都沾有鼻黏液，因而体毛潮湿。鹅发病后即缩颈闭目，体温升高，食欲逐渐减少，后期头脚发抖，两脚不能站立。死前出现下痢，病程2～4天。

（3）病理变化　鼻腔有黏液，气管、肺气囊都有纤维素性渗出物。脾肿大突出，表面有粟粒状灰白色斑点。有些病例出现浆液性纤维素性心包炎，心内膜及心外膜出血，肝有脂肪性病变。

（4）实验室检查　涂片镜检、细菌分离培养、生化试验。

（5）鉴别诊断　注意与鹅巴氏杆菌病和小鹅瘟相区别（见表7-5）。

表7-5　小鹅流行性感冒与鹅巴氏杆菌病和小鹅瘟的区别

病名	区　别
鹅巴氏杆菌病	鹅巴氏杆菌病肝脏有坏死，本病没有；细菌学检查，巴氏杆菌病可以检出两极浓染的杆菌，本病检出类似于球状的短杆菌
小鹅瘟	小鹅瘟主要是雏鹅发病，成鹅不发病。肠道形成纤维素坏死性肠炎和脱落形成特殊的栓子，细菌学检查看不到病原体

（三）防治

1. 预防措施

平时应加强对鹅群的饲养管理，饲养密度要适当，特别对 1 月龄以内的雏鹅，更要注意防寒保暖，保持鹅舍干燥和场地、垫草的清洁卫生。

2. 发病后措施

使用药物进行治疗。

【处方 1】青霉素，每只雏鹅胸肌注射 2 万～3 万单位，每天 2 次，连用 2～3 天。

【处方 2】磺胺噻唑钠，每千克体重每次 0.2 克，8 小时 1 次，连用 3 天，肌注、静注均可，或按 0.2%～0.5%的比例拌于饲料中喂给。

【处方 3】磺胺嘧啶，第一次口服 1/2 片（0.25 克），每隔 4 小时服 1/4 片。

五、禽葡萄球菌病

禽葡萄球菌病是由金黄色葡萄球菌引起的一种急性或慢性传染病。临床上有多种病型：腱鞘炎、创伤感染、败血症、脐炎、心内膜炎等。

（一）病原

病原通常是金黄色葡萄球菌，该菌对外界环境抵抗力较强，80℃ 30 分钟才能将其杀死，常用消毒药需 20～30 分钟才能将其杀死。

（二）诊断依据

（1）流行特点　各种年龄的鹅均可感染，幼鹅的长毛期最易感。是否感染，与体表或黏膜有无创伤、机体抵抗力的强弱及病原菌的污染程度有关。传染途径主要是经伤口感染，也可通过口腔和皮肤感染，也可污染种蛋，使胚胎感染。本病常呈散发性流行，一年四季均可发生，但以雨季、空气潮湿的季节多发。密度过大、环境不卫生、饲养管理不良等常成为发病诱因。

（2）临床表现　败血型病鹅精神委顿，食欲减退或不食，下痢，粪便呈灰绿色，鹅胸、翅、腿部皮下有出血斑点，足、翅关节发炎、肿胀，病鹅跛行。有时在胸部或龙骨上出现浆液性滑膜炎，一般发病后2～5天死亡；关节炎型病鹅常见胫、跗关节肿胀，热痛，跛行，卧地不起，有时胸部龙骨上发生浆液性滑膜炎，最后逐渐消瘦死亡。脐炎型病鹅为腹部膨大，脐部发炎，有臭味，流出黄灰色液体，为脐炎的常见病因之一。

（3）病理变化　败血型病变可见全身肌肉、皮肤、黏膜、浆膜水肿、充血、出血；肾脏肿大，输尿管充满尿酸盐；关节内有浆液性或浆液纤维素性渗出物，时间稍长变成干酪样；龙骨部及翅下、四肢关节周围的皮下呈浆液性浸润或皮肤坏死，甚至化脓、破溃；实质器官不同程度的肿胀、充血；肠有卡他性炎症。关节炎型病变为关节肿胀，关节囊中有脓性、干酪样渗出物；关节软骨糜烂，易脱落，关节周围的纤维素性渗出物机化；肌肉萎缩。脐炎型病变则见卵黄囊肿大，卵黄绿色或褐色；腹膜炎；脐口局部皮下胶样浸润。

（4）实验室检查　以无菌操作法取干酪样物、肝、脾组织接种于普通琼脂平板及血液琼脂平板，经37℃培养24小时。普通琼脂平板上形成圆形、湿润、稍隆起、光滑、边缘整齐、不透明的菌落，继续培养后菌落变成橙色；血液琼脂平板上形成白色、圆形、周围有溶血环的菌落。取上述菌落涂片染色镜检，见到典型的葡萄串状革兰阳性球菌。

（三）防治

1. 预防措施

（1）加强日常饲养管理　采取全进全出制，加强日常鹅舍内的卫生清扫与消毒工作，保持圈舍干燥；注意防止种鹅吃霉变饲料；保持适宜饲养密度；保持地面或网架的清洁，不能积有粪便。每日可用百毒杀、火碱等对全场、鹅舍进行彻底消毒。对饲养场地上的尖锐物进行及时清理，防止对种鹅脚部的磨伤、擦伤、刺伤等。

（2）全群预防　本病的治疗首先采集病料分离出病原菌，做药敏试验后，选择最敏感的药物进行预防与治疗。用丁胺卡那霉素混于饲料饲喂有防治效果，用量按饲料量的0.05%连续喂服3天。每月在饲料中加药1次进行预防。

2. 发病后的措施

【处方 1】青霉素，雏鹅 1 万单位，青年鹅 3 万～5 万单位，肌内注射，4 小时一次，连用 3 天。并及时将恢复后的鹅隔离。

【处方 2】磺胺-5-甲氧嘧啶（消炎磺）或磺胺间甲氧嘧啶（制菌磺），按 0.04%～0.05%混饲，或按 0.1%～0.2%浓度饮水。

【处方 3】氟哌酸或环丙沙星，按 0.05%～0.1%浓度饮水，连饮 7～10 天。

六、鹅曲霉菌病

鹅曲霉菌病是鹅的一种常见真菌病。主要侵害雏鹅，多呈急性，发病率较高，造成大批死亡。成年鹅多为个别散发。曲霉菌能产生毒素，使动物痉挛、麻痹、组织坏死和致死。

（一）病原

本病的病原体主要是烟曲霉菌。其他如黄曲霉菌、黑曲霉菌等，都有不同程度的致病力。曲霉菌的气生菌丝一端膨大形成顶囊，上有放射状排列小梗，并分别产生许多分生孢子，形如葵花状。曲霉菌的孢子抵抗力很强，煮沸后 5 分钟才能将其杀死，常用的消毒剂有 5%甲醛、石炭酸、过氧乙酸和含氯消毒剂。

（二）诊断依据

1. 流行特点

曲霉菌和它所产生的孢子，在鹅舍地面、空气、垫料及谷物中广泛存在。各种禽类易感，以幼禽的易感性最高，常为急性和群发性，成年禽为慢性和散发性。环境条件不良，如鹅舍低矮潮湿、空气污浊、高温高湿、通气不良、鹅群拥挤以及营养不良、卫生状况不好等，更易造成本病的发生和流行。

2. 临床表现

病鹅主要表现为食欲减少或停食，精神委顿，眼半闭，缩颈垂头，呼吸困难，喘气，呼气时抬头伸颈，有时甚至张口呼吸，并可听到“鼓鼓”沙哑的声音，但不咳嗽。少数病鹅鼻、口腔内有黏液性分泌物，鼻孔阻塞，故常见“甩鼻”表现，口渴，后期下痢，最后倒地，头向上向后弯曲，昏睡不起，以致死亡。雏鹅发病多呈急性，在发病后 2～3 日内死亡，很少延长到 5 日以上。慢性者多见于大鹅。

3. 病理变化

病死鹅的主要特征性病变在肺部和气囊。肉眼明显可见肺、气囊中有一种针头大小乃至米粒大小的浅黄色或灰白色颗粒状结节。肺组织质地变硬，失去弹性切面可见大小不等的黄白色病灶。气囊壁增厚混浊，可见到成团的霉菌斑，坚韧而有弹性，不易压碎。

4. 实验室检查

（1）镜检　无菌操作取少量的肝、脾组织涂片，革兰染色，镜检，未检出细菌；或无菌操作取少量的肝、脾组织接种在营养肉汤培养基中，置37℃温箱中培养24小时和48小时后，革兰染色，镜检，均未检出细菌。直接镜检，取肺中黄白色结节于载玻片上，剪碎，加2滴20% KOH溶液，混匀，盖上盖玻片，在酒精灯上微微加热至透明后镜检，可见到典型的曲霉菌：大量霉菌孢子，并见有多个菌丝形成的菌丝网，分隔的菌丝排列成放射状。

（2）分离培养　无菌操作取肺中黄白色结节接种于沙保琼脂平板上，37℃培养，每天观察，36小时后长出中心带有烟绿色，稍凸起，周边呈散射纤毛样无色结构菌落，背面为奶油色，直径约7毫米，镜检可见典型霉菌样结构：分生孢子头呈典型致密的柱状排列，顶囊似倒立烧瓶样；菌丝分隔，孢子圆形或近圆形，绿色或淡绿色。

（三）防治

1. 预防措施

改善饲养管理，搞好鹅舍卫生，注意防霉是预防本病的主要措施。雏鹅入舍前，育雏舍使用福尔马林熏蒸消毒，入舍后定期消毒。不使用发霉的垫草，严禁饲喂发霉饲料。垫草要经常更换、翻晒，尤其在梅雨季节，要特别注意防止垫草和饲料霉变。注意鹅舍的通风换气，保持舍内干燥卫生。

2. 发病后措施

及时隔离病雏，清除污染霉菌的饲料与垫料，清扫鹅舍，喷洒1∶2000的硫酸铜溶液，换上不发霉的垫料。严重病例扑杀淘汰，轻症者可用1∶2000或1∶3000的硫酸铜溶液饮水3～4天，可以减少新病例的发生，有效控制本病的继续蔓延。可使用下列处方治疗。

【处方1】制霉菌素，成鹅15～20毫克，雏鹅3～5毫克，混于饲料喂服3～5天，有一定疗效。或制霉菌素1万～2万单位，内服，每日2次，连用3～5天。也可按每只病鹅1万～2万单位的剂量，将药溶于水中，让其饮用，连用3～5天。雏鹅用量为0.5万单位。

【处方2】碘化钾5～10克，蒸馏水1000毫升。将碘化钾溶于水中，每只鹅每次内服1毫升，每日2～3次，连用3天，或配成0.05%～0.1%的碘化钾水溶液，让其自由饮用。

【处方3】0.19%紫药水0.2毫升，肌内注射，每日2次，早期应用效果明显。病初也可用0.05%紫药水与2%～5%的糖水让病鹅自由饮用，连用3～5天。

【处方4】1/3000～1/2000硫酸铜溶液，连饮3～5天，停3天后再饮1个疗程。

【处方5】鱼腥草、蒲公英各60克，筋骨草、桔梗各1.5克，山海螺30克。煎汁供病鹅饮用，连用1～2周。

七、鹅口疮

鹅口疮主要是由白色念珠菌所致鹅上消化道的一种霉菌病。其特征为口腔、喉头、食管等上部消化道黏膜形成假膜和溃疡。

（一）病原

病原是白色念珠菌，在自然条件下广泛存在，在健康的畜禽及人的口腔、上呼吸道等处寄生。本菌为类酵母菌，在病变组织及普通培养基中皆产生芽生孢子及假菌丝。出芽细胞呈卵圆形，革兰染色阳性，兼性厌氧菌。

（二）诊断依据

（1）流行特点　本病主要发生在幼龄的鸡、鸭、鹅、火鸡和鸽等禽类。幼龄禽发病率和死亡率都比成龄禽高。病禽粪便中含有多量病菌，可污染饲料、垫料、用具等，通过消化道传染，黏膜损伤有利病菌侵入。也可通过蛋壳传染。鹅舍内过分拥挤、闷热不通风、不清洁等，饲料配合不当，维生素缺乏以及天气湿热等，导致鹅抵抗力降低，促使本病发生和流行。

（2）临床表现　病鹅生长缓慢，食欲减少，精神委顿，羽毛松乱，口腔内、舌面可见溃疡坏死，吞咽困难。

（3）病理变化　食管膨大部黏膜增厚，表面为灰白色、圆形隆起的溃疡，黏膜表面常有假膜性斑块和易剥离的坏死物。口腔黏膜上病变呈黄色、豆渣样。

（4）实验室检查　确诊必须依靠病原分离与鉴定等实验室诊断。采取病死鹅食管黏膜剥落的渗出物，抹片，镜检，观察有大量的酵母状的孢子体和菌丝（因许多健康鹅也常有白色念珠菌寄生，故在进行微生物检查时，只有发现大量菌落时方可断定患有本病）。

（三）防治

1. 预防措施

加强饲养管理，做好鹅舍内及周围环境的卫生工作，防止维生素缺乏症的发生。科学合理地使用抗菌药物，避免因过多、盲目使用而导致消化道正常菌群紊乱、在此病的流行季节，可饮用1：2000硫酸铜溶液。

2. 发病后措施

及时隔离病鹅，进行全面消毒。

【处方1】大群治疗时，可在每千克饲料中加入制霉菌素50～100毫克，连用2～3周。

【处方2】个别鹅只发病，可剥离病鹅口腔上的假膜，在溃疡部涂上碘甘油，向食管中灌入2毫升硼酸溶液消毒，并在饮水中加入0.05%的硫酸铜，连用7天。

八、鹅衣原体病

衣原体病又称鸟疫，是由鹦鹉热衣原体引起家禽的一种接触性传染病。在自然情况下，野鸟特别是鹦鹉的感染率较高，所以也称为鹦鹉热。本病在世界各地均有发生，在欧洲曾在鸭、鸡和火鸡中暴发流行，引起巨大的经济损失。

（一）病原

衣原体呈球形，直径为0.3～1.5微米，不能运动，只能在易感动物体内或细胞培养基上生长繁殖。病原体对周围环境的抵抗力不强，一般消毒药物均能迅速将它杀死。

（二）诊断依据

（1）流行特点　不同品种的家禽和野禽都能感染本病，一般多为幼禽最易感。主要通过空气传播，病禽的排泄物中含有大量病原体，干燥以后随风飘扬，易感家禽吸入含有病原体的尘土，引起传染。本病的另一个传染途径是从皮肤伤口侵入禽体，螨类和虱类等吸血昆虫可能是本病的传染媒介。

（2）临床表现　急性型发病较为严重。病鹅步态不稳、震颤、食欲废绝、腹泻、排绿色水样稀粪，眼和鼻孔流出浆液性或脓性分泌物，眼睛周围羽毛上有分泌物干燥凝结成的痂块，随着疾病的发展，病鹅明显消瘦，肌肉萎缩。

（3）病理变化　临诊上显现流眼泪和鼻液的病鹅，剖检时可发现气囊增厚、结膜炎、鼻炎、眶下窦炎以及偶见全眼球炎和眼球萎缩等变化。病鹅胸肌萎缩和全身性多发性浆膜炎，常见胸腔、腹腔和心包腔中有浆液性或纤维素性渗出物，肝脏和脾脏肿大，以及肝周炎。肝脏和脾脏偶见灰色或黄色的小坏死灶。

（4）实验室检查　可用相关实验室检查进行诊断。

（三）防治

1. 预防措施

加强幼鹅的饲养管理，搞好环境卫生，控制一切可能的传染来源，坚持消毒制度。幼鹅要饲养在接触不到病鹅粪便、垫料及脱落羽毛的地方。

2. 发病后措施

发病后隔离病鹅，病死鹅要焚烧或深埋；及时清理粪便和清扫地面，每天要用 0.2%的过氧乙酸带鹅消毒一次；注意鹅舍通风换气。

【处方 1】土霉素 30～80 克/100 千克饲料，连喂 1～3 周。

【处方 2】金霉素 30～40 毫克，喂服。

【处方 3】每千克饲料中添加四环素 200～400 毫克，充分混合，连续饲喂 1～3 周。或 3～5 毫克/千克体重，一次投服，每日 2 次。

【处方 4】红霉素 50～150 毫克，葡萄糖酸钙 1～2 克，一次投服，每日 2 次。

九、禽霉形体病

禽霉形体病是一种原核微生物——禽霉形体（亦称支原体）引起的禽类传染性疾病。霉形体的自然宿主包括鸡、火鸡、鸭、鹅等家禽和雉鸡、鹧鸪、鹤、海鸥、天鹅、孔雀等野禽在内的所有禽类。对禽类产生危害的主要有禽败血霉形体（MG）、滑液囊霉形体（MS）和火鸡霉形体（MM），对禽类造成感染的主要为禽败血霉形体，通常称为慢性呼吸道病。

（一）病原

病原为禽霉形体，呈细小的圆形或卵圆形，大小为0.25～0.5微米。该病原体抵抗力不强，一般常用消毒剂均能将其杀灭。该病原体在18～20℃条件下可存活1周，高温下其很快失活，低温下，其存活时间很长。

（二）诊断依据

（1）流行特点　该病各年龄鹅均易感，尤以幼鹅发病严重。该病一年四季均可发生，但以冬末春初发病最为严重。本病的主要传染源是正在发病或隐性感染的鹅或其他禽类。该病主要有水平传播和垂直传播两种传播方式。水平传播，病原体随病鹅或隐性感染鹅的呼吸道分泌物喷出，健康鹅经呼吸道感染本病。被污染的饲料和饮水也可传播本病。垂直传播，感染病原体的病鹅，特别是母鹅的卵巢、输卵管及公鹅的精液中含有霉形体，其可通过交配传播。感染本病的母鹅可产出带病原体的种蛋，造成种蛋孵化率降低。孵出的雏鹅带有病原体，成为传染源。不同场地或鹅舍间主要通过人员、设备、苍蝇等媒介传播本病，或通过带入病鹅（禽）及隐性感染鹅（禽）引起接触性传播。

饲养密度过大、卫生条件差、舍内通风不良、氨气和二氧化碳浓度过高、舍内保温差或气温骤降、青绿饲料缺乏、精饲料维生素A含量不足时均可诱发本病。

（2）临床表现　单纯感染霉形体的鹅多为隐性经过，轻微的呼吸道症状几乎不被察觉，仅在晚上熄灯后听见一些喷嚏声。病鹅因上呼吸道黏膜发炎而出现浆液性或黏液性或浆液-黏液性鼻液，严重时炎性分泌物堵塞鼻孔。随病情发展，病鹅鼻窦发炎，有炎性渗出物，并使鼻孔后的皮肤向外侧肿胀，病鹅呼吸困难，张口呼吸、喘气。炎症蔓延至下呼吸道时引起气管炎，病鹅喘气声、气管啰音更为明显。前期有的病鹅鼻腔和眶下窦积有大量浓稠浆液或黏液，清除堵塞鼻孔的污物后，轻压眶下窦外胀起的皮肤，从鼻孔中流出大量浓稠液体。后期，眶下窦内渗出物因水分被吸收而变为干酪样或豆腐渣样。眶下窦内的固体物很难吸收，若不手术摘除，可导致化脓破溃。有的病鹅发生眼炎，眼睑极度肿胀，积有干酪样渗出物，严重者眼前房积脓，眼睛失明。病鹅食欲不振或不能采食，产蛋鹅产蛋量下降，淘汰率增加，肉鹅饲养期延长，饲料报酬率低。肉鹅发生气囊炎，使胴体等级降低。

（3）病理变化　鼻和眶下窦有轻度炎症，前期，内有大量浆液或黏液，后期，眶下窦内有干酪样固体物。气管和喉头有黏液状物。严重者炎症波及肺和气囊。早期气囊膜混浊、增厚，呈灰白色，不透明，常有黄色液体，时间长者，则有干酪样物附着。眼部变化，严重者切开结膜可挤出黄色的干酪样凝块。

（4）实验室检查　平板凝集试验、血凝抑制试验、酶联免疫吸附试验等血清学检验。

（三）防治

1. 预防措施

不从疫区购进鹅苗和鹅蛋。新购进的鹅苗需单独饲养，并隔离观察 21 天；饲养密度适当，育雏期注意保温和通风。春初保持舍温稳定，防止鹅只受寒；饲喂全价日粮，在饲喂青料的基础上，适当补充维生素，特别是维生素 A，以增强机体抵抗力；实行全进全出的饲养制度，避免不同日龄的鹅只混养；注意场地卫生，定期消毒；药物预防，定期在饲料中添加 0.065%～0.1%的土霉素，饲喂 5～7 天。

2. 发病后措施

许多种类的抗生素对败血霉形体感染具有一定疗效，其中包括林可霉素、螺旋霉素、壮观霉素、泰乐菌素、红霉素、氯霉素、金霉素、链霉素、土霉素等。使用抗生素类药物对本病进行治疗时，应注意早期投药，并注意环境卫生，改善饲养管理条件，以期获得较满意的疗效。在治疗过程中有康复病例，停药后有复发现象，应再继续用药3～5天，以避免复发。

【处方1】隔离发病鹅，进行熏蒸消毒。每立方米鹅舍可用10～15毫升食用白醋熏蒸，以杀灭呼吸道内的霉形体，每天1次，连用3天；饮水中添加强力霉素，按0.01%比例投饮，或用泰乐菌素，按0.05%投饮，两者最好交替应用，连用3～5天。

【处方2】速百治（药品名，有效成分为壮观霉素），用20%水溶液，给病鹅颈部皮下注射，每次3～5毫升，每天2次，连用7天为1疗程。对假定健康鹅群用百病消饮水，每2000毫升饮水中加10%百病消口服液1毫升，连用3～5天为1疗程。

【处方3】饲料中添加0.13%～0.2%的土霉素，连续饲喂5～7天。

【处方4】重病鹅采取上述方法处理后，可配合注射链霉素，用量为50～200毫克/只，早晚各一次，连用2天。

第三节　寄生虫病

一、鹅球虫病

球虫病是一种常见的家禽原虫病。鸡、鸭、鹅都能感染本病。对幼禽的危害特别严重，暴发时可发生大批死亡。

（一）病原及生活史

鹅球虫有15种，分别属于两个属，即艾美耳属和泰泽属。其中以艾美耳球虫致病力最强，它寄生在肾小管上皮，使肾组织遭到严重破坏，3周龄至3月龄的幼鹅最易感，常呈急性经过，病程2～3天，死亡率较高、其余14种球虫均寄生于肠道，它们的致病力变化很大，有些球虫种类（如鹅球虫）会引起严重发病；而另一些种类单独感染时，无危害，但混合感染时就会严重致病。

（二）诊断依据

（1）流行特点　鹅肠球虫病主要发生于2～11周龄的幼鹅，临床上所见的病鹅最小日龄为6日龄，最大的为73日龄，以3周龄以下的鹅多见。常引起急性暴发，呈地方性流行。发病率90%～100%，死亡率为10%～96%。通常是日龄小的发病严重、死亡率高。本病的发生与季节有一定的关系，鹅肠球虫病大多发生在5～8月份温暖潮湿的多雨季节。不同日龄的鹅均可发生感染，日龄较大的鹅以及成年鹅的感染，常呈慢性或良性经过，成为带虫者和传染源。

（2）临床表现　急性者在发病后1～2天死亡。多数病鹅开始甩头，并有食物从口中甩出，口吐白沫，头颈下垂，站立不稳。腹泻，粪便带血呈红褐色，泄殖腔松弛，周围羽毛被粪便污染。病程长者，食欲减退，继而废绝，精神委顿，缩颈，翅下垂，落群，粪稀或有红色黏液，最后衰竭死亡。

（3）病理变化　患肾球虫病的病鹅，可见肾肿大，由正常的红褐色变为淡黄色或红色，有出血斑和针尖大小的灰白色病灶或条纹，于病灶中也可检出大量的球虫卵囊。胀满的肾小管中含有将要排出的卵囊、崩解的宿主细胞和尿酸盐，使其体积比正常增大5～10倍。肠球虫病可见小肠肿胀，肠黏膜增厚、出血和糜烂。肠腔内充满红褐色的黏稠物，小肠的中段和下段可见黏膜上有白色结节或糠麸样的假膜覆盖。

（4）实验室检查　取假膜压片镜检，可发现大量的球虫卵囊。

（三）防治

1. 预防措施

鹅舍应保持清洁干燥，定期清除粪便，定期消毒。在小鹅未产生免疫力之前，应避开含有大量卵囊的潮湿地区。氯苯胍按30～60毫克/千克混入饲料中连续服用，可以预防本病暴发。氨丙啉、球虫净或球痢灵，均按0.0125%浓度混入饲料，连续用药30～45天或交替用药可以预防球虫病的发生。

2. 发病后措施

【处方1】氯苯胍按60～120毫克/千克饲料混喂，连续服用5～7天。

【处方2】氨丙啉或球虫净或球痢灵按0.025%混料，使用5～7天。

【处方3】0.1%磺胺间甲氧嘧啶，混入饲料饲喂，连用4～5天，停3天，再用4～5天。或磺胺嘧啶，30～40毫克/千克体重，1次拌料喂服。

【处方 4】青霉素 10 万单位，1 次肌注。

【处方 5】莫能霉素每千克饲料用 70～80 毫克，拌匀混饲。

二、鹅蛔虫病

鹅蛔虫病是由蛔虫寄生于鹅的小肠内引起的一种寄生虫病。幼鹅与成鹅都可感染，但以幼鹅表现明显，可导致幼鹅出现生长发育迟缓、腹泻、贫血等症状，严重的可引起死亡。

（一）病原及生活史

鹅的蛔虫病是由鸡蛔虫所引起。属禽蛔科禽蛔属。蛔虫是鹅体内最大的一种线虫，虫体为淡黄白色、豆芽梗样，表皮有横纹，头端较钝，有 3 个唇片，雌雄异体，雄虫长 26～70 毫米，雌虫长 65～110 毫米。蛔虫卵对寒冷的抵抗力很强，而对 50℃以上的高温、干燥、直射阳光敏感。对常用消毒药有很强的抵抗力。在荫蔽潮湿的地方，虫卵可存活较长时间。在土壤中，感染性虫卵可存活 6 个月以上。

鹅蛔虫为直接发育型寄生虫，不需要中间宿主。成虫主要生活在鹅的小肠内，交配后，雌虫产的卵，随粪便一起排到外界。刚排出的虫卵没有感染力，如果外界湿度和温度适宜，虫卵开始发育，经 1～3 周发育为一期幼虫，一期幼虫在卵内蜕皮，发育为二期幼虫，此时的虫卵具有感染性，称为感染性虫卵，鹅吃到这种感染性虫卵后就会发生感染。二期幼虫在腺胃或肌胃内脱壳而出，进入小肠，在小肠内蜕皮一次，发育为三期幼虫，这过程约需 9 天。以后幼虫钻进肠壁黏膜中，再蜕皮一次，发育为四期幼虫，此期间，常引起肠黏膜出血。到 17 天或 18 天时，四期幼虫重新回到小肠肠腔，蜕皮后变为五期幼虫，以后逐渐生长发育为成虫。从感染性虫卵侵入鹅体到发育成成虫，这一过程需要 35～60 天。

（二）诊断依据

（1）流行特点　主要是雏鹅和幼鹅感染，而且可以引起危害。成鹅感染的较少，而且多为隐性感染，但也有种鹅感染较严重的报道。环境卫生不佳，饲养管理不良，饲料中缺乏维生素 A、B 族维生素等，可使鹅感染蛔虫的可能性提高。

（2）临床表现　鹅感染蛔虫后表现的症状与鹅的日龄、感染虫体的数量、本身营养状况有关。轻度感染或成年鹅感染后，一般症状不明显。雏鹅发生蛔虫病后，可表现出生长不良、发育迟缓、精神沉郁、行动迟缓、羽毛松乱、食欲减退或异常、腹泻、逐渐消瘦、贫血等症状。严重的可引起死亡。

（3）病理变化　小肠黏膜发炎、出血，肠壁上有颗粒状脓灶或结节。严重感染者可见大量虫体聚集，相互缠结，引起肠阻塞，甚至肠破裂或腹膜炎。

（4）实验室诊断　采用饱和盐水浮集法漂浮粪便中的虫卵，载玻片蘸取后镜检，观察虫卵形态与数量。

（三）防治

1. 预防措施

搞好日常环境卫生，及时清除粪便，堆积发酵，杀灭虫卵。定期预防性驱虫，每年2～3次。

2. 发病后措施

【处方1】丙硫苯咪唑（抗蠕敏），按每千克体重20毫克的剂量1次投服。

【处方2】左旋咪唑20～30毫克/千克体重，一次口服。

【处方3】驱蛔灵（枸橼酸哌嗪）250毫克/千克体重（或500～1000毫克/只），一次拌料内服。

【处方4】驱虫净（噻咪唑）40～60毫克/千克体重（或80～250毫克/只），一次拌料内服。

【处方5】甲苯咪唑，每吨饲料添加30克，混匀后连喂7天。

三、异刺线虫病

异刺线虫病是由异刺属的异刺线虫寄生于盲肠中引起的。鸡、火鸡、鸭、鹅均可感染，我国各地均有发生。病鹅表现下痢，精神沉郁，消瘦，贫血等。

（一）病原及生活史

异刺线虫又称盲肠虫。成虫寄生在鸡、火鸡和鹅等家禽的盲肠内。本虫除可使家禽致病外，其虫卵还能携带组织滴虫，使禽发生盲肠肝炎。雄虫长7～13毫米，尾部有两根不等长的交合刺。雌虫长8～15毫米，呈黄白色。虫卵较小，随粪便排出体外，环境条件适宜时，继续发育，经 7～14 天变成感染性虫卵。此时被鹅吞食后，幼虫在肠管内破壳而出，进入盲肠并钻进黏膜中，2～5 天重新回到盲肠腔内继续发育，24 天变成成虫。虫卵对外界环境因素的抵抗力很强，在阴暗潮湿处可保持活力 10 个月，能耐干燥 16～18 天，但在干燥和阳光直射下很快死亡。

（二）诊断依据

（1）临床表现　患鹅表现为食欲不振或废绝，贫血，下痢，消瘦，发育停滞，产蛋率下降，严重时可引起死亡。此外，异刺线虫还会传播盲肠肝炎。

（2）病理变化　盲肠有异刺线虫寄生时，一般无明显症状和病变。严重时可能引起黏膜损伤而出血，其代谢产物可使机体中毒。大量寄生时，盲肠黏膜肿胀并形成结节，有时甚至发生溃疡。

（3）实验室检查　采集病鹅粪便，用饱和盐水法检查粪便中的虫卵。

（三）防治

1. 预防措施

搞好日常环境卫生，及时清除粪便，堆积发酵，杀灭虫卵。定期预防性驱虫，每年 2～3 次。

2. 发病后措施

【处方 1】硫化二苯胺，它对成虫效果较好，对未成熟虫体无效，中雏使用剂量为 0.3～0.5 克/千克体重，成鹅用量为 0.5～1.0 克/千克体重，拌料饲喂。

【处方 2】四氯化碳，2～3 月龄雏鹅 1 毫升，成鹅 1.5～2 毫升，注入泄殖腔或胶囊剂内服。

【处方 3】吩噻嗪，按 0.5～1 克/千克体重做成丸剂投服，给药前禁食 6～12 小时。

【处方 4】左旋咪唑，按 25～30 毫克/千克体重混饲或饮水。

【处方 5】丙硫咪唑，按 40 毫克/千克体重口服。

四、毛细线虫病

家禽毛细线虫病是由毛细线虫科的线虫所引起的蠕虫病的总称。鹅毛细线虫病是毛细线虫属的线虫，寄生于鹅的小肠前半部

（也见于盲肠）所引起。在少数情况下，还寄生于消化道的后半部。除此之外，寄生于鹅的盲肠、小肠或食管的线虫还有鸭毛细线虫、环形毛细线虫和膨尾毛细线虫等。

（一）病原及生活史

病原体是鹅毛细线虫，雄虫体长 9.2～15.2 毫米，雌虫体长 13.5～21.3 毫米。雄虫具有 1 根圆柱形的交合刺，其长度为1.36～1.85 毫米，宽大约为 0.01 毫升（在中部）。虫卵长为0.050～0.058 毫米，宽为 0.025～0.030 毫米。成熟雌虫在寄生部位产卵，虫卵随粪便排到外界，直接型发育史的毛细线虫卵在外界环境中发育成感染性虫卵，其被禽类宿主吃入后，幼虫逸出，进入寄生部位黏膜内，约经 1 个月发育为成虫。间接型发育史的毛细线虫卵被中间宿主蚯蚓吃入后，在其体内发育为感染性幼虫，禽啄食了带有感染性幼虫的蚯蚓后，蚯蚓被消化，幼虫释出并移行到寄生部位黏膜内，经 19～26 天发育为成虫。

（二）诊断依据

（1）流行特点　一般情况下，在本病流行地区每年各季都能在鹅体内发现鹅毛细线虫。在气温较高的季节，虫体数量较多；在气温较低的季节，患鹅体内虫体数量较少。未发育的虫卵比已发育虫卵的抵抗力强，在外界可以长期保持活力。在干燥的土壤中，不利于鹅毛细线虫卵的发育和生存。

（2）临床表现　由各个不同种病原体所引起的毛细线虫病的经过和症状基本一致。轻度感染时，不出现明显的症状，在 1～3 月龄的幼鹅中发病较严重。严重感染病例，表现食欲不振或废绝，但大量饮水，精神委靡，翅膀下垂，常离群独处，蜷缩在地面上或在鹅舍的角落里。消化紊乱后出现间歇性下痢，而后呈稳定性下痢。随着疾病的发展，下痢加剧，在排泄物中出现黏液。患鹅很快消瘦，生长停顿，发生贫血。由于虫体数量多，常引起机械性阻塞，分泌毒素而引起鹅慢性中毒。患鹅常由于极度消瘦，最后衰竭而死。

（3）病理变化　剖检可见小肠前段或十二指肠有细如毛发样的虫体，严重感染病例可见大量虫体阻塞肠道，在虫体固定的地方，发现肠黏膜水肿、充血、出血。由于营养不良，可见肝、肾缩小，尸体极度消瘦。在慢性病例中，可见肠浆膜周围结缔组织增生和肿胀，使整个肠管黏成团。

(4) 实验室检查　用2次离心法进行检查。配制饱和食盐溶液，在其中添加硫酸镁（在1升溶液内加200克）。在盛有水的玻璃杯内，调和3～5克粪便，直到获得稀薄稠度为止。把获得的混合物经过金属筛或者纱布过滤到离心管内，离心1～2分钟。由于毛细线虫的虫卵比水重，因此，离心后易沉于管底。离心后将上清液弃掉，加入硫酸镁的食盐溶液。搅匀后再离心1～2分钟，毛细线虫的虫卵便浮于溶液的表面。然后用金属环从液面取出液膜，放在载玻片上进行镜检。

（三）防治

1. 预防措施

搞好日常环境卫生，及时清除粪便，堆积发酵，杀灭虫卵；消灭鹅舍中的蚯蚓；定期预防性驱虫，每年2～3次。

2. 发病后措施

【处方1】左旋咪唑，每千克体重20～30毫克，一次内服。

【处方2】甲苯咪唑，每千克体重20～30毫克，一次内服。

【处方3】甲氧啶，每千克体重200毫克，用灭菌蒸馏水配成10%溶液，皮下注射。

【处方4】越霉素A，每千克体重35～40毫克，一次口服。或按0.05%～0.5%比例混入饲料，拌匀后连喂5～7天。

【处方5】四咪唑，每千克体重40毫克，溶于水中饮服。

五、鹅裂口线虫病

鹅裂口线虫病是寄生于鹅肌胃内的一种常见寄生虫病，对鹅尤其是幼鹅危害较大，严重感染时，常引起大批死亡，是鹅的一种重要的寄生虫病。

（一）病原及生活史

鹅裂口线虫属线虫纲、圆形目、毛圆科。虫体细长，微红，表面有横纹，口囊短而宽，底部有3个尖齿，雄虫长10～17毫米，宽250～350微米。雌虫长12～24毫米，阴门处宽200～400微米，虫体的两端均逐渐变细。卵壳薄，虫卵呈卵圆形，大小为（60～

73)微米×(44～48) 微米。虫卵随病鹅的粪便排出体外，在28～30℃下，经2天在虫卵内形成幼虫，再经5～6天，幼虫从卵内孵出经两次蜕皮，发育为感染性幼虫。感染性幼虫能在水中游泳，爬到水草上，鹅吞食受感染性幼虫污染的食物、水草或水时而遭受感染。在牧场上感染性幼虫也可以通过鹅的皮肤引起感染（幼虫在牧场上能存活近3周）。皮肤感染时，幼虫经肺移行，幼虫在鹅体内约经3周发育为成虫，成虫的寿命为3个月。

（二）诊断依据

（1）流行特点　本病常发生在夏秋季节，主要发生于2月龄左右的幼鹅，幼鹅感染后发病较为严重，常引起衰弱死亡。成年鹅感染，多为慢性，一般呈良性经过，成为带虫者，我国不少省市均有发生过本病的报道，鹅群的感染率有的可高达96.4%，常呈地方性流行。

（2）临床表现　患病鹅精神委顿，羽毛松乱、无光泽，食欲不振，消瘦，生长发育缓慢，贫血，腹泻，严重者排出带有血黏液的粪便，常衰弱死亡。

（3）病理变化　病死鹅通常较瘦弱，眼球轻度下陷，皮肤及脚、蹼外皮干燥，剖检可见肌胃角质膜呈暗棕色或黑色，角质膜松弛易脱落，角质层下常见肌胃有出血斑或溃疡灶，幽门处黏膜坏死、脱落，常见虫体积聚，其周围的角质膜亦坏死脱落，肠道黏膜呈卡他性炎症，严重者内有多量暗红色血黏液。

（4）实验室检查　病死鹅肌胃角质层中发现虫体或粪检发现虫卵，即可确诊。

（三）防治

1. 预防措施

搞好日常环境卫生，及时清除粪便，堆积发酵，杀灭虫卵；在本病流行的牧场或地区，每年需进行2～3次预防性驱虫（一般在20～30日龄进行第1次驱虫，3～4月龄再驱虫1次）。

2. 发病后措施

【处方1】丙硫咪唑，按25毫克/千克体重混饲，每日1次，连用2日。

【处方2】甲苯咪唑，每千克体重50毫克，内服，每日1次，连用2日。

【处方3】四咪唑，每千克体重40～50毫升，1次内服；或0.01%浓度混饮，连用7天。

【处方4】四氯化碳，20～30日龄鹅，每只1毫升；1～2月龄鹅，每只2毫升；2～3月龄鹅，每只3毫升；3～4月龄鹅，每只4毫升；5月龄以上，每只5～10毫升。早晨空腹一次性口服。

六、鹅绦虫病

鹅绦虫病全称为鹅矛形剑带绦虫病，发生于放养在河、湖、沟、塘的小鹅和中龄鹅，当虫体大量积于肠道内时，可阻塞肠腔，破坏和影响鹅的消化吸收，并能吸收营养、分泌毒素，导致鹅只生长发育受阻和产蛋性能下降乃至发生大批死亡。主要表现为食欲减退、贫血、消瘦和下痢，生长发育不良。幼小鹅严重感染时常引起死亡。

（一）病原

矛形剑带绦虫的成虫长达11～13厘米，宽18毫米。顶突上有8个钩排成单列。成虫寄生在鹅的小肠内。孕卵节片随禽粪排到外界。孕卵节片崩解后，虫卵散出。虫卵如果落入水中，被剑水蚤吞食后，虫卵内的幼虫就会在其体内逐渐发育成为似囊尾蚴的剑水蚤。当鹅吃到了这种体内含有似囊尾蚴的剑水蚤，就发生感染。在鹅的消化道中，似囊尾蚴能吸着在小肠黏膜上并发育为成虫。

（二）诊断依据

（1）流行特点　矛形剑带绦虫病主要危害数周到5月龄的鹅，感染严重时会表现出明显的全身性症状。青年鹅、成鹅也可感染，但症状一般较轻。多发生在秋季，患鹅发育受阻，周龄内死亡率甚高（60%以上），带黏液性的粪便很臭，可见虫体节片。

（2）临床表现　患鹅首先出现消化机能障碍症状，排出灰白色或淡绿色稀薄粪便，污染肛门四周羽毛，粪便中混有白色的绦虫节片，食欲减退。病程后期患鹅拒食，口渴增加，生长停顿，消瘦，精神委靡，不喜活动，常离群独居，翅膀下垂，羽毛松乱。有时显现神经症状，运动失调，走路摇晃，两腿无力，向后面坐倒或突然向一侧跌倒，不能起立。发病后一般1～5天死亡。有时由于其他不良环境因素（如气候、温度等）的影响而使大批幼年患鹅突然死亡。

（3）病理变化　病死鹅血液稀薄如水，剖检可见肠黏膜肥厚，呈卡他性炎症，有出血点和米粒大、结节状溃疡，十二指肠和空肠内可见扁平、分节的虫体，有的肠段变粗、变硬，呈现阻塞状态。心外膜有明显出血点或斑纹。

（4）实验室检查　可根据粪便中观察到的虫体节片以及小肠前段的肠内虫而确诊。

（三）防治

1. 预防措施

（1）严格饲养管理。雏鹅与成鹅分开饲养，3月龄内雏鹅最好实行舍饲，特别是不应到不流动、小而浅的死水域去放牧（因为这种水域利于中间宿主剑水蚤的滋生）；注意鹅群驱虫前，应禁食12小时，投药时间宜在清晨进行，鹅粪应收集堆积发酵处理，以防散播病原。

（2）定期驱虫　每年对鹅群定期进行2次驱虫，一次在春季鹅群下水前，另一次在秋季终止放牧后。平时发现虫体，随时驱虫。驱虫办法如下：氢溴酸槟榔碱，配成0.1%的水溶液，一次灌服，每千克体重1～2毫克。或槟榔100克，石榴皮100克，加水至1000毫升，煎成800毫升。内服剂量：20日龄雏鹅1.2毫升，30～40日龄雏鹅1.8～2.3毫升，成鹅4～5毫升，拌料，连喂2次，1日1次。

2. 发病后的措施

由于绦虫的头牢固地吸附在肠壁上，往往后面的节片已被驱出，而头节还没有驱出，经过2～3周，又重新长出节片变成一条完整的绦虫。所以第一次喂药后，隔2～3周再驱虫一次，才能达到彻底驱除绦虫的效果。其粪便需经堆积发酵腐熟杀死虫卵后才作肥料，对病死鹅采用深埋处理，减少二次感染的机会。治疗原则是“急则其治标，缓则治其本”。

【处方1】阿苯达唑，25毫克/千克体重，复方新诺明，250毫克/每只，每天1次，连用2次。黄连解毒散，按500克拌料200千克的量使用，每天2次，连用3天。

【处方 2】吡喹酮，每千克体重 10～15 毫克，内服，效果较好。

【处方 3】氯硝柳胺（灭滴灵），60～150 毫克/千克体重，一次口服。

【处方 4】硫双二氯酚，每千克体重 90～110 毫克，把药片磨细后加水稀释，用胶头滴管灌入食管或与精饲料拌匀，于早晨喂饲料后喂服。

【处方 5】丙硫咪唑，20～30 毫克/千克体重，一次口服。

【处方 6】将南瓜子煮沸 1 小时后，取出脱脂晒干研成粉末，每只取南瓜粉 25～50 克拌料饲喂。

注：①与大肠杆菌混合感染时，上述处方可配合中药（黄连解毒汤与白头翁汤加减）治疗。方剂：黄连 45 克、黄芩 45 克、黄柏 45 克、白头翁 45 克、栀子 50 克、苦参 50 克、龙胆 45 克、郁金 35 克、甘草 40 克，水煎服。以上为 200 只成年鸭一天的用量。有条件的可根据药敏试验选择用药，力争把损失控制在最小范围之内。②对有病毒感染的可配合使用生物干扰素（黄芪多糖，成都坤宏动物药业生产），每瓶 5 克，拌料 10 千克，每天 2 次，连用 3 天。

七、鹅嗜眼吸虫病

鹅嗜眼吸虫是寄生在鹅眼结膜上的一种外寄生虫病，能引起鹅（鸭也能感染）的眼结膜、角膜水肿发炎。流行地区的鹅群致病率平均为 35%左右。

（一）病原及生活史

病原常见种类为涉禽嗜眼吸虫。新鲜虫体呈微黄色，外形似矛头状、半透明。虫体大小为（3～8.4）毫米×（0.7～2.1）毫米，腹吸盘大于口吸盘，生殖孔开口于腹吸盘和口吸盘之间，雄精囊细长，睾丸呈前后排列，卵巢位于睾丸之前，卵黄腺呈管状，位于虫体中央两侧，腹吸盘后至睾丸前充满盘曲的子宫，子宫内虫卵都含有发育完全的毛蚴。

虫体寄生于眼结膜囊内，虫卵随眼分泌物排出，遇水立即孵化出毛蚴，毛蚴进入适宜的螺蛳体内，经发育后形成尾蚴，从毛蚴发育为尾蚴约需3个月的时间。尾蚴主动从螺蛳体内逸出，可以在螺蛳外壳的体表或任何一种固体物的表面形成囊蚴。当含有囊蚴的螺蛳等被禽类吞食后即被感染，囊蚴在口腔和食管内脱囊逸出童虫，在5天内经鼻泪管移行到结膜囊内，约经1个月发育成熟。

（二）诊断依据

（1）流行特点　涉禽嗜眼吸虫可寄生于各种不同种类的禽类，鹅、鸡、火鸡、孔雀等是本虫常见的宿主。但临床上主要见于鹅、鸭，以散养的成年鹅、鸭多见。

（2）临床表现　早期病鹅症状不明显，仅见畏光流泪，食欲降低，时有摇头弯颈，用脚搔眼。观察鹅眼睛，可见眼睑水肿，眼部见有黄豆大隆起的泡状物，结膜呈网状充血，有出血点。少数严重病鹅可见角膜混浊溃疡，并有黄色块状坏死物突出于眼睑之外。虫体多数吸附于近内眼角瞬膜处。病鹅左右眼内虫体寄生多的有30余条，平均7～8条。日久可见病鹅精神沉郁，消瘦，种鹅产蛋减少，最后失明，或并发其他疾病死亡。

（3）病理变化　剖检病变与上述临床症状变化相同，另外可以在眼角内的瞬膜处发现虫体，而内脏器官未见明显病变。

（4）实验室检查　从眼内挑取可疑物，置载玻片上，滴加生理盐水1滴，压片，置10×10显微镜下检查，如发现淡黄色、半透明与嗜眼吸虫一致的虫体，即可确诊。

（三）防治

1. 预防措施

散养的水禽禁止在本病流行地段的水域中放养，若将水生作物（或螺蛳）作为饲料饲喂时应事先进行灭囊处理。

2. 发病后的措施

【处方】75%酒精滴眼。由助手将鹅体及头固定，术者左手固定鹅的头，右手用钝头金属细棒或眼科玻璃棒插入眼膜，向内眼角方向拨开瞬膜（俗称“内衣”），用药棉吸干泪液后，立即滴入75%酒精4～6滴。用此法滴眼驱虫，操作简便，可使病鹅症状很快消失，驱虫率可达100%。

八、前殖吸虫病

前殖吸虫病是由前殖科前殖属的多种吸虫寄生于鸡、鸭、鹅等禽、鸟类的直肠、泄殖腔、腔上囊和输卵管内引起的，常导致母禽产蛋异常，甚至死亡。

（一）病原及生活史

透明前殖吸虫属前殖科、前殖属。虫体呈梨形，前端稍尖，后端钝圆，大小为（6.5～8.2)毫米×(2.5～4.2)毫米，体表前半部有小刺。口吸盘近似圆形，腹吸盘呈圆形，两者大小几乎相等，睾丸呈卵圆形，不分叶，位于虫体中央的两侧，左右并列，两者几乎同等大小，雄茎囊弯曲于口吸盘与食管的左侧，生殖孔开口吸盘的左上方。卵巢多分叶，位于两睾丸前缘与腹吸盘之间。子宫盘曲于腹吸盘与睾丸后的空隙中。卵黄腺的分布始于腹吸盘后缘的体两侧，后端终于睾丸之后。虫卵呈深褐色，大小为（26～32)毫米×(10～15)毫米，一端有卵盖，另一端有小刺。

前殖吸虫生活过程中需要两个以上的中间宿主，第一中间宿主为多种淡水螺蛳，第二中间宿主为蜻蜓的幼虫或稚虫。成虫在鹅的输卵管和腔上囊内产卵，虫卵随粪便或排泄物排出体外，进入水中被淡水螺蛳吞食，即在其肠内孵出毛蚴，再钻入螺蛳肝脏内发育成胞蚴和尾蚴（无雷蚴期），成熟的尾蚴离开螺蛳体，进入水中，遇到第二中间宿主蜻蜓幼虫或稚虫钻入其腹肌内发育为囊蚴。鹅啄食蜻蜓或其幼虫即被感染，囊蚴进入家禽消化道后，囊壁消化，游离的童虫经肠道下行移至泄殖腔，然后进入腔上囊或输卵管内，经1～2周发育为成虫。

（二）诊断依据

（1）流行特点　本病常呈地方性流行，分布于全国各地，但以华东、华南地区较为多见，以春、夏两季较为流行，各种年龄的鹅均有发生感染。但以产蛋母鹅发病严重，本病除感染鸭、鹅外，鸡和野鸭及其他多种野鸟均可发生感染。其中产蛋鸡发病最为严重。

（2）临床表现　感染初期，患鹅外观正常，但蛋壳粗糙或产薄壳蛋、软壳蛋、无壳蛋，或仅排蛋黄或少量蛋清，继而患鹅食欲下降，消瘦，精神委靡，蹲卧墙角，滞留空巢，或排乳白色石灰水样液体，有的腹部膨大，步态不稳，两腿叉开，肛门潮红、突出，泄殖腔周围沾满污物，严重者因输卵管破坏，导致泛发性腹膜炎而死亡。

（3）病理变化　输卵管发炎，黏膜充血、出血，极度增厚，后期输卵管壁变薄甚至破裂。腹腔内有大量混浊的黄色渗出液或脓样物，并可查到虫体。

（4）实验室检查　粪便中检出虫卵。

（三）防治

1. 预防措施

勤清除粪便，堆积发酵，杀灭虫卵，避免活虫卵进入水中；圈养家禽，防止吃入蜻蜓及其幼虫；及时治疗病禽，每年春、秋两季有计划地进行预防性驱虫。

2. 发病后的措施

【处方 1】六氯乙烷，每千克体重 200～300 毫克，混入饲料中喂给，每天 1 次，连用 3 天。或六氯乙烷粉剂，按每只 200～500 毫克的剂量，制成混悬液拌于少量精料中喂鹅，连续 3 天。

【处方 2】丙硫苯咪唑（抗蠕敏），每千克体重 80～100 毫克，一次内服。

【处方 3】吡喹酮，每千克体重 30～50 毫克，一次内服。

九、隐孢子虫病

禽隐孢子虫病是由隐孢子虫科隐孢子虫属的贝氏隐孢子虫寄生于家禽的呼吸系统、消化道、法氏囊和泄殖腔内所引起的一种原虫病。

（一）病原及生活史

贝氏隐孢子虫的卵囊大多为椭圆形，部分为卵圆形和球形，(4.5～7.0)微米×(4.0～6.5)微米，卵囊壁薄，单层，光滑，无色；无卵膜孔和极粒。孢子化卵囊内含 4 个裸露的子孢子和 1 个较大的残体，子孢子呈香蕉形，(5.7～6.0)微米×(1.0～1.43)微米，无折光球，子孢子沿着卵囊壁纵向排列在残体表面；残体球形或椭圆形，(3.11～3.56)微米×(2.67～3.38)微米，中央为均匀物质组成的折光球，约 2.14 微米×1.79 微米，外周有 1～2 圈致密颗粒，颗粒直径为0.36～0.46微米。在不同的介质，卵囊的颜色有变化，在蔗糖溶液中，卵囊呈粉红色，在硫酸镁溶液中无色。

隐孢子虫的发育可分为裂体生殖、配子生殖和孢子生殖3个阶段。孢子化的卵囊随受感染的宿主粪便排出，通过污染的环境，包括食物和饮水，卵囊被禽吞食。亦可经呼吸道感染。在禽的胃肠道或呼吸道，子孢子从卵囊脱囊逸出，进入呼吸道和法氏囊上皮细胞的刷状缘或表面膜下，经无性裂体生殖，形成Ⅰ型裂殖体，其内含有6个或8个裂殖子。Ⅰ型裂殖体裂解后，各裂殖子再进行裂体生殖，产生Ⅱ型裂殖体，其内含有4个裂殖子。从Ⅱ型裂殖体裂解出来的裂殖子分别发育为大、小配子体，小配子体再分裂成16个没有鞭毛的小配子。大、小配子结合形成合子，由合子形成薄壁型和厚壁型两种卵囊，在宿主体内行孢子生殖后，各含4个孢子和1团残体。薄壁型卵囊囊壁破裂释放出子孢子，在宿主体内行自身感染；厚壁型卵囊则随宿主的粪便排出体外，可直接感染新的宿主。

（二）诊断依据

（1）流行特点　隐孢子虫病呈世界性分布，隐孢子虫是一种多宿主寄生原虫。在中国发现于鸡、鸭、鹅、火鸡、鹌鹑、孔雀、鸽、麻雀、鹦鹉、金丝雀等鸟、禽类体内。除薄壁型卵囊在宿主体内引起自身感染外，主要感染方式是发病的鸟、禽类和隐性带虫者粪便中的卵囊污染了禽的饲料、饮水等经消化道感染，此外亦可经呼吸道感染。发病无明显季节性，但以温暖多雨的8～9月份多发，在卫生条件较差的地区容易流行。

（2）临床表现　病鹅精神沉郁，缩头呆立，眼半闭，翅下垂，食欲减退或废绝，张口呼吸，咳嗽，严重的呼吸困难，眼睛有浆液性分泌物，腹泻，便血。人工感染严重发病者可在2～3天后死亡，死亡率可达50.8%。

（3）病理变化　泄殖腔、法氏囊及呼吸道黏膜上皮水肿，肺腹侧坏死，气囊增厚、混浊，呈云雾状外观。双侧眶下窦内含黄色液体。

（4）实验室检查　可采用卵囊检查及病理组织学诊断。卵囊检查常用饱和蔗糖溶液漂浮法：取新鲜鹅粪，加10倍体积的常水，浸泡5分钟充分搅匀，用铜网过滤，取滤液3000转/分钟离心10

分钟，弃去上清液，加蔗糖漂浮液（蔗糖 454 克，蒸馏水 355 毫升，石炭酸 6.7 毫升），充分混匀，3000 转/分钟离心 10 分钟，用细铁丝圈蘸取表层漂浮液，在 400～1000 倍光镜下检查。或用饱和食盐水作漂浮液。亦可采肠黏膜刮取物或粪便作涂片，用姬氏液或碳酸品红液染色镜检；病理组织学诊断则取气管、支气管、法氏囊或肠道作病理组织学切片，在黏膜表面发现大小不一的虫体可确诊。

（三）防治

1. 预防措施

应加强饲养管理和环境卫生，成年鹅与雏鹅分群饲养。饲养场地和用具等应经常用热水或 5%氨水或 10%福尔马林消毒。粪便污物定期清除，并进行堆积发酵处理。

2. 发病后的措施

目前没有有效的抗贝氏隐孢子虫的药物，据报道百球清在推荐的浓度下，治疗有效率达 52%。对本病的临床治疗尚可采用对症治疗。

十、住白细胞原虫病

住白细胞原虫病又名住白虫病、白细胞孢子病或嗜白细胞体病，它是由西氏住白细胞原虫侵入鹅只血液和内脏器官的组织细胞而引起的一种原虫病。

（一）病原及生活史

病原为西氏住白细胞原虫。西氏住白细胞原虫的发育史中需要吸血昆虫——库蠓或蚋作为中间宿主。这种虫在鹅的内脏器官（肝、脾、肺、心等）内进行裂殖生殖，产生裂殖子和多核体。一些裂殖子进入肝的实质细胞，进行新的裂殖生殖；另一些则进入淋巴细胞和白细胞并发育为配子体。这时白细胞呈纺锤形，当吸血昆虫——蚋叮咬鹅只吸血时，同时也吸进配子体。西氏住白细胞原虫的孢子生殖在蚋体内经 3～4 天内完成发育。大配子体受精后发育成合子，继而成为动合子，在蚋的胃内形成卵囊，产生子孢子。子孢子从卵囊逸出后，进入蚋的唾液腺，当蚋再叮咬健康的鹅时，传播子孢子，使鹅致病。

（二）诊断依据

（1）流行特点　本病的发病、流行与库蠓或蚋等吸血昆虫的活动规律有关，发病高峰都在库蠓和蚋大量出现的夏、秋季节。各日龄的鹅都能感染，但幼鹅和青年鹅的易感性最强，发病也最严重。

（2）临床表现　雏鹅发病后，精神委顿，体温升高，食欲消失，渴欲增加，流涎；体重下降，贫血，下痢呈淡黄色；两肢轻瘫，走路不稳，全身衰弱，常伏卧地上；呼吸急促，流鼻液和流泪，眼睑粘连；成年鹅感染后呈慢性经过，表现为不安和消瘦。

（3）病理变化　病死鹅消瘦，肌肉苍白，肝、脾肿大，呈淡黄色；消化道黏膜充血，心包积液，心肌松弛苍白，全身皮下、肌肉有大小不等的出血点，并有灰白色的针尖至粟粒大小的结节；腺胃、肌胃、肺、肾等黏膜有出血点。

（4）实验室检查　采取病鹅血液涂片，姬姆萨染色，镜检查找虫体，或从内脏、肌肉上采取小的结节，压片镜检找虫体，亦可做组织切片查找虫体。

（三）防治

1. 预防措施

（1）消灭中间宿主　在住白细胞原虫流行的地区和季节，应首先消灭其媒介——吸血昆虫库蠓和蚋，可用0.2％敌百虫溶液在鹅舍内和周围环境喷洒，也可用0.1％的溴氰菊酯溶液。保持鹅舍卫生、通风和干燥。禁止将幼雏与成鹅混群饲养。并在饲料中添加预防药物。

（2）药物预防　预防用药应在本病流行前进行，可选用磺胺二甲氧嘧啶混料或饮水；磺胺喹噁啉混料或饮水；乙胺嘧啶0.0001％混料；克球粉0.0125％混料；氯苯胍0.0033％混料。

2. 发病后的措施

【处方1】磺胺二甲氧嘧啶0.05％饮水2天，再以0.03％饮水2天。

【处方2】乙胺嘧啶0.0005％混料，连用3天。

【处方3】氯苯胍0.0066％混料或用0.01％泰灭净钠粉剂饮水3天，然后改用0.001％浓度连用2周，效果较好。

十一、鹅虱

鹅虱是常见的体表寄生虫，寄生在鹅的头部和体部羽毛上，以食羽毛和皮屑为生，也吞食皮肤损伤部位外流的血液。寄生严重时，鹅奇痒不安，羽毛脱落，食欲不振，产蛋下降，影响母鹅抱窝孵化，甚至衰弱、消瘦、死亡。

(一）病原及生活史

鹅虱是鹅的一种体表寄生虫，体型很小，分为头、胸、腹 3 部分。鹅虱的全部生活史离不开鹅的体表。鹅虱产的卵常集合成块，黏着在羽毛的基部，依靠鹅的体温孵化，经 5～8 天变成幼虱，在 2～3 周内经过几次蜕皮而发育为成虫。

(二）诊断依据

(1) 流行特点　传播方式主要是鹅的直接接触传染，一年四季均可发生，冬、春季较严重。

(2) 临床表现　鹅虱吞噬鹅羽毛的皮屑。虽不引起鹅死亡，但可使鹅体奇痒不安，羽毛脱落，有时甚至使鹅毛脱光，民间称之“鬼拔毛”。鹅只表现不安，影响母鹅产蛋率，抵抗力有所降低，体重减轻。

(三）防治

1. 预防措施

对新引进的种鹅必须检疫，如发现有鹅虱寄生，应先隔离治疗，愈后才能混群饲养。灭鹅虱的同时，应在鹅舍、用具垫料、场地进行灭虱消毒，以求彻底消除隐患。在鹅虱流行的养鹅场，栏舍、饲具等应彻底消毒。可用 0.5％杀螟松和 0.2％敌敌畏合剂，或以 0.03％除虫菊酯和 0.3％敌敌畏合剂进行喷洒。

2. 发病后的措施

【处方 1】内服灭虫灵（阿维菌素），鹅每千克体重一次内服 0.1～0.3 克，15～20 天后再服一次，灭虱效果很好。

【处方 2】0.2％敌百虫或 0.3％杀灭菊酯，晚上喷洒到鹅体羽毛表面，当虱夜间从羽毛中外出活动时沾上药物即被杀死，对于颊白羽虱可用 0.1％敌百虫滴入鹅外耳道，涂擦于鹅颈部、羽翼下面杀灭鹅虱。

【处方 3】虱癞灵（含 12.5％双甲脒乳油）配成 500ppm 溶液（即在 1000 毫升开水中加 4 毫升 12.5％的双甲脒充分搅拌，使之成乳白色液体）在鹅体及禽舍、场地喷雾，杀灭虱的效果很好，但不宜药浴。

第四节 营养代谢病

一、脂肪肝综合征

脂肪肝综合征又称脂肝病，是由于鹅体内脂肪代谢障碍，大量的脂肪沉积于肝脏，引起肝脏脂肪变性的一种内科疾病。本病多发生于寒冷的冬季和早春。主要见于产蛋鹅群。

（一）病因

（1）饲料单一，营养不全　鹅群长期饲喂碳水化合物过高的口粮、缺乏青绿饲料、饲料种类单一等，同时饲料中蛋氨酸、胆碱、生物素、维生素 E、肌醇等中性脂肪合成磷酯所必需的因子不足，造成大量脂肪沉积于肝脏而产生脂肪变性。

（2）缺乏运动　活动量不足容易使脂肪在体内沉积，往往也是诱发本病的重要因素。

（3）毒素和疾病　某些传染病和黄曲霉毒素等也可能引起肝脏脂肪变性。

（二）诊断依据

（1）临床表现　发病鹅群营养良好，产蛋率不高，病鹅无特征性临床症状而急性死亡。

（2）病理变化　可见皮肤、肌肉苍白、贫血，肝脏肿大，色泽变黄，质地较脆，有时表面有散在的出血斑点，常见肝包膜下（一侧肝叶多见）或体腔中有大量的血凝块，腹腔和肠系膜有大量的脂肪组织沉着。并发副伤寒病例，可见肝脏表面有散在的坏死灶。

（三）防治

1. 预防措施

合理调配饲料口粮，适当控制鹅群稻谷的饲喂量，以及饲料中添加多种维生素和微量元素，一般可预防本病的发生。

2. 治疗措施

【处方】发病鹅群的饲料中可添加氯化胆碱、维生素 E 和肌醇。按每吨饲料加 1000～1500 克氯化胆碱、1 万国际单位维生素 E 和 5 克肌醇，连续饲喂数天，具有良好的治疗效果。

二、痛风

痛风是由于鹅体内蛋白质代谢发生障碍所引起的一种内科病。其主要病理特征为关节或内脏器官及其他间质组织蓄积大量的尿酸盐。本病多发生于缺乏青绿饲料的寒冬和早春季节。不同品种和日龄的鹅均可发生，临床上多见于幼龄鹅。鹅患病后引起食欲不振、消瘦，严重的常导致死亡，是危害鹅业生产的一种重要的营养代谢疾病。

（一）病因

本病主要与饲料和肾脏机能障碍有关。饲喂过量的蛋白质饲料，尤其是富含核蛋白和嘌呤碱的饲料。常见的包括大豆粉、鱼粉等，以及菠菜、甘蓝等植物。幼鹅的肾脏功能不全，饲喂过量的蛋白质饲料，不仅不能被机体吸收，相反会加重肾脏负担，破坏肾脏功能，导致本病的发生，而临床所见的青年鹅、成年鹅病例，多与过量使用损害肾脏机能的抗菌药物（如磺胺类药物等）有关；缺乏充足的维生素。如饲料中缺少维生素 A 也会促进本病的发生。

此外，鹅舍潮湿、通风不良、缺乏光照，以及各种疾病引起的肠道炎症都是本病的诱发因素。

（二）诊断依据

1. 临床表现

根据尿酸盐沉积的部位不同可分为内脏型痛风和关节型痛风。

（1）内脏型痛风　主要见于 1 周龄以内的幼鹅，患病鹅精神委顿，常食欲废绝，两肢无力，行走摇晃、衰弱，常在 1～2 天内死亡。青年或成年鹅患病，常精神、食欲不振，病初口渴，继而食欲废绝，形体瘦弱，行走无力，排稀白色或半黏稠状含有多量尿酸盐的粪便，逐渐衰竭死亡，病程 3～7 天。有时成年鹅在捕捉中也会突然死亡，多因心包膜和心肌上有大量的尿酸盐沉着，影响心脏收缩而导致急性心力衰竭。

（2）关节型痛风　主要见于青年或成年鹅，患病鹅病肢关节肿大，触之较硬实，常跛行，有时见两肢关节均出现肿胀，严重者瘫痪，其他临床表现与内脏型痛风病例相同，病程为7～10天。有时临床上也会出现混合型病例。

2. 病理变化

所有死亡病例均见皮肤、脚蹼干燥。内脏型病例剖检可见内脏器官表面沉积大量的尿酸盐，如一层重霜，尤其心包膜沉积最严重，心包膜增厚，附着在心肌上，与之粘连，心肌表面亦有尿酸盐沉着；肾脏肿大，呈花斑样，肾小管内充满尿酸盐，输尿管扩张、变粗，内有尿酸结晶，严重者可形成尿酸结石。少数病例皮下疏松结缔组织亦有少量尿酸盐沉着。关节型病例，可见病变的关节肿大，关节腔内有多量黏稠的尿酸盐沉积物。

（三）防治

1. 预防措施

改善饲养管理，调整饲料配合比例，适当减少蛋白质饲料，同时供给充足的新鲜青绿饲料，添加充足的维生素。在平时疾病预防中也要注意防止用药过量。

2. 发病后的治疗

发病鹅群停用抗菌药物，特别是对肾脏有毒害作用的药物。

【处方】饮水中添加肾肿灵等，大黄苏打片1.5片/千克体重拌料，连用3～5天。

三、维生素A缺乏症

维生素A对于鹅的正常生长发育和保持黏膜的完整性以及良好的视觉都具有重要的作用。维生素A缺乏症主要以生长发育不良，器官黏膜损害，上皮角化不全，视觉障碍，种鹅的产蛋率、孵化率下降，胚胎畸形等为特征。不同品种和日龄的鹅均可发生，但临床上以1周龄左右的雏鹅多见，主要发生于冬季和早春季节。1周龄以内的雏鹅患本病，常与种鹅缺乏维生素A有一定的关系。

（一）病因

（1）日粮中维生素A或胡萝卜素含量不足或缺乏　鹅可以从植物性饲料中获得胡萝卜素维生素A原，可在肝脏转化为维生素A。当长期使用谷物、糠麸、粕类等胡萝卜素含量少的饲料，极易引起维生素A的缺乏。

（2）消化道及肝脏疾病，影响维生素A的消化吸收　由于维生素A是脂溶性的物质，它的消化吸收必须在胆汁酸的参与下进行，肝胆疾病、肠道炎症影响脂肪的消化，阻碍维生素A的吸收。此外，肝脏疾病也会影响胡萝卜素的转化及维生素A的贮存。

（3）饲料贮存时间太长或加工不当，降低饲料中维生素A的含量　如黄玉米贮存期超过6个月，约损失60%的维生素A；颗粒饲料加工过程中可使胡萝卜素损失32%以上，夏季添加多维素拌料后，堆积时间过长，使饲料中的维生素A遇热氧化分解而遭破坏。

（4）选用的禽用多种维生素（包括维生素A）制剂质量差或失效。

（二）诊断依据

（1）临床表现　幼鹅缺乏维生素A时，表现为生长停滞、体质衰弱、羽毛蓬松、步态不稳、不能站立，喙和脚蹼颜色变淡，常流鼻液，流泪，眼睑羽毛粘连、干燥形成一干眼圈，有些雏鹅眼睑粘连或肿胀隆起，剥开可见有白色干酪样渗出物，以致有的眼球下陷、失明，病情严重者可出现神经症状、运动失调。病鹅易患消化道、呼吸道疾病，引起食欲不振、呼吸困难等症状。成年鹅缺乏维生素A，产蛋率、受精率、孵化率均降低，也可出现眼、鼻分泌物增多，新膜脱落、坏死等症状。种蛋孵化初期死胚较多，出壳雏鹅体质虚弱，易患眼病及感染其他疾病。

（2）病理变化　剖检死胚可见，畸形胚较多，胚皮下水肿，常出现尿酸盐在胚胎、肾及其他器官沉着，眼部常肿胀。病死雏鹅剖检，可见消化道黏膜尤以咽部和食管出现白色坏死病灶，不易剥落，有的呈白色假膜状覆盖；呼吸道黏膜及其腺体萎缩、变性，原有的上皮由一层角质化的复层鳞状上皮代替；眼睑粘连，内有干酪样渗出物；肾肿大，颜色变淡，呈花斑样，肾小管、输尿管充满尿酸盐沉着，严重时心包、肝、脾等内脏器官表面也有尿酸盐沉积。

（三）防治

1. 预防措施

应注意合理搭配饲料口粮，防止饲料品种单一。

2. 发病后的措施

发病后，多喂胡萝卜、青菜等富含维生素 A 的饲料，也可在饲料中添加鱼肝油，按每千克饲料 2～4 毫升添加。连用 10～20 天。

【处方 1】成年重症患鹅可口服浓缩鱼肝油丸，每只 1 粒，连用数日，方可奏效。

【处方 2】其他维生素 A 制剂，对于鹅，一般每千克饲料中 4000 国际单位的维生素 A 即可预防本病的发生。治疗本病可用预防量的 2～4 倍，连用 2 周，同时饲料中还应添加其他种类的维生素。

四、维生素 E 及硒缺乏症

维生素 E 及硒缺乏症又名白肌病，是鹅的一种因缺乏维生素 E 或硒而引起的营养代谢病。主要病理特征为脑软化症，渗出性素质，肌营养不良、出血和坏死。不同品种和日龄的鹅均可发生，但临床上主要见于 1～6 周龄的幼鹅。患病鹅发育不良，生长停滞，日龄小的雏鹅发病后常引起死亡。

（一）病因

（1）饲料调制储存不当等　饲料加工调制不当，或因饲料长期储存，饲料发霉或酸败，或因饲料中不饱和脂肪酸过多等，均可使维生素 E 遭受破坏，活性降低。若用上述饲料喂鹅容易发生维生素 E 缺乏，同时也会诱发硒缺乏。相反，如果饲料中硒严重不足，也同样能影响维生素 E 的吸收。

（2）饲料搭配不当，营养成分不全　饲料中的蛋白质及某些必需氨基酸缺乏或矿物质（钴、锰、碘等元素）缺乏，以及维生素 C 的缺乏和各种应激因素，均可诱发和加重维生素 E 及硒缺乏症。

另外，环境污染也可导致本病。环境中铜、汞等金属与硒之间有拮抗作用，可干扰硒的吸收和利用。

（二）诊断依据

1. 临床表现

根据临床表现和病理特征可分为三种病型。

（1）脑软化症　主要见于1～2周龄以内的雏鹅。病鹅减食或不食，运动失调，头向后方或下方弯曲，有的两肢瘫痪、麻痹，3～4日龄雏鹅患病，常在1～2天内死亡。

（2）渗出性素质　临床上见于3～6周龄的幼鹅，主要表现为精神不振，食欲下降，拉稀，消瘦，喙尖和脚蹼常局部发紫，有时可见肥育仔鹅腹部皮下水肿，外观呈淡绿色或淡紫色。

（3）肌营养不良　主要见于青年鹅或成年鹅。青年鹅常生长发育不良，消瘦，减食，拉稀；成年母鹅的产蛋率下降，孵化率降低，胚胎发生早期死亡；种公鹅生殖器官发生退行性变化，睾丸萎缩，精子数减少或无精。

2. 病理变化

死于脑软化症的雏鹅，可见脑颅骨较软，小脑发生软化和肿胀，表面常见有出血点。渗出性素质病例剖检可见头颈部、胸前、腹下等皮下有淡黄色或淡绿色胶冻样渗出，胸、腿部肌肉常见有出血斑点，有时可见心包积液，心肌变性或呈条纹状坏死。可见全身骨骼肌肌肉色泽苍白，胸肌和腿肌中出现条纹状灰白色坏死。心肌变性、色淡，呈条纹状坏死，有时可见肌胃也有坏死。

（三）防治

1. 预防措施

注意饲料搭配，保证饲料营养全面平衡，特别是氨基酸的平衡，禁止饲喂霉变、酸败的饲料。

2. 发病后的措施

在鹅饲粮中添加足量的亚硒酸钠-维生素E制剂，通常每千克饲料添加0.5毫克硒和50国际单位维生素E可以预防本病的发生。

【处方1】每千克饲料中加入2.5毫克硒和250国际单位维生素E。

【处方2】每千克日粮添加维生素E 250国际单位或植物油10

克，亚硒酸钠 0.2 毫克，蛋氨酸 2～3 克，连用 2～3 周。

【处方 3】可每只喂服 300 国际单位的维生素 E，同时每千克饲料中补充含硒 0.05～0.1 毫克的硒制剂，也可用含硒 0.1 毫克/升的亚硒酸钠水饮服。每千克饲料补充蛋氨酸 0.2 毫克。

【处方 4】当归、地龙各 0.1 克，川芎 0.05 克（川芎地龙汤），煎煮取汁，每只每天饮用，饮用前需停水 2 小时，连用 3 天。

五、软骨症

软骨症是由维生素 D 缺乏或钙、磷缺乏以及钙、磷比例失调引起的幼鹅佝偻病或成年鹅软骨症。本病是一种营养性骨病，不同日龄的鹅均可发生，临床上常见于 5～6 周龄的幼鹅。主要表现为生长发育停滞、骨骼变形、肢体无力、软脚以至瘫痪。成年鹅患病时产蛋减少或产软壳蛋。此外，本病尚可诱发其他疾病，常给养鹅业造成一定的经济损失。

（一）病因

（1）钙磷不足或不平衡　钙、磷是机体重要的常量元素，参与禽骨骼和蛋壳的构成，并具有维持体液酸碱平衡及神经肌肉的兴奋性、构成生物膜结构等多种功能。鹅对钙、磷需求量大，一旦饲料中钙、磷总量不足或比例失调则必然引起代谢紊乱。

（2）维生素 D 不足　维生素 D 是一种脂溶性维生素，具有促进机体对钙、磷吸收的作用。在舍饲条件下，尤其是育雏期间，雏鹅得不到阳光照射，必须从饲料中获得，当饲料中维生素 D 含量不足，都可引起鹅体维生素 D 缺乏，从而影响钙、磷的吸收，导致本病的发生。

（3）日粮中矿物质比例不合理或有其他影响钙、磷吸收的成分存在　许多二价金属元素间存在抑制作用，如饲料中锰、锌、铁等过高可抑制钙的吸收；含草酸盐过多的饲料也能抑制钙的吸收。

（4）疾病　肝脏疾病以及各种传染病、寄生虫病引起的肠道炎症均可影响机体对钙、磷及维生素 D 的吸收，从而促进本病的发生。

（二）诊断依据

（1）临床表现　病雏鹅生长缓慢，羽毛生长不良，鹅喙变软，易扭曲，腿虚弱无力，行走摇晃，步态僵硬，不愿走动，常蹲卧，病初食欲尚可，病鹅逐渐瘫痪，需拍动双翅移动身体，采食受限，若不及时治疗常衰竭死亡。

产蛋母鹅可表现产蛋减少，蛋壳变薄易碎，时而产出软壳蛋或无壳蛋。鹅腿虚弱无力，步态异常，重者发生瘫痪。在产蛋高峰期或在春季配种旺季，易被公鹅踩伤。

（2）病理变化　幼鹅剖检可见甲状旁腺增大，胸骨变软呈S状弯曲，长骨变形，骨质变软，易折，骨髓腔增大；飞节肿大，肋骨与肋软骨的结合部可出现明显球形肿大，排列成“串珠”状。鹅喙色淡、变软、易扭曲。成年产蛋母鹅可见骨质疏松，胸骨变软，胫骨易折。种蛋孵化率显著降低，早期胚胎死亡增多，胚胎四肢弯曲，腿短，多数死胚皮下水肿，肾脏肿大。

（三）防治

1. 预防措施

平时注意合理配制日粮中钙、磷的含量及比例，合理的钙、磷比例一般为2∶1，产蛋期为（5～6）∶1。由于钙、磷的吸收代谢依赖于维生素D的含量，故日粮中应有足够的维生素D供应。阳光照射可以使鹅体合成维生素D_3，因此，要根据不同的饲养方式在日粮中补充相应含量的维生素D或保证每天一定时间的舍外运动，多晒阳光促使鹅体维生素D的合成。在阴雨季节应特别注意饲料中补充维生素D或给予苜蓿等富含维生素D的青绿饲料。

2. 发病后的措施

【处方1】患病鹅可肌内注射维丁胶性钙，每鹅2～3毫升，每天1次，连用2～3天。

【处方2】鱼肝油每天2次，每只每次2～4滴。

【处方3】维生素D_3，每只内服15000单位，肌内注射4万单位。若同时服用钙片，则疗效更好。

六、微量元素缺乏症

微量元素缺乏症见表7-6。

表 7-6 微量元素缺乏症

微量元素缺乏症简介		预防	治疗
锰缺乏症	膝关节异常肿大，病鹅腿部弯曲或扭转，不能站立；产蛋母鹅蛋的孵化率显著下降，胚胎在出壳前死亡；胚胎表现腿短而粗，翅膀变短，头呈球形，鹦鹉嘴，腹膨大	饲料中加入一定量的米糠	每千克饲料中加硫酸锰0.1～0.2克或0.005%～0.01%高锰酸钾溶液饮水，连喂2天停2～3天后再喂
硒缺乏症	表现为头、颈部皮下水肿，精神不振，不愿走动，有的卧地不起，鼻腔分泌物增多，下痢。皮下水肿，呈黄色胶冻样物浸润，腿部、腹部、髋关节处皮下水肿，肌内出血，并有大米粒状黄色坏死灶	每吨饲料中保持250毫克硒	饲料中补充亚硒酸钠0.03%。或亚硒酸钠维生素注射液1毫升，用水稀释20倍，皮下或肌内注射，再取1毫升混入100毫升水中饮用
锌缺乏症	雏鹅表现衰弱，站不起来，食欲消失，羽毛发育不良等症状。如受惊吓，则表现呼吸困难，死亡雏鹅剖检无特征性变化	日粮中含锌50～100毫克/千克	添加硫酸锌或碳酸锌，使日粮含锌量达150毫克/千克饲料，约10天后，降至预防量。或饲料中补充含锌丰富的鱼粉和肉粉

第五节 中毒性疾病

一、黄曲霉毒素中毒

黄曲霉毒素中毒是由黄曲霉毒素引起鹅的一种中毒性疾病。临床上以消化机能障碍、全身浆膜出血、肝脏器官受损，以及出现神经症状为主要特征，呈急性、亚急性或慢性经过，不同种类和日龄的家禽均可致病，但以幼禽易感。幼鹅中毒后，常引起死亡。

（一）病因

黄曲霉毒素主要是由黄曲霉、寄生曲霉等产生。饲喂鹅受黄曲霉污染的花生、玉米、黄豆、棉子等作物及其副产品，很容易引起中毒。黄曲霉毒素对人和各种动物都有较强的毒性，其中黄曲霉毒素B的毒力最强，能诱发鸭、鹅等家禽的肝癌。

（二）诊断依据

（1）临床表现　病鹅最初采食减少，生长缓慢、羽毛脱落。腹泻、步态不稳，常见跛行、腿部和脚蹼可出现紫色出血斑点，1周龄以内的雏鹅多呈急性中毒，死前常见有共济失调、抽搐、角弓反张等神经症状，死亡率可达100%。成年鹅通常呈亚急性或慢性经过，精神、食欲不振、拉稀、生长缓慢，有的可见腹围增大。

（2）病理变化　剖检病雏可见胸部皮下和肌肉有出血斑点，肝脏肿大，色淡，有出血斑点或坏死灶，胆囊扩张，肾脏苍白、肿大或有点状出血，胰腺亦有出血点。病死成年鹅可见心包积液，腹腔常有腹水，肝脏颜色变黄，肝硬化，肝实质有坏死结节或有黄豆大小的增生物，严重者肝脏癌变。

（三）防治

1. 预防措施

禁喂霉变饲料是预防本病的关键，同时应加强饲料贮存保管，注意保持通风干燥、防止潮湿霉变。用2%次氯酸钠溶液消毒环境，粪便用漂白粉处理。仓库用福尔马林熏蒸消毒。饲料中添加防霉剂，主要有富马酸二甲酯（简称DMF）、苯甲酸钠（以0.1%混料）和硅酸铝钠钙水合物（商品名速净，以0.1%剂量混料）。

2. 发病后的措施

发现鹅有中毒症状时，应立即检查饲料是否发霉，若饲料发霉，立即停喂，改用易消化的青绿饲料。

【处方】病雏饮用5%葡萄糖水，饲料中补加维生素AD_3粉，维生素B_1、维生素B_2和维生素C，或添加禽用多维。为避免继发细菌感染，可投喂土霉素、氟哌酸等抗菌药物。

二、磺胺类药物中毒

鹅的磺胺类药物中毒是由于用磺胺类药物防治鹅只细菌性疾病过程中，应用不当或剂量过大而引起鹅只发生急性或慢性中毒症。其毒害作用主要是损害肾、肝、脾等器官，并导致鹅只发生黄疸、过敏、酸中毒以及免疫抑制等，往往会造成大批鹅只死亡。

（一）病因

（1）使用不当　使用磺胺类药物剂量过大，用药时间过长，拌料不均匀。

（2）疾病　因磺胺类药物本身在体内代谢较缓慢，不易排泄，当肝、肾患病时更易造成其在体内的蓄积而导致中毒。

（3）肝肾功能不全　1月龄以内的雏鹅因体内肝、肾等器官功能不全，对磺胺类药物的敏感性较高，也极易引起中毒。

（二）诊断依据

（1）临床表现　急性中毒时病鹅主要表现为痉挛和神经症状；慢性中毒时病鹅精神沉郁，食欲不振或消失，饮水增加，拉稀，粪黄色或带血丝，贫血，黄疸，生长缓慢。产蛋鹅表现为产蛋明显下降，产软壳蛋和薄壳蛋。

（2）病理变化　剖检表现为出血综合征。出血可发生于皮肤、肌肉及内部器官，也可见于头部、冠髯、眼前房。出血凝固时间延长，骨髓由暗红色变为淡红色甚至黄色。腺胃及肌胃角质膜下出血，整个肠道有出血斑点。肝、脾肿大，散在出血与坏死灶。心肌呈刷状出血，肺充血与水肿。肾肿大，肾小管内析出磺胺结晶而造成肾阻塞与损伤，产生尿酸盐沉积。

（三）防治

1. 预防措施

使用磺胺类药物时应严格控制使用剂量与疗程，并保证充分供给饮水。投药期间，在饲料中添加维生素 K_3、维生素 B_1，其剂量为正常量的10～20倍。

2. 发病后的措施

发现中毒后立即停药，大量供水。

【处方1】1%～5%碳酸氢钠溶液适量，自由饮用。

【处方2】维生素C片25～30毫克，一次口服。或肌内注射50毫克的维生素C注射液。

【处方3】饮用车前草和甘草糖水，以促进药物从肾排出。

三、亚硝酸盐中毒

亚硝酸盐中毒指家禽采食富含亚硝酸盐或亚硝酸饲料造成高铁血红蛋白症，导致组织缺氧的急性中毒病症，以鸭、鹅多发而鸡次之。

（一）病因

由于采食贮藏或加工方法不当的叶菜类饲料以及富含大量亚硝

酸盐的秧苗等而引起家禽中毒。如将青绿饲料温水浸泡、文火焖煮及加热堆放都可导致大量亚硝酸盐的产生。亚硝酸盐迅速使氧合血红蛋白氧化成高铁血红蛋白，血红蛋白失去载氧能力而引起机体缺氧。亚硝酸盐具有扩张血管的作用，导致外围循环衰竭更加重组织缺氧、呼吸困难及神经功能紊乱。

（二）诊断依据

（1）临床表现　发病急且病程短，一般在食入后 2 小时内发病。发病时呼吸困难，口腔黏膜和冠髯发紫，并伴有抽搐、四肢麻痹卧地不起等症状。严重时很快窒息死亡。

（2）病理变化　剖检可见血液不凝固呈酱油色，遇空气不变成鲜红色。肺内充满泡沫样液体，肝、脾、肾有淤血，消化道黏膜充血，心包腹腔积水，心房脂肪出血。

（三）防治

1. 预防措施

不喂堆积、闷热、变质的青绿饲料。贮存青绿饲料应在阴凉处松散摊放。不喂文火煮熟的青绿饲料，蒸煮过的饲料不宜久放。

2. 发病后的措施

更换新鲜饲料，禁止饲喂含亚硝酸盐的饲料。

【处方 1】每只病鹅口服维生素 C 片（100 毫克），每天 1 次，连用 2～3 天。更换新鲜饲料和清洁饮水。

【处方 2】用美蓝 2 克，95％酒精 10 毫升，生理盐水 90 毫升，溶解后每千克体重注射 1 毫升。同时饮服或腹腔注射 25％葡萄糖溶液，5％维生素 C 溶液。用盐类泻剂加速肠胃内容物排出。

四、有机磷农药中毒

有机磷农药包括敌百虫、1605（对硫磷）、1059（内吸磷）、甲胺磷、马拉松、乐果、杀螟松、敌敌畏、二嗪农、倍硫磷等，是一种接触性剧毒农药，进入鹅体可引起中毒。

（一）病因

禽类因误食施用过有机磷农药的蔬菜、谷类、植物种子或被农药污染过的沟水而引起中毒。在舍内用农药驱虫灭蚊或超量用含磷农药杀灭体外寄生虫等均可引起中毒。

（二）诊断依据

病鹅临床表现为肌肉震颤或无力，运动失调，食欲减退或废绝，流涎，流泪，下痢，排血便，昏睡，呼吸困难。体温下降，抽搐，窒息，倒地死亡。剖检胃内容物有大蒜臭味、胡椒味，胃肠黏膜出血、脱落和溃疡。肝、肾肿大变脆，胆囊胀满。

（三）防治

1. 预防措施

妥善保管、贮存和使用好农药，严禁在鹅场附近存放和使用此类农药。使用过农药的农田附近的沟塘和田间，禁止放牧鹅。驱虫时，也应注意选择安全性高的药品。

2. 发病后的措施

发现中毒，立即停喂被污染的饲料和饮水。

【处方 1】氯磷定，鹅肌内或皮下注射 0.2～0.5 毫升（每毫升含解磷定 40 毫克），只要抢救及时，注射后数分钟症状即有所缓解。也可配合肌内注射硫酸阿托品注射液，鹅注射 1 毫升（每毫升含硫酸阿托品 0.5 毫克），以后每隔 30 分钟服用 1 片阿托品，一般喂服 2～3 次；雏鹅可内服阿托品 1/3～1/2 片，以后按每只 1/10 片的剂量溶于水饮服，每隔 30 分钟 1 次，连用 2～3 次。

【处方 2】经皮肤或口腔中毒者，迅速用 5%碳酸氢钠溶液或 1%食醋，洗涤皮肤或灌服。

【处方 3】对尚未出现症状的，每只鹅口服 1 毫升阿托品。

五、有机氯农药中毒

有机氯农药中毒是指家禽摄入有机氯农药引起的以中枢神经机能紊乱为特征的中毒病。有机氯农药包括六六六、滴滴涕（DDT、二二三）、氯丹、碳氯灵等。

（一）病因

用有机氯农药杀灭体表寄生虫时，用量过大或体表接触药物的面积过大，经过皮肤吸收而中毒；采食被该类农药污染的饲料、植物、牧草或拌过农药的种子而引起中毒；饮服了被有机氯农药污染的水而中毒。因这类农药对环境污染和人类的危害大，我国已停止生产。但还有相当数量的有机氯农药流散在社会，由于管理使用不当，引起家禽中毒。

（二）诊断依据

急性中毒时，先兴奋后抑制，表现不断鸣叫，两翅扇动，角弓反张，很快死亡。短时内不死者，则很快转为精神沉郁，肌肉震颤，共济失调，卧地不起，呼吸加快，口鼻分泌物增多，最后昏迷、衰竭死亡。慢性中毒时，常见肌肉震颤，消瘦，多从颈部开始震颤，再扩散到四肢。预后不良。腺胃、肌胃和肠道出血、溃疡或坏死。肝脏肿大、变硬，肾脏肿大、出血，肺脏出血。

（三）防治

1. 预防措施

禁止鹅到喷洒过有机氯农药的牧地和水域放牧。

2. 发病后措施

【处方】每只病鹅肌注阿托品 0.2～0.5 毫升。若毒物由消化道食入，则用 1%石灰水灌服，每只鹅 10～20 毫升。经皮肤接触而引起中毒，则用肥皂水刷洗羽毛和皮肤。每只鹅灌服硫酸钠 1～2 天有利于消化道毒物排出。

六、肉毒梭菌毒素中毒

本病是由于食入了肉毒梭菌产生的外毒素而引起的急性中毒性疾病。本病特征是全身性麻痹，头下垂，软弱无力，故又称软颈病。

（一）病因

病原为肉毒梭菌，但细菌本身不致病，而是其产生的肉毒梭菌毒素有极强的毒力，对人、畜、禽均有高度致死性。本病多发于温暖季节，由于气温高，使饲料腐败，或死鱼烂虾的腐败产生肉毒梭菌毒素。鹅、鸭等水禽吃了这些腐败食物发生中毒，也可发生于吃了身体沾上了该毒素的蝇蛆而致病。

（二）诊断依据

本病潜伏期 1～2 天，患鹅突然发病，典型症状是“软颈”，头颈伸直下垂，眼紧闭，翅膀下垂拖地，昏迷死亡。严重病鹅羽毛松乱，容易拔落，也是本病的特征性症状之一。本病无特征性病变，一些出血性变化无诊断意义。根据特征性“软颈”麻痹症状，流行病学调查有吃腐败食物或接触过污水、粪坑等情况，可做出初步诊断。确诊需取病鹅肠内容物的浸出物，接种小白鼠，如在1～2天内发生麻痹即可确诊。

（三）防治

1. 预防措施

平时禁喂腐败的饲料、死鱼烂虾、粪坑蝇蛆等。同时注意死于本病的病鹅尸体仍有极强毒力，严禁食用或喂动物，务必深埋或销毁。

2. 发病后措施

本病无特效治疗药物。

【处方1】肉毒梭菌C型抗毒素，每只注射2～4毫升。

【处方2】硫酸镁2～3克加水灌服，加速毒素的排出，同时口服抗生素，抑制肠道菌再产生毒素。

【处方3】仙人掌洗净、切碎，并按100克仙人掌加入5克白糖，捣烂成泥，每只灌服仙人掌泥3～4克，每天2次，连用2天。

第六节　普　通　病

一、感冒

（一）病因

感冒是家禽的一种常见疾病，由于气温骤变，家禽突然受寒冷袭击引起的以呼吸道感染为主的全身发热性疾病，临床上以鼻炎、结膜炎、咳嗽和呼吸增快为特征。多发生于雏禽。

（二）诊断依据

本病最常见的原因是寒冷刺激。病鹅精神沉郁，体温升高，羽毛松乱，鼻流清涕，眼结膜发红，流泪，打喷嚏，行动迟缓，食欲降低或不吃食，怕冷挤堆，有的因上呼吸道感染或继发支气管炎或肺炎，咳嗽夜间尤甚，呼吸粗厉，最终因继发肺炎而死亡。剖检可见鼻腔有黏液蓄积，喉部有炎症病变，并有多量黏液，气管内有炎性渗出物积聚，肺充血肿大。

（三）防治

1. 预防措施

加强饲养管理，做好育雏室的保温工作（32℃左右），密度适中，采光和通风良好，防止贼风侵袭。在外面放养时，要注意天气变化，遇有风雨，特别是严冬寒冷天气，要及时赶进舍内避风寒，夏天防止雨淋（尤其是暴风雨）。在饲料中添加少量的鱼肝油或维生素 A，可以增强抗病力。

2. 发病后的治疗

【处方】阿司匹林，每天每 100 只病鹅用 0.5～1 克拌料饲喂，连用2～3 天。饲料中拌入 0.02%的土霉素，连用 3～4 天；或长效磺胺，首次按每千克体重 0.2 克，以后减半，每天 1 次。

二、鹅喉气管炎

（一）病因

鹅喉气管炎是由于鹅受寒冷刺激及各种刺激性气体（如氨气、二氧化碳等）的刺激，而引起喉及气管的炎症过程。

（二）诊断依据

临床上以鼻孔有多量黏液流出，呼吸困难，并有“咯咯”的呼吸声为特征。主要表现为鼻有多量黏液流出，喉头有白色黏液附着，常有张口伸颈，呼吸困难，并有“咯咯”的呼吸声，特别是驱赶后表现更为明显。病初精神尚好，食欲时有减退，但喜饮清水，随病情恶化，食欲废绝，体温升高，几天后死亡。剖检可见喉、气管黏膜充血、水肿，甚至有出血点，并有黏液附着。胆汁浓稠，心包积液。

（三）防治

1. 预防措施

平时要加强饲养管理，防止受寒，保持鹅舍清洁、干燥及通风良好。

2. 发病后的措施

【处方 1】病鹅可按每千克体重肌内注射青霉素 1 万单位，链霉素每千克体重 0.01 克，每天 1～2 次。

【处方 2】口服土霉素，每只 0.1～0.5 克，每天 1 次，连用 2～3 天。

【处方 3】柴胡 50 克，知母 50 克，金银花 50 克，连翘 50 克，枇杷叶 50 克，莱菔子 50 克，煎水 1000 毫升（解表清热，化痰止咳）。1000 只 4 日龄雏鹅拌料，早、晚各 1 次，每日 1 剂。

三、鹅中暑

中暑是热射病与日射病的总称。

（一）病因

由于烈日暴晒，环境气温过高导致家禽中枢神经紊乱，心衰猝死的一种急性病。本病常发生于炎热季节，家禽群处于烈日暴晒之下或处于闷热的舍中，会突然发生零星或众多的禽只猝死，且以体型肥胖的禽只易发病。

（二）诊断依据

本病的特征症状是鹅群突然发病，患鹅一般表现为烦躁不安，战栗，两翅张开，走路摇摆，站立不稳，呼吸急促，体温升高，跌倒在地翻滚，两脚朝天，在水中不时扑打翅膀，最后昏迷、麻痹、痉挛死亡。剖检可见鹅大脑实质及脑膜不同程度充血、出血。其他组织亦可见有出血，另外，刚死亡的鹅只，其胸腹内温度升高，热可灼手。

（三）防治

1. 预防措施

（1）防暑降温　加强鹅舍内通风换气，有条件的可安装排气扇、吊扇，增加空气流通速度，保证室内空气新鲜；在鹅舍周围栽阔叶树木遮阴或搭盖阴棚，窗户上也要安装遮阳棚，避免阳光直射；每天向鹅舍房顶喷水或鹅体喷雾 1～2 次（下午 2 时左右，晚上 7 时左右），有防暑降温之效。

（2）充分供应饮水　高温季节鹅饮水量是平时的 7～8 倍，要保证饮水的供应。为有效控制热应激的发生，可在饮水中加入 0.15%～0.30%氯化钾、0.5%小苏打（碳酸氢钠）和按 150～200

毫克/千克的比例添加维生素C。

(3) 调整营养结构　适当调整饲料营养水平，在饲料中添加2%～3%脂肪，可提高鹅的抗应激能力。在产蛋鹅日粮中加喂1.5%动物脂肪（需同时加入乙氧喹类等抗氧化剂），能增强饲料适口性，提高产蛋率和饲料转化利用率；提高日粮中蛋氨酸和赖氨酸含量；加倍补充B族维生素和维生素E，可增强鹅的抗应激能力。同时，在饲料中添加0.004%～0.01%杆菌肽锌，可降低热应激，提高饲料转化率。

(4) 药物保健

① 添加大蒜素。大蒜素具有抗菌杀虫、促进采食、帮助消化和激活动物免疫系统的作用，可在饲料中按说明添加使用。此外，将生石膏研成细末，按0.3%～1%混饲，有解热清火之效。

② 添加中药。方剂：滑石60克、薄荷10克、藿香10克、佩兰10克、苍术10克、党参15克、金银花10克、连翘15克、栀子10克、生石膏60克、甘草10克，粉碎过100目筛混匀，以1%比例混料，每日上午10时喂给，可清热解暑，缓解热应激。

(5) 加强饲养管理　坚持每天清洗饮水设备，定期消毒。及时清理鹅粪，消灭蚊蝇。改进饲喂方式，以早晚进行饲喂为主。减少对鹅的惊扰，控制人员、车辆出入，防止病原菌传入。放牧应早出晚归，并选择凉爽的地方放牧。

2. 发病后的措施

鹅群一旦发生中暑，应立即进行急救，把鹅赶入水中降温，或赶到阴凉的地方，给予充足清洁的饮水，并用冷水喷淋头部及全身；个别患鹅还可放在冷水里短时间浸泡。

【处方1】喂服酸梅加冬瓜水或3%～5%红糖水解暑。少量鹅发病时，可口服2%～3%冷盐水，也可用冷水灌肠（如鹅体温很高，不宜降温太快）。

【处方2】病重的小鹅每只可喂仁丹半粒和针刺翼脉、脚盘穴。

【处方3】中暑严重的鹅可放脚趾静脉血数滴。不定时让鹅饮用5%～10%绿豆糖水和维生素C溶液。

【处方4】甘草、鱼腥草、金银花、生地黄、香薷各等份煎水内服，按每只鹅0.5克干品的剂量，每天1剂，连服2剂。

【处方 5】藿香、金银花、板蓝根、苍术、龙胆各等份混合研末（消暑散），按 1%的比例添加到饲料中。

【处方 6】甘草 3 份，薄荷 1 份，绿豆 10 份，煎汤让鹅自由饮服。

四、输卵管炎

（一）病因

输卵管炎是由于饲喂过多的动物性饲料，饲料中缺乏维生素 A、维生素 D、维生素 E，产过大的双黄蛋，卵在输卵管中破裂，细菌侵入等所致。

（二）诊断依据

主要症状是排出黄白色脓样分泌物，污染肛门周围的羽毛。产蛋困难有痛感，蛋壳上常带有血迹。随着病程发展，疼痛不安，体温升高，有时呈昏睡状，常卧地不起，走路腹部着地。炎症蔓延可引起腹膜炎。本病常继发输卵管垂脱、蛋滞。

（三）防治

1. 预防措施

搞好环境卫生和消毒工作，保证饲料中充足的维生素供给，做好禽流感、传染性支气管炎和新城疫等疾病的预防工作。

2. 发病后的治疗

发现病鹅隔离饲养，及时检查，并助产。

【处方 1】用 0.5%高锰酸钾、0.01%新洁尔灭或 3%硼酸溶液或普息宁 1∶100 稀释冲洗泄殖腔和输卵管。然后注入青霉素和链霉素。

【处方 2】用土霉素拌料喂服鹅群。

五、泄殖腔外翻（脱肛）

主要是指输卵管或泄殖腔翻出肛门之外造成的一种疾患，初产或高产母鹅易发生此病。

（一）病因

（1）营养因素　蛋白质含量增加，喂料过多，维生素缺乏，使产蛋多或大，产蛋时用力过度造成脱肛。

（2）管理因素　饲养密度过大，通风不良，饮水不足，光照不合理，地面潮湿，卫生条件差，泄殖腔发炎等造成脱肛。

（3）疾病因素　患胃肠炎或其他病导致腹泻，产蛋时用力过大而脱肛。

（4）应激因素　惊吓、响声对产蛋鹅是超强刺激，使输卵管外翻不能复位而脱肛。

（二）诊断依据

病初肛门周围的绒毛湿润，从肛门流出白色或黄色黏液，随之呈肉红色的泄殖腔脱出肛门外，颜色渐变为暗红色，甚至紫色，粪便难于排出。脱出部分发炎、水肿甚至溃烂，脱出物常引起其他鹅啄食，病鹅最后死亡。

（三）防治

1. 预防措施

注意饲养密度和舍温适宜，通风良好，给水充足，及时清除粪便，保持地面干燥，在日粮中增加维生素和矿物质。发现病鹅，及时隔离，防止啄食。

2. 发病后的措施

【处方 1】外翻泄殖腔用 0.1%高锰酸钾或硼酸水或明矾水冲洗，涂布消炎软膏，并以消毒纱布托着缓慢送回，然后进行肛门烟包缝合，保持 3～5 天。

【处方 2】用 1%普鲁卡因溶液清洗外翻泄殖腔，并于肛门周围作局部麻醉，以减少发炎和疼痛，减少努责，避免再度外翻。或整复后倒吊 1～2 小时，内服补中益气丸，每次 15～20 粒，每天 1～2 次，连用数日。

六、难产

母禽产蛋过程中，超过正常时间不能将蛋产出时，称为禽的难产。鸡、鸭、鹅等均可发生。

（一）病因

主要原因是由于输卵管炎，或蛋过大，或输卵管狭窄、扭转或麻痹；因啄肛而造成的肛门瘢痕、输卵管脓肿等，也可造成禽的难产。

（二）诊断依据

难产母鹅主要表现为羽毛逆立，起卧不安，频繁努责，全身用力做产蛋动作却又产不出蛋为特征。有时蜷曲于窝内，呼吸急促。站立后可见到后腹部膨大，向下脱垂。触诊此处可明显感觉到有硬的蛋。

（三）防治

1. 预防措施

注重鹅群培育期的骨骼发育；保持饲料中适量的蛋白质和减少输卵管炎症。

2. 发病后的措施

【处方】泄殖腔内注入 10 毫升液状石蜡，再由前向后逐渐挤压，也可将手伸入泄殖腔，将蛋挤碎，使内容物流出，再抠出蛋壳，并在输卵管中注入 40 万单位青霉素。

七、皮下气肿

皮下气肿是幼鹅的一种常见外伤性疾病。

（一）病因

多见于粗暴捕捉使颈部气囊及腹部气囊破裂，也可因尖锐异物刺破气囊或乌喙骨和胸骨等有气腔的骨骼发生骨折，均可使气体积聚于皮下，造成皮下气肿。本病多发于 1～2 周龄的幼鹅，常发生颈部皮下气肿，俗称气脖子或气嗉子。

（二）诊断依据

颈部气囊破裂时，可见颈部羽毛逆立，颈的基部或整个颈部气肿，以至于头部和舌系带下部出现鼓气泡。腹部气囊破裂或颈部气体向下蔓延时，可见胸腹围增大，皮肤紧张，叩诊呈鼓音。如延误治疗，则气肿继续增大，病鹅精神沉郁，呆立，呼吸困难，饮、食欲废绝，衰竭死亡。本病无其他明显病变，仅见气肿部皮下充满气体。根据本病特殊症状不难作出诊断。

（三）防治

1. 预防措施

主要是避免粗暴捉鹅和鹅群的拥挤、摔伤及踩伤。

2. 发病后的措施

【处方】刺破膨胀皮肤，放出气体。注意需多次放气，或用烧红的烙铁在膨胀部烙个缺口，使伤口暂不愈合而持续放气，患鹅可逐渐自愈。

八、异食癖

鹅异食癖也称恶食癖或啄癖，是鹅的一种因多种原因引起的代谢机能紊乱性综合征，表现有摄食通常认为无营养价值或根本不应该吃的东西的癖好，如食羽、食蛋、食粪等。

（一）病因

异食癖的原因非常复杂，常常找不到确定的原因，被认为是综合性因素的结果。

（1）日粮营养成分缺乏或其比例失调　日粮中蛋白质和某些必需氨基酸如赖氨酸、蛋氨酸、色氨酸等缺乏；日粮缺乏某些矿物质或矿物质不平衡，如钠、钙、磷、硫、锌、锰、铜等，尤其是钠、锌等缺乏可引起味觉异常，引起异食。饲料中某些维生素的缺乏与不足，尤其是维生素A、维生素D及B族维生素缺乏，如维生素B_{12}、叶酸等的缺乏可引起食粪癖。

（2）饲养管理不当　如饲养密度过高，光线过强，噪声过大，环境温度、湿度过高或过低，混群饲养，外伤、过于饥饿等。

（3）疾病　继发于一些慢性消耗性疾病，如寄生虫病或泄殖腔炎、脱肛、长期腹泻等疾病。

（二）诊断依据

根据异食癖发生的类型不同表现不一样。食肛则肛门周围破裂、流血，严重的肠道或子宫也可被拖出肛门外，可引起死亡；食羽则背部常无毛，有的留有羽根，皮肤出血破损；另有表现为啄食蛋，啄食地面水泥、墙上石灰，啄食粪便等嗜好的。啄癖往往首先在个别鹅发生，以后迅速蔓延。

（三）防治

1. 预防措施

加强饲养管理，使用全价日粮，保证良好的环境条件。应注意纠正不合理的饲养管理方法，积极治疗某些原发性疾病。

2. 发病后的措施

发现啄癖后，首先隔离“发起者”和“受害者”，采取综合分析的办法尽快找出原因，采取缺什么补什么的措施。对肛门出血的被啄鹅，可用0.1%高锰酸钾溶液洗患部后涂磺胺软膏。

【处方1】啄羽癖可增加蛋白质的喂量，增喂含硫氨基酸、维生素、石膏等；啄蛋癖者若以食蛋壳为主，要增加钙和维生素D；若以食蛋清为主，要增加蛋白质；若蛋壳和蛋清均食，同时添加蛋白质、钙和维生素D。

【处方2】可采用2%氯化钠饮水，每日半天，连用2～3天；饲料中添加生石膏粉，每天每只雏鹅0.5～3克，连用3～4天；饲料中添加1%小苏打，连用3～5天。

【处方3】饲料中添加3%～4%羽毛粉，连续饲喂1～2周。

九、公鹅生殖器官疾病

（一）病因

公鹅在寒冷天气配种，阴茎伸出后被冻伤，不能内缩，因而失去配种能力；也有的因公、母比例不当，公鹅长期滥配而过早地失去配种能力，再者，在水里配种时，阴茎露出后被蚂蟥咬伤，使阴茎受到感染发炎而失去配种能力。

（二）诊断依据

公鹅生殖器官疾病的表现是阴茎露出后不能缩回，阴茎红肿，甚至感染化脓。如因交配频繁，则阴茎露出呈苍白色，久之变成暗红色。公鹅阳症者，则虽有爬跨，但阴茎伸不出来，无法交配。

（三）防治

1. 预防措施

合理调整公、母配种比例，一般应为1∶(4～6)。另外，在母鹅产蛋期到来之前，提早给公鹅补料。

2. 发病后的措施

淘汰阳症和阴茎已呈暗红色的鹅。

【处方】当阴茎受冻垂出在外，不能缩回时，应及时用温水温敷，或用0.1%高锰酸钾温热溶液冲洗干净，涂以抗生素软膏或三磺软膏，并矫正其位置。

附　录

一、鹅的生理指标

附表1　鹅的生理常数

体温/℃	心跳/(次/分)	呼吸/(次/分)	血红蛋白/(克/100毫升)	红细胞数/(百万个/毫米^3)	白细胞分类平均值/%[白细胞数为(2.67±0.26)百万个/毫米^3]				
					淋巴细胞	单核细胞	嗜碱性粒细胞	嗜酸性粒细胞	异嗜白细胞
40.5～42	120～200	15～30	14.9	2.71	57.5	3.5	1.5	3.5	34

二、允许使用的饲料添加剂品种目录

附表2　允许使用的饲料添加剂品种目录

类别	饲料添加剂名称
饲料级氨基酸7种	L-赖氨酸盐酸盐，DL-蛋氨酸，DL-羟基蛋氨酸，DL-羟基蛋氨酸钙，*N*-羟甲基蛋氨酸，L-色氨酸，L-苏氨酸
饲料级维生素26种	*β*-胡萝卜素，维生素A，维生素A乙酸酯，维生素A棕榈酸酯，维生素D_3，维生素E，维生素E乙酸酯，维生素K_3（亚硫酸氢钠甲萘醌），二甲基嘧啶醇亚硫酸甲萘醌，维生素B_1（盐酸硫胺），维生素B_1（硝酸硫胺），维生素B_2（核黄素），维生素B_6，烟酸，烟酰胺，D-泛酸钙，DL泛酸钙，叶酸，维生素B_{12}（氰钴胺），维生素C（L-抗坏血酸），L-抗坏血酸钙，L-抗坏血酸-2-磷酸酯，D-生物素，氯化胆碱，L-肉碱盐酸盐，肌醇

续表

类别	饲料添加剂名称
饲料级矿物质、微量元素43种	硫酸钠，氯化钠，磷酸二氢钠，磷酸氢二钠，磷酸二氢钾，磷酸氢二钾，碳酸钙，氯化钙，磷酸氢钙，磷酸二氢钙，磷酸三钙，乳酸钙，七水硫酸镁，一水硫酸镁，氧化镁，氯化镁，七水硫酸亚铁，一水硫酸亚铁，三水乳酸亚铁，六水柠檬酸亚铁，富马酸亚铁，甘氨酸铁，蛋氨酸铁，五水硫酸铜，一水硫酸铜，蛋氨酸铜，七水硫酸锌，一水硫酸锌，无水硫酸锌，氨化锌，蛋氨酸锌，一水硫酸锰，氯化锰，碘化钾，碘酸钾，碘酸钙，六水氯化钴，一水氯化钴，亚硒酸钠，酵母铜，酵母铁，酵母锰，酵母硒
饲料级酶制剂12类	蛋白酶(黑曲霉，枯草芽孢杆菌)，淀粉酶(地衣芽孢杆菌，黑曲霉)，支链淀粉酶(嗜酸乳杆菌)，果胶酶(黑曲霉)，脂肪酶，纤维素酶(长柄木霉、李氏木霉)，麦芽糖酶(枯草芽孢杆菌)，木聚糖酶(米曲霉、狐独腐质霉、长柄木霉、枯草芽孢杆菌、李氏木霉)，β-聚葡糖酶(枯草芽孢杆菌，黑曲霉)，甘露聚糖酶(缓慢芽孢杆菌)，植酸酶(黑曲霉，米曲霉)，葡萄糖氧化酶(青霉)
饲料级微生物添加剂12种	干酪乳杆菌，植物乳杆菌，粪链球菌，屎链球菌，乳酸片球菌，枯草芽孢杆菌，纳豆芽孢杆菌，嗜酸乳杆菌，乳链球菌，啤酒酵母菌，产朊假丝酵母，沼泽红假单胞菌
饲料级非蛋白氮9种	尿素，硫酸铵，液氨，磷酸氢二铵，磷酸二氢铵，缩二脲，亚异丁基二脲，磷酸脲，羟甲基脲
抗氧剂4种	乙氧基喹啉，二丁基羟基甲苯(BHT)，丁基羟基茴香醚(BHA)，没食子酸丙酯
防腐剂、电解质平衡剂25种	甲酸，甲酸钙，甲酸铵，乙酸，双乙酸钠，丙酸，丙酸钙，丙酸钠，丙酸铵，丁酸，乳酸，苯甲酸，苯甲酸钠，山梨酸，山梨酸钠，山梨酸钾，富马酸，柠檬酸，酒石酸，苹果酸，磷酸，氢氧化钠，碳酸氢钠，氯化钾，氢氧化铵
着色剂6种	β-阿朴-8′-胡萝卜素醛，辣椒红，β-阿朴-8′-胡萝卜素酸乙酯，虾青素，β,β-胡萝卜素-4,4-二酮(斑蝥黄)，叶黄素(万寿菊花提取物)
调味剂、香料6种(类)	糖精钠，谷氨酸钠，5′-肌苷酸二钠，5′-鸟苷酸二钠，血根碱，食品用香料
黏结剂、抗结块剂和稳定剂13种(类)	α-淀粉，海藻酸钠，羧甲基纤维素钠，丙二醇，二氧化硅，硅酸钙，三氧化二铝，蔗糖脂肪酸酯，山梨醇酐脂肪酸酯，甘油脂肪酸酯，硬脂酸钙，聚氧乙烯(20)山梨醇酐单油酸酯，聚丙烯酸树脂Ⅱ

续表

类别	饲料添加剂名称
其他10种	糖萜素，甘露低聚糖，肠膜蛋白素，果寡糖，乙酰氧肟酸，天然类固醇皂角苷（YUCCA），大蒜素，甜菜碱，聚乙烯聚吡咯烷酮（PVPP），葡萄糖山梨醇

三、肉用禽药物饲料添加剂使用规范

附表3　肉用禽药物饲料添加剂使用规范

品名（商品名）	规格	用量	休药期/天	其他注意事项
二硝托胺预混剂（球痢灵）	0.25%	每吨饲料添加500克	3	—
马杜霉素铵预混剂（抗球王，加福）	1%	每吨饲料添加500克	5	无球虫病时，含百万分之六以上马杜霉素铵盐的饲料对生长有明显抑制作用，也不改善饲料报酬
尼卡巴嗪预混剂（杀球宁）	20%	每吨饲料添加100～125克	4	高温季节慎用
尼卡巴嗪、乙氧酰胺苯甲酯预混剂（球净）	25%尼卡巴嗪+16%乙氧酰胺苯甲酯	每吨饲料添加500克	9	高温季节慎用
甲基盐霉素预混剂（禽安）	10%	每吨饲料添加600～800克	—	禁止与泰妙菌素、竹桃霉素并用，防止与人眼接触
甲基盐霉素、尼卡巴嗪预混剂（猛安）	8%甲基盐霉素+8%尼卡巴嗪	每吨饲料添加310～560克	5	禁止与泰妙菌素、竹桃霉素并用；高温季节慎用
拉沙洛西钠预混剂（球安）	15%或45%	每吨饲料添加75～125克（以有效成分计）	3	—
氢溴酸常山酮预混剂（速丹）	0.6%	每吨饲料添加500克	5	—

续表

品名(商品名)	规格	用量	休药期/天	其他注意事项
盐酸氯苯胍预混剂	10%	每吨饲料添加300~600克	5	—
盐酸氨丙啉、乙氧酰胺苯甲酯预混剂(加强安保乐)	25%盐酸氨丙啉+1.6%乙氧酰胺苯甲酯	每吨饲料添加500克	3	每1000千克饲料中维生素B_1大于10克时明显拮抗
盐酸氨丙啉、乙氧酰胺苯甲酯、磺胺喹噁啉预混剂(百球清)	20%盐酸氨丙啉+1%乙氧酰胺苯甲酯+12%磺胺喹噁啉	每吨饲料添加500克	7	每1000千克饲料中维生素B_1大于10克时明显拮抗
氯羟吡啶预混剂	25%	每吨饲料添加500克	5	—
海南霉素钠预混剂	1%	每吨饲料添加500~750克	7	—
赛杜霉素钠预混剂(禽旺)	5%	每吨饲料添加500克	5	—
地克珠利预混剂	0.2%或0.5%	每吨饲料添加1克(以有效成分计)	—	—
莫能菌素钠预混剂(欲可胖)	5%、10%或20%	每吨饲料添加90~110克(以有效成分计)	5	禁止与泰妙菌素、竹桃霉素并用;搅拌配料时禁止与人的皮肤、眼睛接触
杆菌肽锌预混剂	10%或15%	每吨饲料添加4~40克(以有效成分计)	—	—
黄霉素预混剂(富乐旺)	4%或8%	每吨饲料添加5克(以有效成分计)	—	—
维吉尼亚霉素预混剂(速大肥)	50%	每吨饲料添加10~40克	1	—
那西肽预混剂	0.25%	每吨饲料添加1000克	3	—
阿美拉霉素预混剂(效美素)	10%	每吨饲料添加50~100克	8	—

续表

品名(商品名)	规格	用量	休药期/天	其他注意事项
盐霉素钠预混剂(优素精、赛可喜)	5%、6%、10%、12%、45%、50%	每吨饲料添加50~70克(以有效成分计)	5	禁止与泰妙菌素、竹桃霉素并用
硫酸黏杆菌素预混剂(抗敌素)	2%、4%、10%	每吨饲料添加2~20克(以有效成分计)	—	—
牛至油预混剂(诺必达)	每1000克中含5-甲基-92-异丙基苯酚和2-甲基-5-异丙基苯酚25克	每吨饲料加450克(用于促生长)或50~500克(用于治疗)	—	—
杆菌肽锌、硫酸黏杆菌素预混剂(万能肥素)	5%杆菌肽+1%黏杆菌素	每吨饲料添加2~20克(以有效成分计)	7	—
土霉素钙预混剂	5%、10%、20%	每吨饲料添加10~50克(以有效成分计)	—	—
吉他霉素预混剂	2.2%、11%、55%、95%	每吨饲料添加5~11克(用于促生长)或100~330克(用于防治疾病),连用5~7天。以上均以有效成分计	7	—
金霉素(饲料级)预混剂	10%、15%	每吨饲料添加20~50克(以有效成分计)	7	—
恩拉霉素预混剂	4%、8%	每吨饲料添加1~10克(以有效成分计)	7	—
磺胺喹噁啉、二甲氧苄啶预混剂	20%磺胺喹噁啉+4%二甲氧苄啶	每吨饲料添加500克	10	连续用药不得超过5天
越霉素A预混剂(得利肥素)	2%、5%、50%、	每吨饲料添加5~10克(以有效成分计)	3	—
潮霉素B预混剂(效高素)	1.76%	每吨饲料添加8~12克(以有效成分计)	3	避免与人皮肤、眼睛接触

续表

品名(商品名)	规格	用量	休药期/天	其他注意事项
地美硝唑预混剂	20%	每吨饲料添加400～2500克	3	连续用药不得超过10天
磷酸泰乐菌素预混剂	2%、8.8%、10%、22%	每吨饲料添加4～50克(以有效成分计)	5	—
盐酸林可霉素预混剂(可肥素)	0.88%、11%	每吨饲料添加2.2～4.4克(以有效成分计)	5	—
环丙氨嗪预混剂(蝇得净)	1%	每吨饲料添加500克	—	—
氟苯咪唑预混剂(弗苯诺)	5%、50%	每吨饲料添加30克(以有效成分计)	4	—
复方磺胺嘧啶预混剂(立可灵)	12.5%磺胺嘧啶＋2.5%甲氧苄啶	每日添加嘧啶0.17～0.2克/千克	—	—
硫酸新霉素预混剂(新肥素)	15.4%	每吨饲料添加500～1000克	5	—
磺胺氯吡嗪钠可溶性粉(三字球虫粉)	30%	每吨饲料添加600毫克(以有效成分计)	1	—

注：1. 摘自中华人民共和国农业部公布的《药物饲料添加剂使用规范》2001年10月1日起实施。

2. 表中所列的商品名是由产品供应商提供的产品商品名。给出目的是方便使用者，并不表示对该产品的认可。如果其他产品具有相同的效果，也可以选用其他产品。

四、允许作治疗使用，但不得在动物性食品中检出残留的兽药

附表4　允许作治疗使用，但不得在动物性食品中检出残留的兽药

药物及其他化合物名称	标志残留物	动物种类	靶组织
氯丙嗪(Chlorplomadne)	氯丙嗪	所有食品动物	所有可食组织
地西泮(安定)(Diazepam)	地西泮	所有食品动物	所有可食组织

续表

药物及其他化合物名称	标志残留物	动物种类	靶组织
地美硝唑(Dimetridazole)	地美硝唑	所有食品动物	所有可食组织
苯甲酸雌二醇(Estradiol benzoate)	雌二醇	所有食品动物	所有可食组织
潮霉素 B(Hygomycin B)	潮霉素 B	猪/鸡	可食组织(鸡蛋)
甲硝唑(Metronidazole)	甲硝唑	所有食品动物	所有可食组织
苯丙酸诺龙(Nadrolone phnylpropionate)	诺龙	所有食品动物	所有可食组织
丙酸睾酮(Testosterone propinate)	丙酸睾酮	所有食品动物	所有可食组织
赛拉嗪(Xylzaine)	赛拉嗪	产奶动物	奶

五、禁止使用，并在动物性食品中不得检出残留的兽药

附表 5　禁止使用，并在动物性食品中不得检出残留的兽药

药物及其他化合物名称	禁用动物	靶组织
氯霉素及其盐、酯及制剂	所有食品动物	所有可食组织
兴奋剂类:克伦特罗、沙丁胺醇、西马特罗及其盐、酯	所有食品动物	所有可食组织
性激素类:己烯雌酚及其盐、酯及制剂	所有食品动物	所有可食组织
氨苯砜	所有食品动物	所有可食组织
硝基呋喃类:呋喃唑酮、呋喃它酮、呋喃苯烯酸钠及制剂	所有食品动物	所有可食组织
催眠镇静类:安眠酮及制剂	所有食品动物	所有可食组织
具有雌激素样作用的物质:玉米赤霉醇、去甲雄三烯醇酮、醋酸甲孕酮及制剂	所有食品动物	所有可食组织
硝基化合物:硝基酚钠、硝呋烯腙	所有食品动物	所有可食组织
林丹	水生食品动物	所有可食组织
毒杀芬(氯化烯)	所有食品动物	所有可食组织
呋喃丹(克百威)	所有食品动物	所有可食组织
杀虫脒(克死螨)	所有食品动物	所有可食组织
双甲脒	所有食品动物	所有可食组织

续表

药物及其他化合物名称	禁用动物	靶组织
酒石酸锑钾	所有食品动物	所有可食组织
孔雀石绿	所有食品动物	所有可食组织
锥虫砷胺	所有食品动物	所有可食组织
五氯酚酸钠	所有食品动物	所有可食组织
各种汞制剂:氯化亚汞(甘汞)、硝酸亚汞、醋酸汞、吡啶基醋酸汞	所有食品动物	所有可食组织
雌激素类:甲基睾丸酮、苯甲酸雌二醇及其盐、酯及制剂	所有食品动物	所有可食组织
洛硝达唑	所有食品动物	所有可食组织
群勃龙	所有食品动物	所有可食组织

注：食品动物是指各种供人食用或其产品供人食用的动物。

六、家禽的常用饲料营养成分

附表 6　饲料名称、描述与编号

饲料名称	饲料描述	中国饲料编号(CFN)
玉米	GB2 级,籽粒,成熟	4-07-0279
玉米	GB3 级,籽粒,成熟	4-07-0280
高粱	GB1 级,籽粒,成熟	4-07-0272
小麦	GB2 级,混合小麦,籽粒,成熟	4-07-0270
大麦(裸)	GB2 级,裸大麦,籽粒,成熟	4-07-0274
大麦(皮)	GB1 级,皮大麦,籽粒,成熟	4-07-0277
稻谷	GB2 级,籽粒,成熟	4-07-0273
糙米	良,籽粒,成熟,未去米糠	4-07-0276
碎米	良,加工精米后的副产品	4-07-0275
粟(谷子)	合格,加工精米后的副产品	4-07-0479
木薯干	GB 合格,木薯干片,晒干	4-04-0067
甘薯干	GB 合格,甘薯干片,晒干	4-04-0068
次粉	NY/T2 级,黑面,黄粉,下面	4-08-0105
小麦麸	GB1 级,传统制作工艺	4-08-0069
米糠	GB2 级,新鲜,不脱脂	4-08-0041
米糠饼	GB1 级,机榨	4-10-0025

续表

饲料名称	饲料描述	中国饲料编号（CFN）
米糠粕	GB1 级，浸提或预压浸提	4-10-0018
大豆	GB2 级，黄大豆，籽粒，成熟	5-09-0127
大豆饼	GB2 级，机榨	5-10-0241
大豆粕	GB1 级，浸提或预压浸提	5-10-0103
大豆粕	GB2 级，浸提或预压浸提	5-10-0102
棉籽饼	GB2 级，机榨	5-10-0118
棉籽粕	GB2 级，浸提或预压浸提	5-10-0117
菜籽饼	GB2 级，机榨	5-10-0083
菜籽粕	GB2 级，浸提或预压浸提	5-10-0121
花生仁饼	GB2 级，机榨	5-10-0116
花生仁粕	GB2 级，浸提或预压浸提	5-10-0115
向日葵仁饼	GB3 级，壳仁比 35：65	1-10-0031
向日葵仁粕	GB2 级，壳仁比 16：84	5-10-0242
向日葵仁饼	GB2 级，壳仁比 24：76	5-10-0243
亚麻仁粕	NY/T2 级，机榨	5-10-0119
亚麻仁饼	NY/T2 级，浸提或预压浸提	5-10-0120
玉米蛋白粉	玉米去胚芽，淀粉后的面筋部分 CP60%	5-11-0001
玉米蛋白粉	同上，中等蛋白产品 CP50%	5-11-0002
玉米蛋白粉	同上，中等蛋白产品 CP40%	5-11-0008
玉米蛋白饲料	玉米去胚芽去淀粉后的含皮残渣	5-11-0003
麦芽根	大麦芽副产品，干燥	5-11-0004
鱼粉	SC2 级，浙江鱼粉，小杂鱼	5-13-0041
鱼粉	秘鲁鱼粉，Anchovie	5-13-0042
鱼粉	白鱼整鱼或切碎，去油，粉碎	5-13-0043
血粉	鲜猪血，喷雾干燥	5-13-0036
羽毛粉	鸭羽毛，水解	5-13-0037
皮革粉	废牛皮，水解	5-13-0038
甘薯叶粉	GB1 级，70%叶，30%茎	4-06-0074
苜蓿草粉	GB1 级，1 茬，盛花期，烘干	1-05-0074
苜蓿草粉	GB2 级，1 茬，盛花期，烘干	1-05-0075
芝麻饼	机榨 CP40%	5-10-0246
肉骨粉	屠宰下脚，带骨干燥粉碎	5-13-0047
啤酒精	大麦酿造副产品	5-11-0005
啤酒酵母	啤酒酵母菌粉	7-15-0001
乳清粉	乳清，脱水	4-06-0075
DDG(Com)	玉米酒精糟，脱水	5-11-0006
DDGS(Com)	玉米酒精糟及可溶物，脱水	5-11-0007

附表 7　饲料常规成分含量

CFN	干物质(DM)/%	粗蛋白(CP)/%	粗脂肪(EE)/%	粗纤维(CF)/%	无氮浸出物(NFE)/%	粗灰分(ASH)/%	钙(Ca)/%	磷(P)/%	植酸磷(Phy-P)/%	有酸磷(Avail-P)/%
4-07-0279	86.0	8.7	3.6	1.6	70.7	1.4	0.02	0.27	0.15	0.12
4-07-0280	86.0	8.0	3.3	2.1	71.2	1.4	0.02	0.27	0.15	0.12
4-07-0272	86.0	9.0	3.4	1.4	70.4	1.8	0.13	0.36	0.19	0.17
4-07-0270	87.0	13.9	1.7	1.9	67.6	1.9	0.17	0.41	0.19	0.22
4-07-0274	87.0	13.0	2.1	2.0	67.7	2.2	0.04	0.39	0.18	0.21
4-07-0277	87.0	11.0	1.7	4.8	67.1	2.4	0.09	0.33	0.16	0.17
4-07-0273	86.0	7.8	1.6	8.2	63.8	4.6	0.03	0.36	0.16	0.20
4-07-0276	87.0	8.8	2.0	0.7	74.2	1.3	0.03	0.35	0.20	0.15
4-07-0275	88.0	10.4	2.2	1.1	72.7	1.6	0.06	0.35	0.20	0.15
4-07-0479	86.5	9.7	2.3	6.8	65.0	2.7	0.12	0.30	0.19	0.11
4-04-0067	87.0	2.5	0.7	2.5	79.4	1.9	0.27	0.09	—	—
4-04-0068	87.0	4.0	0.8	2.8	76.4	3.0	0.09	0.02	—	—
4-08-0105	87.0	13.6	2.1	2.8	66.7	1.8	0.08	0.52	—	—
4-08-0069	87.0	15.7	3.9	8.9	53.6	4.9	0.11	0.92	0.68	0.24
4-08-0041	87.0	12.8	16.5	5.7	44.5	7.5	0.07	1.43	1.33	0.10
4-10-0025	88.0	14.7	9.0	7.4	48.2	8.7	0.14	1.69	1.47	0.22
4-10-0018	87.0	15.1	2.0	7.5	53.6	8.8	0.15	1.82	1.58	0.24
5-09-0127	87.0	35.5	17.3	4.3	25.7	4.2	0.27	0.48	0.18	0.30
5-10-0241	87.0	40.9	5.7	4.7	30.0	5.7	0.30	0.49	0.25	0.24
5-10-0103	87.0	46.8	1.0	3.9	30.5	4.8	0.31	0.61	0.44	0.17
5-10-0102	87.0	43.0	1.9	5.1	31.0	6.0	0.32	0.61	0.30	0.31
5-10-0118	88.0	40.5	7.0	9.7	24.7	6.1	0.21	0.83	0.55	0.28
5-10-0117	88.0	42.5	0.7	10.1	28.2	6.5	0.24	0.97	0.64	0.33
5-10-0083	88.0	34.3	9.3	11.6	25.1	7.7	0.62	0.96	0.63	0.33
5-10-0121	88.0	38.6	1.4	11.8	28.9	7.3	0.65	1.07	0.65	0.42
5-10-0116	88.0	44.7	7.2	5.9	25.1	5.1	0.25	0.53	0.22	0.31
5-10-0115	88.0	47.8	1.4	6.2	27.2	5.4	0.27	0.56	0.23	0.33
5-10-0031	88.0	29.0	2.9	20.4	31.0	4.7	0.24	0.87	0.74	0.13
5-10-0242	88.0	36.5	1.0	10.5	34.4	5.6	0.27	1.13	0.96	0.17
5-10-0243	88.0	33.6	1.0	14.8	33.3	5.3	0.26	1.03	0.87	0.16
5-10-0119	88.0	32.2	7.8	7.8	34.0	6.2	0.39	0.88	0.50	0.38
5-10-0120	88.0	34.8	1.8	8.2	36.6	6.6	0.42	0.95	0.53	0.42
5-11-0001	90.1	63.5	5.4	1.0	19.2	1.0	0.07	0.44	0.27	0.17
5-11-0002	91.2	51.3	7.8	2.1	28.0	2.0	0.06	0.42	—	—

续表

CFN	干物质(DM)/%	粗蛋白(CP)/%	粗脂肪(EE)/%	粗纤维(CF)/%	无氮浸出物(NFE)/%	粗灰分(ASH)/%	钙(Ca)/%	磷(P)/%	植酸磷(Phy-P)/%	有酸磷(Avail-P)/%
5-11-0008	89.9	44.3	6.0	1.6	37.1	0.9	—	—	—	—
5-11-0003	88.0	19.3	7.5	7.8	48.0	5.4	0.15	0.70	—	—
5-11-0004	89.7	28.3	1.4	12.5	41.4	6.1	0.22	0.73	—	—
5-13-0041	88.0	52.5	11.6	0.4	3.1	20.4	5.74	3.12	0.00	3.12
5-13-0042	88.0	62.8	9.7	1.0	0.0	14.5	3.87	2.76	0.00	2.76
5-13-0043	91.0	61.0	4.0	1.0	1.0	24.0	7.00	3.50	0.00	3.50
5-13-0036	88.0	82.8	0.4	0.0	1.6	3.2	0.29	0.31	0.00	0.31
5-13-0037	88.0	77.9	2.2	0.7	1.4	5.8	0.20	0.68	0.00	0.68
5-13-0038	88.0	77.6	0.8	1.7	—	11.3	4.40	0.15	0.00	0.15
4-06-0074	87.0	16.7	2.9	12.6	43.3	11.5	1.41	0.28	—	—
1-05-0074	87.0	19.1	2.3	22.7	35.3	7.6	1.40	0.51	—	—
1-05-0075	87.0	17.2	2.6	25.6	33.3	8.3	1.52	0.22	—	—
5-10-0246	92.0	39.2	10.3	7.2	24.9	10.4	2.24	1.19	—	—
5-13-0047	92.6	50.0	8.5	2.8	—	33.0	9.20	4.70	0.00	4.70
5-11-0005	88.0	24.3	5.3	13.4	40.8	4.2	0.32	0.42	—	—
7-15-0001	91.7	52.4	0.4	0.6	33.6	4.7	0.16	1.02	—	—
4-06-0075	94.0	12.0	0.7	0.0	71.6	9.7	0.87	0.79	0.00	—
5-11-0006	94.0	30.6	14.6	11.5	33.7	3.6	0.41	0.66	—	—
5-110007	92.2	34.2	11.8	15.4	29.5	1.3	0.32	0.26	—	—

附表 8 饲料代谢能及矿物质含量

CFN	鸡代谢能/(兆焦/千克)	钠/%	钾/%	铁/(毫克/千克)	铜/(毫克/千克)	锰/(毫克/千克)	锌/(毫克/千克)	硒/(毫克/千克)
4-07-0279	13.56	0.01	0.29	36	3.4	5.5.8	21.1	0.02
4-07-0280	13.47	—	—	37	3.3	6.1	19.2	0.03
4-07-0272	12.30	0.03	0.34	87	7.6	17.1	20.1	<0.05
4-07-0270	12.72	0.06	0.50	88	7.9	45.6	29.7	0.05
4-07-0274	11.21	—	—	100	7.0	18.0	30.0	0.016
4-07-0277	11.30	0.02	0.56	87	5.6	17.5	23.6	0.06
4-07-0273	11.0	0.04	0.34	40	3.5	20.0	8.0	0.04
4-07-0276	14.06	—	—	78	3.3	21.0	10.0	0.07
4-07-0275	14.23	—	—	62	8.8	47.5	36.4	0.06

续表

CFN	鹅代谢能/(兆焦/千克)	钠/%	钾/%	铁/(毫克/千克)	铜/(毫克/千克)	锰/(毫克/千克)	锌/(毫克/千克)	硒/(毫克/千克)
4-07-0479	11.88	0.04	0.43	270	24.5	22.5	15.9	0.08
4-04-0067	12.38	—	—	150	4.2	6.0	14.0	0.04
4-04-0068	9.79	—	—	107	6.1	10.0	9.0	0.07
4-08-0105	12.81	0.06	0.60	140	11.6	94.2	73.0	0.07
4-08-0069	6.82	0.07	0.88	170	13.8	104.3	96.5	0.07
4-08-0041	11.21	—	1.35	304	7.1	175.9	50.3	0.09
4-10-0025	10.17	—	—	400	8.7	211.6	56.4	0.09
4-10-0018	8.28	—	—	432	9.4	228.4	60.9	0.10
5-09-0127	13.55	0.04	1.70	111	18.1	21.5	40.7	0.06
5-10-0241	10.54	—	1.77	187	19.8	32.0	43.4	0.04
5-10-0103	9.83	—	—	181	23.5	37.3	45.3	0.10
5-10-0102	9.62	—	1.68	181	23.5	27.4	45.4	0.06
5-10-0118	9.04	0.04	1.20	266	11.6	17.8	44.9	0.11
5-10-0117	7.32	0.04	1.16	263	14.0	18.7	55.5	0.15
5-10-0083	8.16	0.02	1.34	687	7.2	78.0	59.2	0.29
5-10-0121	7.41	0.09	—	653	7.1	82.2	67.5	0.16
5-10-0116	11.63	—	1.15	347	23.7	36.7	52.5	0.06
5-10-0115	10.88	0.07	1.23	368	25.1	38.9	55.7	0.06
5-10-0031	6.65	0.02	1.17	614	45.6	41.5	62.1	0.09
5-10-0242	9.71	—	—	226	32.8	34.5	82.7	0.06
5-10-0243	8.49	0.01	1.23	310	35.0	35.0	80.0	0.08
5-10-0119	9.79	0.09	1.25	204	27.0	40.3	36.0	0.18
5-10-0120	7.95	0.14	1.38	219	25.5	43.3	38.7	0.18
5-11-0001	16.23	0.01	0.30	51	1.9	5.9	19.2	0.02
5-11-0002	14.26	—	—	434	10.0	78.0	49.0	—
5-11-0008	13.30	—	—	—	—	—	—	—
5-11-0003	8.45	0.12	1.30	282	10.7	77.1	59.2	—
5-11-0004	5.90	—		198	5.3	67.8	42.4	—
5-13-0041	11.46	0.91	1.24	670	17.9	27.0	123.0	1.77
5-13-0042	11.67	0.88	0.90	219	8.9	9.0	96.7	1.93
5-13-0043	10.75	0.97	1.10	80	8.0	9.7	80.0	1.50
5-13-0036	10.29	0.31	0.90	2800	8.0	2.3	14.0	0.70
5-13-0037	11.42	0.70	0.30	1230	6.8	8.8	53.8	0.80
5-13-0038	6.19	—	—	131	11.1	25.2	89.8	—

续表

CFN	鹅代谢能/(兆焦/千克)	钠/%	钾/%	铁/(毫克/千克)	铜/(毫克/千克)	锰/(毫克/千克)	锌/(毫克/千克)	硒/(毫克/千克)
4-06-0074	4.23	—	—	35	9.8	89.6	26.8	0.20
1-05-0074	4.06	—	—	372	9.1	30.7	17.1	0.46
1-05-0075	3.64	—	—	361	9.7	30.7	21.0	0.46
5-10-0246	8.95	0.04	1.39	—	50.4	32.0	2.4	—
5-13-0047	8.20	0.73	1.40	500	1.5	12.3	—	0.25
5-11-0005	9.92	0.25	0.08	274	20.1	35.6	—	0.60
7-15-0001	10.54	—	—	902	61.0	22.3	86.7	—
4 06 0075	11.42	2.50	1.20	160	—	4.6	—	0.06
5-11-0006	5.36	0.90	0.16	200	44.7	22.6	—	0.35
5-110007	10.42	0.90	1.00	200	44.7	30.0	85.0	0.38

附表9 饲料氨基酸含量 单位：%

CFN	赖氨酸	蛋氨酸	胱氨酸	苏氨酸	异亮氨酸	亮氨酸	精氨酸	缬氨酸	组氨酸	酪氨酸	苯丙氨酸	色氨酸
4-07-0279	0.24	0.18	0.20	0.30	0.25	0.93	0.39	0.38	0.21	0.33	0.41	0.07
4-07-0280	0.24	0.16	0.18	0.30	0.25	0.95	0.38	0.36	0.21	0.32	0.39	0.06
4-07-0272	0.18	0.17	0.12	0.26	0.35	1.08	0.33	0.44	0.18	0.32	0.49	0.08
4 07 0270	0.30	0.25	0.31	0.33	0.44	0.80	0.58	0.56	0.27	0.37	0.58	0.15
4-07-0274	0.44	0.14	0.25	0.43	0.43	0.87	0.64	0.63	0.16	0.40	0.68	0.16
4-07-0277	0.42	0.18	0.18	0.41	0.52	0.91	0.65	0.64	0.24	0.35	0.59	0.12
4-07-0273	0.29	0.19	0.16	0.25	0.32	0.58	0.57	0.47	0.15	0.37	0.40	0.10
4-07-0276	0.32	0.20	0.14	0.28	0.30	0.61	0.65	0.49	0.17	0.31	0.35	0.12
4-07-0275	0.42	0.22	0.17	0.38	0.39	0.74	0.78	0.57	0.27	0.39	0.49	0.12
4-07-0479	0.15	0.25	0.20	0.35	0.36	1.15	0.30	0.42	0.20	0.26	0.49	0.17
4-04-0067	0.13	0.05	0.04	0.10	0.11	0.15	0.40	0.13	0.05	0.04	0.10	0.03
4-04-0068	0.16	0.06	0.08	0.18	0.17	0.26	0.16	0.27	0.08	0.13	0.19	0.05
4-08-0105	0.52	0.16	0.33	0.50	0.48	0.98	0.85	0.68	0.33	0.45	0.63	0.18
4-08-0069	0.58	0.13	0.26	0.43	0.46	0.81	0.97	0.63	0.39	0.28	0.58	0.20
4-08-0041	0.74	0.25	0.19	0.48	0.63	1.00	1.06	0.81	0.39	0.50	0.63	0.14
4-10-0025	0.66	0.26	0.30	0.53	0.72	1.06	1.19	0.99	0.43	0.51	0.76	0.15
4-10-0018	0.72	0.28	0.32	0.57	0.78	1.30	1.28	1.07	0.46	0.55	0.82	0.17
5-09-0127	2.22	0.48	0.55	1.38	1.44	2.53	2.59	1.67	0.87	1.11	1.76	0.56
5-10-0241	2.38	0.59	0.61	1.41	1.53	2.69	2.47	1.66	1.08	1.50	1.75	0.63
5-10-0103	2.81	0.56	0.60	1.89	2.00	3.66	3.59	2.10	1.33	1.65	2.46	—

续表

CFN	赖氨酸	蛋氨酸	胱氨酸	苏氨酸	异亮氨酸	亮氨酸	精氨酸	缬氨酸	组氨酸	酪氨酸	苯丙氨酸	色氨酸
5-10-0102	2.45	0.64	0.66	1.88	1.76	3.20	3.12	1.95	1.07	1.53	2.18	0.68
5-10-0118	1.56	0.46	0.78	1.27	1.29	2.31	4.40	1.69	1.00	1.06	2.10	0.43
5-10-0117	1.59	0.45	0.82	1.31	1.30	2.35	4.30	1.74	1.06	1.19	2.18	0.44
5-10-0083	1.28	0.58	0.79	1.35	1.19	2.17	1.75	1.56	0.80	0.88	1.30	0.40
5-10-0121	1.30	0.63	0.87	1.49	1.29	2.34	1.83	1.74	0.86	0.97	1.45	0.43
5-10-0116	1.32	0.39	0.38	1.05	1.18	2.36	4.60	1.28	0.83	1.31	1.81	0.42
5-10-0115	1.40	0.41	0.40	1.11	1.25	2.50	4.88	1.36	0.88	1.39	1.92	0.45
5-10-0031	0.96	0.59	0.43	0.98	1.19	1.76	2.44	1.35	0.62	0.77	1.21	0.28
5-10-0242	1.22	0.72	0.62	1.25	1.51	2.25	3.17	1.72	0.81	0.99	1.56	0.47
5-10-0243	1.13	0.69	0.50	1.14	1.39	2.07	2.89	1.58	0.74	0.91	1.43	0.37
5-10-0119	0.73	0.46	0.48	1.00	1.15	1.62	2.35	1.44	0.51	0.50	1.32	0.48
5-10-0120	1.16	0.55	0.55	1.10	1.33	1.85	3.59	1.51	0.64	0.93	1.51	0.70
5-11-0001	0.97	1.42	0.96	2.08	2.85	11.59	1.90	2.98	1.18	3.19	4.10	0.36
5-11-0002	0.92	1.14	0.76	1.59	1.75	7.87	1.48	2.05	0.89	2.25	2.83	0.31
5-11-0008	0.71	1.04	0.65	1.38	1.63	7.08	1.31	1.84	0.78	2.03	2.61	—
5-11-0003	0.63	0.29	0.33	0.68	0.62	1.82	0.77	0.93	0.56	0.50	0.70	0.14
5-11-0004	1.30	0.37	0.26	0.96	1.08	1.58	1.22	1.44	0.54	0.67	0.85	0.42
5-13-0041	3.41	0.62	0.38	2.13	2.11	3.67	3.12	2.59	0.91	1.32	1.99	0.67
5-13-0042	4.90	1.84	0.58	2.61	2.90	4.84	3.27	3.29	1.45	2.22	2.31	0.73
5-13-0043	4.30	1.65	0.75	2.60	3.10	4.50	4.20	3.25	1.93	—	2.80	2.60
5-13-0036	6.67	0.74	0.98	2.86	0.75	8.38	2.99	6.08	4.40	2.55	5.23	1.11
5-13-0037	1.65	0.59	2.93	3.51	4.21	6.78	5.30	6.05	0.58	1.79	3.57	0.40
5-13-0038	2.27	0.80	0.16	0.71	1.06	2.64	4.64	1.99	0.42	0.66	1.63	0.50
4-06-0074	0.61	0.17	0.29	0.67	0.53	0.97	0.76	0.75	0.30	0.30	0.65	0.21
1-05-0074	0.82	0.21	0.22	0.74	0.68	1.20	0.78	0.91	0.39	0.58	0.82	0.43
1-05-0075	0.81	0.20	0.16	0.69	0.66	1.10	0.74	0.85	0.32	1.54	0.81	0.37
5-10-0246	0.81	0.82	—	1.29	1.42	2.52	2.38	1.84	0.81	1.02	1.68	—
5-13-0047	2.60	0.67	0.33	1.63	1.70	3.20	3.35	2.25	0.96	—	1.70	0.26
5-11-0005	0.72	0.52	0.35	0.81	1.18	1.08	0.98	1.66	0.51	1.17	2.35	—
7-15-0001	3.38	0.83	0.50	2.33	2.85	4.76	2.67	3.40	1.11	0.12	4.07	2.08
4-06-0075	1.10	0.20	0.30	0.80	0.90	1.20	0.40	0.70	0.20	—	0.40	0.20
5-11-0006	0.51	0.80	0.48	1.17	1.31	4.44	0.96	1.66	0.72	1.30	1.76	—
5-110007	0.70	0.62	0.51	1.28	1.37	5.15	1.03	1.77	0.82	1.40	1.98	—

七、无公害食品——畜禽饲养兽医防疫准则

1　范围

本标准规定了生产无公害食品的鹅饲养场在疫病预防、监测、控制和扑灭方面的兽医防疫准则。

本标准适用于生产无公害食品的鹅饲养场的兽医防疫。

2　规范性引用文件

下列文件中的条款通过本标准的引用而成为本标准的条款。凡是注日期的引用文件，其随后所有的修改单（不包括勘误的内容）或修订版均不适用于本标准，然而，鼓励根据本标准达成协议的各方研究是否可使用这些文件的最新版本。凡是不注日期的引用文件，其最新版本适用于本标准。

GB 16548《畜禽病害肉尸及其产品无害化处理规程》

GB/T 16569《畜禽产品消毒规范》

NY/T 388《畜禽场环境质量标准》

NY 5027《无公害食品　畜禽饮用水水质》

NY/T 5267《无公害食品　鹅饲养管理技术规范》

《中华人民共和国动物防疫法》

《中华人民共和国兽用生物制品质量标准》

3　术语和定义

下列术语和定义适用于本标准。

3.1　动物疫病（animal epidemic diseases）

动物的传染病和寄生虫病。

3.2　动物防疫（animal epidemic prevention）

动物疫病的预防、控制、扑灭和动物、动物产品的检疫。

4　疫病预防

4.1　环境卫生条件

4.1.1 鹅饲养场的环境卫生质量应符合 NY/T 388 的要求，污水、污物处理应符合国家环保要求。

4.1.2 鹅饲养场的选址、建筑布局及设施设备应符合 NY/Y 5267 的要求。

4.1.3 自繁自养的鹅饲养场应严格执行种鹅场、孵化场和商品鹅场相对独立，防止疫病相互传播。

4.1.4 病害肉尸的无害化处理和消毒分别按 GB 16548 和 GB/T 16569 进行。

4.2 饲养管理

4.2.1 鹅饲养场应坚持“全进全出”的原则。引进的鹅只应来自经畜牧兽医行政管理部门核准合格的种鹅场，并持有动物检疫合格证明。运输鹅只所用的车辆和器具必须彻底清洗消毒，并持有动物及动物产品运载工具消毒证明。引进鹅只后，应先隔离观察7～14 天，确认健康后方可解除隔离。

4.2.2 鹅的饲养管理、日常消毒措施、饲料及兽药、疫苗的使用应符合 NY/T 5267 的要求，并定期进行监督检查。

4.2.3 鹅的饮用水应符合 NY 5027 的要求。

4.2.4 鹅饲养场的工作人员应身体健康，并定期进行体检，在工作期间严格按照 NY/T 5267 的要求进行操作。

4.2.5 鹅饲养场应谢绝参观。特殊情况下，参观人员在消毒并穿戴专用工作服后方可进入。

4.3 免疫接种

鹅饲养场应根据《中华人民共和国动物防疫法》及其配套法规的要求，结合当地实际情况，有选择地进行疫病的预防接种工作。选用的疫苗应符合《中华人民共和国兽用生物制品质量标准》的要求，并注意选择科学的免疫程序和免疫方法。

5 疫病监测

5.1 鹅饲养场应依照《中华人民共和国动物防疫法》及其配套法规的要求，结合当地实际情况，制定疫病监测方案并组织实施。监测结果应及时报告当地畜牧兽医行政管理部门。

5.2 鹅饲养场常规监测的疫病至少应包括禽流感、鹅副黏病毒病、小鹅瘟。除上述疫病外，还应根据当地实际情况，选择其他一些必要的疫病进行监测。

5.3 鹅饲养场应配合当地动物防疫监督机构进行定期或不定期的疫病监督抽查。

6 疫病控制和扑灭

6.1 鹅饲养场发生疫病或怀疑发生疫病时，应依据《中华人民共和国动物防疫法》，立即向当地畜牧兽医行政管理部门报告疫情。

6.2 确认发生高致病性禽流感时，鹅饲养场应积极配合当地畜牧兽医行政管理部门，对鹅群实施严格的隔离、扑杀措施。

6.3 发生小鹅瘟、鹅副黏病毒病、禽霍乱、鹅白痢与伤寒等疫病时，应对鹅群实施净化措施。

6.4 当发生6.2、6.3所述疫病时，全场进行清洗消毒，病死鹅或淘汰鹅的尸体按GB 16548进行无害化处理，消毒按CB/T 16569进行，并且同群未发病的鹅只不得作为无公害食品销售。

7 记录

每群鹅都应有相关的资料记录，其内容包括鹅种及来源、生产性能、饲料来源及消耗情况、用药及免疫接种情况、日常消毒措施、发病情况、实验室检查及结果、死亡率及死亡原因、无害化处理情况等。所有记录应有相关负责人员签字并妥善保存2年以上。

八、饲料及添加剂卫生标准

饲料卫生标准1991年制订，2001年进行了修订，它规定了饲料、饲料添加剂原料和产品中有害物质及微生物的允许量及其试验方法，是强制实行标准。具体规定见附表10。

附表 10　饲料添加剂加卫生标准

序号	卫生指标项目	产品名称	指标	试验方法	备注
1	砷(以总砷计)的允许量/(毫克/千克)	石粉	≤2	GB/T 13079	不包括国家主管部门批准使用的有机砷制剂中的砷含量
		硫酸亚铁、硫酸镁、磷酸盐	≤20		
		沸石粉、膨润土、麦饭石	≤10		
		硫酸铜、硫酸锰、硫酸锌、碘化钾、碘酸钙、氯化钴	≤5		
		氧化锌	≤10		
		鱼粉、肉粉、肉骨粉	≤10		
		家禽、猪配合饲料	≤2		
		猪、家禽浓缩料	≤10.0		以在配合饲料中20%的添加量计
		猪、家禽添加剂预混料			以在配合饲料中1%的添加量计
2	铅(以 Pb 计)的允许量/(毫克/千克)	生长鸭、产蛋鸭、肉鸭配合饲料	≤5	GB/T 13080	
		骨粉、肉骨粉、鱼粉、石粉	≤10		
		磷酸盐	≤30		
3	氟(以 F 计)的允许量/(毫克/千克)	鱼粉	≤50	GB/T 13083	高氟饲料用HG2636—1994 中4.4条
		石粉	≤2000		
		磷酸盐	≤1800	HG 2636	
		骨粉、肉骨粉	≤1800	GB/T 13083	
		猪、禽添加剂预混料	≤1000		以在配合饲料中1%的添加量计
4	霉菌的允许量/(每千克产品中霉菌数×10^3个)	玉米	<40	GB/T 13092	限量饲用:40～100,禁用:>100
		小麦麸、米糠	<50		限量饲用:40～100,禁用:>80
		豆饼(粕)、棉子饼(粕)、	<20		限量饲用:50～100,禁用:>100
		菜子饼(粕)	<35		
		鱼粉、肉骨粉、鸭配合饲料			限量饲用:20～50禁用:>50

续表

序号	卫生指标项目	产品名称	指标	试验方法	备注
5	黄曲霉毒素 B_1 允许量/(微克/千克)	玉米	≤50	GB/T 17480 或 GB/T 8381	—
		花生、棉子饼、菜子饼或粕			
		豆粕	≤30		
		肉用仔鸭前期、雏鸭配合饲料及浓缩饲料	≤10		
		肉用仔鸭后期、生长鸭、产蛋鸭配合饲料及浓缩饲料	≤15		
6	铬(以 Cr 计)的允许量/(毫克/千克)	皮革蛋白粉	≤200	GB/T 13088	—
		鸡配合饲料、猪配合饲料	≤10		
7	汞(以 Hg 计)的允许量/(毫克/千克)	鱼粉石粉	≤0.5	GB/T 13081	—
		鸡配合饲料、猪配合饲料	≤0.1		
8	镉(以 Cd 计)的允许量/(毫克/千克)	米糠	≤1.0	GB/T 13082	—
		鱼粉	≤2.0		
		石粉	≤0.75		
9	氰化物(以 HCN 计)的允许量/(毫克/千克)	木薯干	≤100	GB/T 13084	—
		胡麻饼(粕)	≤350		
		鸡配合饲料、猪配合饲料	≤50		
10	亚硝酸盐(以 $NaNO_2$ 计)的允许量/(毫克/千克)	鱼粉	≤60	GB/T 13085	—
		鸡配合饲料、猪配合饲料	≤15		
11	游离棉酚的允许量/(毫克/千克)	棉子饼、粕	≤1200	GB/T 13086	—
		肉用仔鸡、生长鸡配合饲料	≤100		
		产蛋鸡配合饲料	≤20		

续表

序号	卫生指标项目	产品名称	指标	试验方法	备注
12	异硫氰酸酯(以丙烯基异硫氰酸酯计)的允许量/(毫克/千克)	菜子饼(粕)	≤4000	GB/T 13087	—
		鸡配合饲料	≤500		
13	噁唑烷硫铜的允许量/(毫克/千克)	肉用仔鸡、生长鸡配合饲料	≤10000	GB/T 13089	—
		产蛋鸡配合饲料	≤500		
14	六六六的允许量/(毫克/千克)	米糠、小麦麸、大豆饼粕、鱼粉	≤0.05	GB/T 13090	—
		肉用仔鸡、生长鸡配合饲料、产蛋鸡配合饲料	≤0.3		
15	滴滴涕的允许量/(毫克/千克)	米糠、小麦麸、大豆饼粕、鱼粉	≤0.02	GB/T 13090	—
		鸡配合饲料、猪配合饲料	≤0.2		
16	沙门杆菌	饲料	不得检出	GB/T 13091	—
17	细菌总数的允许量(每千克产品中细菌总数×10^6)/个	鱼粉	<2	GB/T 13093	限量饲用:2～5 禁用:>5

注：1. 所列允许量是以干物质含量为88%的饲料为基础计算。

2. 浓缩饲料、添加剂预混合饲料添加比例与本标准备注不同时，其卫生指标允许量可进行折算。

参 考 文 献

[1] 吴素琴主编．养鹅生产指南．北京：农业出版社，1992.

[2] 王恬主编．鹅的饲料配制及饲料配方．北京：中国农业出版社，2006.

[3] 何大乾主编．鹅高产生产技术手册．上海：上海科学技术出版社，2007.

[4] 董瑞潘主编．鹅的快速育肥技术．北京：中国农业科学技术出版社，2007.

[5] 焦库华主编．科学养鹅与疾病防治．北京：中国农业出版社，2001.

[6] 尹兆正主编．养鹅手册．北京：中国农业大学出版社，2004.

[7] 杨宁主编．家禽生产学，北京：中国农业出版社，2002.

[8] 李震中主编．牧场设计附环境卫生，北京：中国农业出版社，1996.

[9] 周宜勤主编．中外养禽技术大全，江苏：江苏科学研究所，1998.

[10] 钟映梅等．锌水平对鹅血液免疫功能的影响．黑龙江畜牧兽医，2007.

[11] 朱燕主编．饲料品质检验，北京：化学工业出版社，2003.

[12] 魏刚才主编．实用养鹅技术．北京：化学工业出版社，2009.